IWC脱退と国際交渉

東京海洋大学 教授
森 下 丈 二 著

成山堂書店

はしがき

2018年12月26日、日本政府は菅義偉官房長官の談話により国際捕鯨委員会（IWC : International Whaling Commission、以下「IWC」）からの脱退（正確にはIWCを設立した国際捕鯨取締条約（ICRW：International Convention for the Regulation of Whaling、以下「ICRW」）からの脱退）と商業捕鯨の再開を発表した。この決定はICRWの寄託国である米国政府に直ちに通告され、同条約第11条の規定に基づき、翌2019年6月30日に脱退が実現した。

このIWCからの脱退と商業捕鯨再開の決定について、日本国内からは歓迎と期待の声が聞かれる一方で、特に脱退については「なぜ今脱退か」、「国際協調に影を落とす」、「短慮に過ぎる」、「冷静な判断を」などといった批判や懸念も表明された。脱退の決定が、IWCにおいて自らの主張が通らない日本がついに堪忍袋の緒が切れて、感情的に国際社会に背を向けるものであるというイメージに基づく批判や懸念ではないかと思われるが、実はIWCにおいては1990年代から数度にわたって捕鯨支持国（あるいは鯨類の持続的利用支持国）と反捕鯨国の間の妥協点を探る「和平交渉」が試みられ、様々な議論や妥協案が俎上にあがり、これらがすべて失敗してきたという歴史がある。なぜこれらの国際交渉がことごとく決裂したのか？　それは感情論のせいだけで片付けられるものなのか？

2018年9月にブラジルのフロリアノポリスで開催されたIWC第67回総会での日本からの提案の否決が、脱退の決定の直接の原因であるかのような報道もなされたが、実際には、過去の度重なる「和平交渉」の失敗とその原因の分析を受けて、2014年のIWC第65回総会の前に大きな交渉方針の転換を行い、約5年の月日をかけて第67回総会での提案につながるステップを積み上げたという背景がある。そして、さらに2018年の第67回総会での日本提案の否決は、非常に残念ではあったが、同時に十分予見されていた事態であったのである。この交渉方針の転換とは何か？　5年をかけて積み上げたステップとはいったいどのような交渉であったのか？　本書の目的の一つは約30年に亘る捕鯨問題に関する歴史とその争点を通史として記述することにある。とかく一面的に論じられ、誤解も多い捕鯨をめぐる交渉について、このような形で記録と考察をまとめることは、この交渉に関わってきたものの義務と責任であると感じている。

本書にはもう一つの大きな目的がある。国際捕鯨問題は時に他の外交交渉とは独立した特殊な問題として理解されることも多い。しかし、捕鯨問題は他の国際的な問題における重要な要素を凝縮したような点が多々ある。本書では、国際捕鯨問題をめぐる外交交渉の展開の中からこれらの要素を抽出し、分析することで特に紛争を抱える他の外交交渉に参考となり得る論点を提供することを試みる。例えば、捕鯨問題では鯨類に関する科学が重要な役割を果たすとともに、論争の種ともなっている。この構図は気候変動をはじめ、多くの科学的要素をめぐる議論や外交交渉に通じる。国際法の解釈とその運用をめぐる意見の相違と対立も捕鯨問題の構成要因である。ICRW の目的や商業捕鯨モラトリアムを導入した条約附表第10項（e）の規定の解釈は常に IWC での議論を生んできたし、2014年に判決が下された捕鯨をめぐる国際司法裁判所（ICJ：International Court of Justice、以下「ICJ」）での論争の要素であった。ちなみに、ICJ の判決は日本の全面敗訴と報道されたが、国際法の解釈についてはむしろ日本の主張に沿った判決となっている。これについても本書で詳しく解説する。

国際交渉や国際紛争におけるプレスや世論、広報活動の重要性も捕鯨問題からの教訓の一つであろう。国内政治だけではなく、国際問題でさえサウンドバイト（ニュースなどの放送用に抜粋された、政治家や評論家などの刺激的な言動や映像、あるいは注意を引き付ける簡潔なスローガンなど）やそれから生じるパーセプション（認識・認知・知覚）で動く。ポピュリズム（大衆迎合・大衆扇動）が影響力を拡大し、フェイク・ニュースが飛び交い、ソーシャルメディアが外交問題の帰趨を左右する事態は捕鯨問題ではすでに経験済みであり、かつ対応が難しい問題である。この観点についても捕鯨問題は他の外交交渉への何らかの教訓を提供しうる。

そして、国際機関からの脱退という決断に至った捕鯨問題の展開と経験、そしてその背景は全ての国際交渉への対応において指針と教訓を提供する。国際機関からの脱退という決断は重い決断であり、南極海での鯨類捕獲調査の停止という犠牲も払った。その理由と論理は明確に説明され、理解されなければならない。他の国際交渉において脱退のような事態を避けるという視点からも、脱退を国際交渉の一つのオプションとして捉えるという視点からも、本書は一定の貢献ができると期待したい。

本書の第１章では、まず捕鯨をめぐる国際的対立について、その事の起こり、対立の争点、捕鯨の管理システムの変遷など、国際捕鯨問題に関する基礎的な情報をまとめた。第２章は、30年を超えるIWCにおける「和平交渉」の議論を資料も含めて記述するとともに、なぜすべての「和平交渉」が失敗に終わってきたかを分析した。加えて、日本のIWCからの脱退につながった、2018年９月のフロリアノポリス（ブラジル）で開催された第67回総会での日本提案に至った経緯、総会での議論について述べた。第３章は2014年に判決が出た南極海の鯨類捕獲調査をめぐるICJでの訴訟の経緯と判決の解説を試みた。第４章はIWCからの脱退が意味するものについて、その理由、問題点の整理、国際法上の位置付け、商業捕鯨再開の形と今後などについて考えた。最終の第５章では、本書の目的である捕鯨問題と他の国際交渉とのつながり、捕鯨問題からの教訓などを分析して、様々な国際的な紛争へのアプローチへの参考となることを目指した。

捕鯨論争については不毛で感情的な議論が長年続いてきたというイメージが強いと思われる。これは間違ってはいないが、同時に30年を超える論争の歴史的展開の中で、何が争点となり、それらがどう議論され、また争点自身がどう変わってきたかということについては系統的にとらえられていない。また、その議論の内容と展開は他の国際問題や漁業資源管理問題からは、孤立した異質の問題であるという認識もあるかと思えるが、本書で述べるように、捕鯨論争は実に様々な要素を含み、その帰趨は広範な国際交渉に影響を及ぼす潜在性が有る。また、日本のIWCからの脱退はゴール、もしくは捕鯨問題の解決ととらえられている向きもあるが、脱退はこれから鯨類資源の国際管理をいかに進めていくかのスタートである。捕鯨問題はフェーズが変化するもののなくなりはしない。

筆者はIWCでの議論を中心に1990年代から捕鯨問題にかかわって来ており、公表されていない情報にもアクセスがあるが、本書は公表された情報と資料に基づいて執筆した。本書の内容は筆者個人の見解であり、日本政府の見解を代表するものではない。また、本書中の誤解や誤りはすべて筆者の責任に帰する。

なお、本書は次の２編をベースとし、大幅に加筆修正を加えた。

1）森下丈二、「海洋生物資源の保存管理における科学と国際政治の役割に関する研究：捕鯨問題と公海生物資源管理問題を巡る議論の矛盾と現実」、京都大学論農博2828号 .

2）森下丈二、岸本充弘、「商業捕鯨再開へ向けて　―国際捕鯨委員会（IWC）への我が国の戦略と地方自治体の役割について―」、下関市立大学　地域共創センター年報2018　vol.11、49p ～99p.

2019年６月

森　下　丈　二

目　　次

第2章　繰り返し失敗してきたIWC での和平交渉　30

略語・カタカナ語解説

【略　語】

BWU（Blue Whale Unit）：シロナガス単位

CITES（Convention on International Trade in Endangered Species of Wild Fauna and Flora）：絶滅のおそれのある野生動植物の種の国際取引に関する条約；ワシントン条約

EEZ（Exclusive Economic Zone）：排他的経済水域、200海里水域、200カイリ排他的経済水域など

EIA（Environmental Investigation Agency）：環境調査エージェンシー。環境保護NGOの一つ

ICES（International Council for the Exploration of the Sea）：大西洋海事科学機関

ICJ（International Court of Justice）：国際司法裁判所

ICRW（International Convention for the Regulation of Whaling）：国際捕鯨取締条約

IFAW（International Fund for Animal Welfare）国際動物福祉基金

IPCC（IPCC: International Panel on Climate Change）：国連気候変動に関する政府間パネル

IUCN（International Union for Conservation of Nature）：国際自然保護連合

IWC（International Whaling Commission）：国際捕鯨委員会

JARPA II（The Second Phase of the Japanese Whale Research Program under Special Permit in the Antarctic）：第二期南極海鯨類捕獲調査

JARPN II（The Second phase of the Japanese Whale Research Program under Special Permit in the North Pacific）：第二期北西太平洋鯨類捕獲調査

MPA（Marine Protected Area）：海洋保護区

NGO（Non Governmental Organization）：非政府組織

NMP（New Management Procedure）：（鯨類資源）新管理方式

NOAA（National Oceanic and Atmospheric Administration）：米国商務省国家海洋大気庁

NPFC（North Pacific Fisheries Commission）北太平洋漁業委員会

RMS（Revised Management Scheme）：改定管理制度

RMP（Revised Management Procedure）：改定管理方式

SC（Scientific Committee）：科学委員会

SWC（Sustainable whaling Commission）：持続的捕鯨委員会

VMS（Vessel Monitoring System）：船舶監視システム

WWF（World Wide Fund for Nature）：世界自然保護基金

【カタカナ語】

アイデンティティ：自己の独自性や個性の規定。何をもって自分や自分の所属するグループ・地域を規定するか。例えば太地町のアイデンティティは捕鯨。自分の名前や身分証明もアイデンティティ。

カウンター・パート：交渉の相手。国家間の交渉であれば、特に同レベル、同じ役割を持った交渉相手同士のこと。交渉の文脈でない場合にも、他国の政府で自分と同等の役割を持っている者をカウンター・パートと呼ぶ。連絡を取る相手。

クライテリア：判断基準や尺度。生物資源の場合、どのレベルの資源量水準で豊富、中位、枯渇などを判断するかのルールなど。人事採用では学歴、試験の成績、人柄、健康状態などが採用のクライテリアと言える。

コンサーバティブ：保守的。資源利用の文脈ではより高いレベルの保護を志向する立場や考え方。

サイレント・マジョリティー：物言わぬ多数派。組織力や発信手段、発信のための専門知識（ロビー活動など）を持たないがために、共通の意見や関心を表明できていないグループ。例えば漁業、林業、狩猟、農業などに従事する関係者は多数存在し、自然資源を利用するという共通の関心があるが、その声を一つにして発信できているとは言い難い。結果的に政治や政策の場ではボーカル・マイノリティーに後れを取る。

サウンド・バイト：事象や考え方などを短いがインパクトのある言葉で表現したもの。スローガンなども含まれうる。例えばSave the Whale! は反捕鯨運動の基礎となるスローガンだが、クジラは絶滅に瀕しているので救わなければならない、様々なクジラの種があることは無視して(theという定冠詞が付されている)、すべてのクジラを救う必要がある、など多様な概念が含まれており、それを聞いた者は自らのクジラに関する（誤った）イメージに基づいて保護を支持することになる。「調査捕鯨」とカッコつきにすることで調査捕鯨が疑似商業捕鯨であるという批判や違法であるという批判を示すことや「いわゆる調査捕鯨」と呼ぶことなどもサウンド・バイトの一種。

ステークホルダー：関係者、利害関係者。漁業問題であれば、漁業者、政府行政官、科学者、消費者、流通業者、環境保護団体など。

ダイナミックス：交渉などの物事の変動・変化の仕方。あるいはその中での力関係。動態。

ダウンリスティング：CITESでは絶滅危惧種を付属書Ⅰ、絶滅危惧種ではないが貿易の規制をしなければ絶滅危惧種になりうる種を付属書Ⅱに掲載しているが、資源状態が回復すれば付属書Ⅰ掲載種を付属書Ⅱに、付属書Ⅱ掲載種を付属書から削除することを決定できる。これを掲載レベルを下げるという意味からダウンリスティングと呼ぶ。

イニシアティブ：率先して決断や行動、発議を行うこと。先導権。自発性。

バイオテレメトリー：クジラなどの生物に発信機を備えた測定装置などを装着し、その生物の行動生態を観測する技術。位置情報、潜水行動、温度など様々な情報が得られる。

パーセプション：人が物事・事象について持っている見方や考え方、認識、ものの見方、視点。同じ物事・事象であってもその捉え方は人さまざまとなりうる。

ミスパーセプション：誤った情報に基づいて形成されたパーセプション。例えばすべての種のクジラは絶滅に瀕しているといった誤った情報に基づいて、クジラは絶滅に瀕しているので保護すべきというパーセプションが生まれる。

ネガティブ・パーセプション：否定的なパーセプション。例えば捕鯨は悪であるといったもの。正しい情報が提供されていても、価値観や道徳観の違いによって同一の物事・事象に対して否定的な認識と肯定的な認識が存在しうる。

プロテクション：危険、害、脅威などから対象となるものを保護すること。基本的には利用は想定していない。

プリザベーション：手つかずの自然の考え方に代表されるように、そのままの状態を保つこと。一切人手を加えないこと。人手を加えることを防止すること。プロテクションより高いレベルの保護。

コンサベーション：保全すること。自然や自然資源を破壊、枯渇させることなく持続可能な形で利用していくこと。利用を否定しない考え方。ただし IWC ではプロテクションやプリザベーションと同意に使われており、反捕鯨派は「コンサベーション」を支持する立場。この定義の混乱については保全生態学者などから懸念が表明されている。

パラダイム：思想や政策、科学などの基本を規定する体系、構想、方法論など。捕鯨問題のパラダイムという場合、その論点、紛争の議論構造、解決の方法や方向性などを指す。

ボーカル・マイノリティー：政治的意見を積極的に表明する少数派。声の大きな少数派。このような声は必ずしも多数の関心や意見を代表していないにもかかわらず、政治や政策に大きな影響力を及ぼしうる。

ミス・インフォメーション：誤った情報。特に意図的に提供された誤った情報や情報操作というニュアンスが強い。

第1章 捕鯨をめぐる国際対立
―変容してきた捕鯨論争

1-1 捕鯨論争の始まりと変容

(1) 環境保護のシンボルとしての捕鯨問題

捕鯨問題をめぐる国際的な対立は、通常の外交問題と比較すると常軌を逸したとも言える様相を呈してきた。例えば、過去の国際捕鯨委員会（IWC、以下「IWC」という）の会議では、日本代表団が「クジラの血」だとして赤インクをかけられ、捕鯨に反対するデモでは反捕鯨団体が日本国旗を燃やした。反捕鯨国の日本大使館は捕鯨に反対するデモにさらされ、プラカードには「捕鯨をやめろ」、「クジラを殺すな」、さらには「日本は恥を知れ」というような言葉が舞う。オーストラリアのあるビール会社は、日本人とみられる客がレストランで鯨肉を注文した結果、銛に貫かれて血が飛び散るという動画を流した。反捕鯨運動で名高い非政府機関（以下「NGO」）であるグリーンピースやシー

図1.1 シーシェパードの妨害
（写真提供：（一財）日本鯨類研究所）

シェパードは、南極海において自らの船を日本の調査船に体当たりさせるという、人命にもかかわる妨害行動を繰り返してきた（図1.1）。

なぜ捕鯨をめぐる対立はここまで先鋭化してきたのか。捕鯨問題には果たして出口は存在するのか。多くの関係者が感じてきた疑問ではないであろうか。本章では、捕鯨問題の詳しい記述と分析に先立って、一体捕鯨論争は何について対立しているのかを整理する。さらに、その論点が時代とともにいかに変容してきたのかを明らかにしたい。

捕鯨がかつて乱獲の歴史を刻んできたことは広く知られている。この捕鯨イコール乱獲という印象は非常に強く、これが捕鯨そのものを悪であるとみなす考え方に連なり、反捕鯨感情の通奏低音を構成している。IWCはこの乱獲を防止することを目的として誕生し、委員会を設立した国際捕鯨取締条約（International Convention for the Regulation of Whaling「以下ICRW」）の前文では、以下のような認識を示している。

正当な委任を受けた自己の代表者がこの条約に署名した政府は、

鯨族という大きな天然資源を将来の世代のために保護することが世界の諸国の利益であることを認め、

捕鯨の歴史が一区域から他の地の区域への濫獲及び1鯨種から他の鯨種への濫獲を示しているためにこれ以上の濫獲からすべての種類の鯨を保護することが緊要であることにかんがみ、

鯨族が捕獲を適当に取り締まれば繁殖が可能であること及び鯨族が繁殖すればこの天然資源をそこなわないで捕獲できる鯨の数を増加することができることを認め、

広範囲の経済上及び栄養上の困窮を起さずにできるだけすみやかに鯨族の最適の水準を実現することが共通の利益であることを認め、

これらの目的を達成するまでは、現に数の減ったある種類の鯨に回復期間を与えるため、捕鯨作業を捕獲に最もよく耐えうる種類に限らなければならないことを認め、

1937年6月8日にロンドンで署名された国際捕鯨取締協定並びに1938年6月24日及び1945年11月26日にロンドンで署名された同協定の議定書の規定に具現された原則を基礎として鯨族の適当で有効な保存及び増大を確保するため、

捕鯨業に関する国際取締制度を設けることを希望し、

且つ、鯨族の適当な保存を図って捕鯨産業の秩序のある発展を可能にする条約を締結することに決定し、次のとおり協定した。

商業捕鯨モラトリアムが採択される約20年前には、すでに南極海でのナガスクジラやザトウクジラの捕獲は禁止されている。さらに当時の多くの捕鯨国は鯨油を得ることを主目的に捕鯨を行っていたが、石油の開発と利用が進むにつれて鯨油の需要がなくなり、捕鯨産業から撤退していった。このままの状況が続けば、おそらく捕鯨はごく一部を除いて国際舞台から静かに姿を消していたであろう。

他方、この時期は大気汚染や重金属汚染による公害が大きな問題となり、環境保護の意識が生まれ、高まった時期でもある。そのような背景の中で海洋生物であるクジラの乱獲が環境問題として定着していったといえよう。そして、今や多くの鯨類資源が過去の乱獲から回復し、鯨類資源を枯渇させることなく利用する科学的な捕獲枠の計算が可能となり、さらに、鯨油需要の消滅により捕鯨が再開されてもごく小規模にとどまることが予想されるにもかかわらず、捕鯨問題は環境保護のシンボルとして揺るぎない位置にある。

（2）1972年国連人間環境会議

捕鯨をめぐる国際的論争の開始点は、1972年にストックホルムで開催された国連人間環境会議に突如提案された捕鯨モラトリアム提案であるといえる。この国連人間環境会議では、当時進行していたベトナム戦争での米国軍による枯葉剤の使用が環境破壊と悲惨な健康被害を引き起こしていたことを重大な環境問題として取り上げることが予想されていた。枯葉剤の使用は、森林を隠れ家としたゲリラ活動で米軍を悩ませていた南ベトナム解放民族戦線（ベトコン）の活動拠点を破壊し、また農地などからの食料供給にダメージを与えることが目的であった。枯葉剤の主成分はダイオキシン類であり、発がん性や奇形児の発生につながる物質でもあるとされている。この枯葉剤の被害の結果生まれ、体の一部が繋がったいわゆるシャムの双生児であるベトとドクの物語は日本のマスコミでも取り上げられてきており、記憶のある読者も多いと思われる。

当時の米国政府はこの枯葉剤の問題が国際社会で大きく取り上げられることを強く懸念した。米国内でもベトナム戦争に反対する運動が盛んになっており、米国政府としては何としても枯葉剤の問題が国連人間環境会議で問題となることを回避したかったわけである。この時、枯葉剤問題から目をそらす環境問題として白羽の矢が立ったのが捕鯨問題であったと理解されている。多くの関係者が、捕鯨問題が枯葉剤問題の身代わりとして国連人間環境会議に突如として提案された証拠や情報を入手しようとしてきており、かつて日本の報道番組が当時の米国政府担当者の裏付け証言を取材し、放映したこともある。噂の域を出ていないが、米国国会図書館が保存している本件の関係文書は、当時の国務長官であったキッシンジャー氏が借り出したままとなっているという話も聞いたことがある。

いずれにせよ、捕鯨問題はこの1972年の国連人間環境会議に提起され、一躍国際問題として躍り出た。提案は米国から行われ、商業捕鯨を10年間停止するモラトリアム提案であった。なお、モラトリアムとは一時停止の意味であり、後にIWCが1982年に採択した商業捕鯨モラトリアムも時限を限った一時停止という性格を有していたが、今や商業捕鯨の永久禁止というイメージが生まれ、反捕鯨国も商業捕鯨モラトリアムの維持を基本方針としている。国連人間環境会議への商業捕鯨モラトリアム提案については、IWC科学委員会はその必要性を否定したが、結局同提案は採択された。この間の経緯と政治的背景については島一雄「海洋からの食料供給と捕鯨問題（1）」（鯨研通信第453号、2012年3月）に詳しい。

（3）1982年IWC商業捕鯨モラトリアムの採択

国連人間環境会議での商業捕鯨モラトリアム提案採択は反捕鯨運動の一層の活発化と、IWCを舞台とした攻防へと移り、1972年から1982年の間にIWCのメンバー国は14か国から39か国へと急増した（図1.2）。法的拘束力を持つ商業捕鯨モラトリアムをIWCで採択するために、それに必要な4分の3の票数を

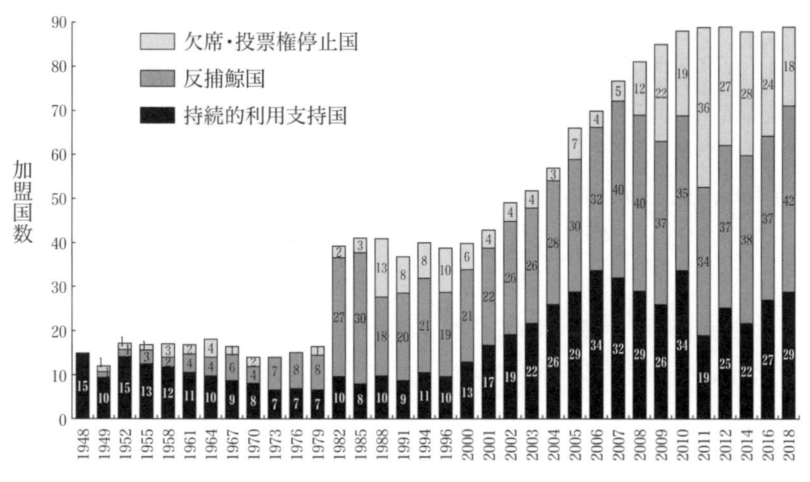

図1.2 IWC 加盟国の推移

1948年　IWC スタート。
1951年　日本が IWC に加盟。
1982年　商業捕鯨のモラトリアム（一時停止）採択。日本は異議申立て。
1988年　日本が商業捕鯨を停止。
2006年　セントキッツ・ネービス宣言採択。
2007年 2 月13日～15日　正常化会合を日本で開催。
2018年　総会で、IWC の今後の道筋（IWC 改革案）を討論。

（出典：水産庁資料）

確保するための新規加盟国獲得キャンペーンが行われたのである。この10年の間に新たに IWC に加盟した国は25か国に達し、ついに1982年の第34回総会において商業捕鯨モラトリアム提案が賛成25、反対 7 、棄権 5 で採択されたのである。

IWC が採択した「商業捕鯨モラトリアム」は、具体的には ICRW 附表第10項（e）に規定されている。この規定の詳細な説明は後述するが、商業捕鯨モラトリアムが提案された理由としては、当時 IWC が採用していた鯨類資源管理方式である新管理方式（New Management Procedure: NMP、以下「NMP」という）の運用において、科学的情報（資源量推定値や自然死亡率など）に不確実性が存在することから、捕鯨活動を一時停止し、科学的知見の蓄積と包括的資源評価を図るというものであった。すなわち、議論の焦点は、少なくとも表面的には科学的な論点である。したがって、鯨類資源が健全であり、これを乱獲せずに捕獲できる方式が開発できれば、商業捕鯨が再開可能であると理解でき、そう期待された。日本の鯨類捕獲調査は、停止された商業捕鯨の代替措置ではなく、まさにこの科学的要請に応えることを目的として計画され、開始されたのである。

注：IWC 総会は2014年以降年次開催から隔年開催に移行した。厳密には2012年までは「年次会合」と、2014年以降を「総会」というが、本書では「総会」に統一した。

（4）論点の変容—科学、商業性、そしてカリスマ動物

しかし、次第に、モラトリアムによって「商業」捕鯨が停止されたという事実が独り歩きしていった。やがてこの議論は「商業性」をタブーとし、先住民生存捕鯨は許容するものの、産業（商業）規模の捕鯨活動には反発、反対するという主張や政策に変容していった。IWC の会合において日本代表団が、商業捕鯨モラトリアムの採択によって社会経済的な窮状に直面した日本の沿岸小型捕鯨地域（網走、鮎川、和田、太地）に対する捕獲枠の提案を行うに際し、商業性の排除や先住民生存捕鯨との共通性の主張を展開したのは、この主張への対応である。

この、商業性や産業規模の活動に関する反発は、人間の活動の多くが何らかの商業性を帯びていることや、反捕鯨団体も寄付金を集めるためのれっきとしたビジネスであることを考えると理不尽であり納得できるものではない。しかし、この商業性や産業規模（大規模）の活動に対するマイナスのイメージは、捕鯨のみに関係するものではなく、漁業一般に関する国際的議論の場でも明らかとなって来ている。沿岸などで行われる零細な小規模漁業は認めるが、産業規模の商業的漁業は環境破壊であるというイメージの拡大である。漁業管理の観点から見れば、多数の小型漁船による漁獲と少数の大型漁船による漁獲は、総漁獲量が同じであれば資源への影響も同じである。（もちろん漁獲の時空間的集中度や漁獲対象となる魚の成長段階の違いなども考慮しなければならないが）むしろ、多数の小型漁船の方が監視取締の観点からは困難が多い。それにもかかわらず、産業規模の漁業の方が環境破壊的であるというイメージが存在

することは事実であり、これが国際交渉の場などに大きな影響を及ぼしている。注視していくべき事態であり、第5章で詳しく論じたい。

商業性の議論に加えて、さらに、クジラは特別な動物（賢い、大きい、美しい、可愛いなど）であり、いかなる条件の下でも（科学的に持続可能な捕獲が実現できても、「商業性」が排除されようと、捕鯨が日本の伝統文化であろうと）その捕獲には反対するとの立場が、反捕鯨団体のみならずIWC加盟国政府からも明確に表明される状況になってきている。この背景には、いわゆるカリスマ動物と称されるコンセプトがある。ゾウ、トラ、オオカミ、クジラ、サメなどといったカリスマ性を有する動物は環境保護のシンボルである、したがってその捕獲は地球環境全体への冒涜である、無条件で保護するべき、などといった主張を伴う考え方である。日本では未だあまり知られていないが、国際的には多数の学術的研究も行われ、注目が高まっている。ワシントン条約（絶滅のおそれのある野生動植物の種の国際取引に関する条約、CITES：Convention on International Trade in Endangered Species of Wild Fauna and Flora、以下「CITES」）締約国会議などにおいても同様の主張が行われるようになってきており、これについても後述する。

捕鯨論争の焦点は、このように科学や法律の議論から商業性の議論、そしてカリスマ動物の考え方へと変容を経てきた。そして、この間過去30年余りにわたるIWCにおける紛争打開の試みとその失敗の連続の結果、日本のIWCからの脱退という事態に至ったのである。しかし、捕鯨問題は日本が商業捕鯨を再開できるか否かという限定的な課題だけから構成されているわけではない。クジラ以外の海洋生物資源の保存と利用、国際交渉における科学と国際法のあり方、イメージやパーセプション（認識・認知・知覚）が政治や政策に与える影響、異なる価値観や文化の間の紛争への対応方法、そして、これらを総合的に勘案した上での外交交渉へのアプローチなど、捕鯨問題は広範な問題を包含し、象徴している。これが、その限定的な規模にもかかわらず、捕鯨問題が多くの注目を集める一因であろう。また捕鯨問題への対応を誤れば他の分野での国際問題に悪影響を及ぼすという懸念、いわゆる捕鯨防波堤論も、この捕鯨問題が象徴する広範な課題への認識に基づいている。日本政府はなぜこのような限定的な問題である捕鯨問題に多額の予算と行政資源をつぎ込んできたのかという批判があるが、捕鯨の持つ広範な象徴性がそれへの解答であると言えよう。

また、捕鯨問題は国際問題であると同時に、捕鯨の歴史などを有する日本各地の共同体にとって重要な問題であり、地方自治体のみならず多くの関係組織や個人が多様な関心と視点からかかわってきている。また、そこには映画監督の佐々木芽生氏が指摘するように、東京の視点と地方の視点のギャップや相克が見て取れる。またこれは、捕鯨問題が直面しているグローバリズムとローカリズムの相克の縮図でもあるかもしれない。この観点についても本書で取り上げたい。

これらの様々な論点を考えるのにあたって、まずは主要論点を整理した上で、捕鯨問題の変容を追っていきたい。

1-2　なぜ捕鯨に反対するのか

捕鯨をめぐるIWCの場を中心とした国際的な対立や反捕鯨団体の活動は、1970、80年代からしばしば内外のマスコミによって報道され、数多くの書物、学術論文なども書かれてきている。捕鯨問題は、なぜ40年余の長期にわたり継続し、過激反捕鯨団体シーシェパードの例にみられるように過激化、先鋭化さえしているのか。

本書における検証と考察を進めるにあたり、まず、どのような理由で捕鯨に反対する主張が行われてきているのかを整理する必要があろう。

そこには、捕鯨問題を構成する要素に極めて多様な視点があることが見て取れる。具体的にはクジラの資源状態をめぐる科学的論争、クジラという動物に関する価値観の相違、商業捕鯨モラトリアム条項の解釈などに関する法的問題、捕鯨の経済的側面とその必要性に関する議論、捕鯨と鯨食の文化などがある。さらに時代とともに展開してきたこれら要素それぞれの議論の変遷、反捕鯨 NGO など捕鯨問題をめぐる対立からメリットを受けることからその継続を望む勢力の存在など、様々な要因が複雑に絡み合う捕鯨問題の特性が存在する。

ここで、捕鯨に反対する理由として挙げられる主要な項目を、改めて整理し確認してみると次なようなものが考えられる。むろん、これらはすべての理由を網羅したものではないが、その大部分はカバーしている。捕鯨にかかわる問題のすそ野の広さが認識できよう。

(1) クジラは絶滅に瀕している（科学的問題）

「クジラは絶滅危惧種であるから、その捕獲は認められない」という主張がある。これは一見科学的な主張のように聞こえるが、クジラには多くの種がありすべてが絶滅危惧種ではないことを無視し、あたかもすべてのクジラが絶滅の危機に瀕しているかのような印象を生み出している。カラスとトキの区別もせず、「鳥は絶滅に瀕している」と主張すれば、その間違いは明らかであろうが、「クジラは絶滅に瀕している」という主張は抵抗なく受け入れられているように思える。実際は、IWC のウェブサイトでも明記されているように、かつて商業捕鯨の対象であった多くの鯨種の資源が回復し、その増加率の範囲を超えない捕獲枠のもとでの持続可能な捕獲が可能な資源レベルにある。

また、関連した議論として、クジラの資源量や生活史などほとんどわかっていないか不正確であって、そのクジラを捕獲すれば絶滅に追いやる可能性が有る、あるいは科学的知見がないために、資源を枯渇させることなく持続可能な捕獲枠を計算することはできない、したがって、捕獲を認めるべきではないという主張がある。実際には、IWC 科学委員会で確立され、受け入れられているクジラの資源量を推定する方法があり、多くの鯨種について合意された資源量推定値が存在する。さらに、これらの資源量推定値はその推定方法から基本的には過小評価と認識されており、この過小評価された資源量に基づいて計算される捕獲枠は、資源枯渇の危険に対する安全を見込んだ捕獲枠であるということができる。捕獲枠の計算方式についても、IWC は1994年にコンセンサスで改定管理方式（Revised Management Procedure: RMP、以下「RMP」という）と呼ばれる先進的で資源の枯渇を回避することに重点を置く捕獲枠計算方式に合意している。この方式を適用すれば、マグロなど多くの漁業資源では漁獲が許されないと言われるほどRMPは厳格であり、資源に急激な悪影響を与えうる気候変動を含む環境の激変も勘案された捕獲枠計算システムである。このシステムの下でも、日本周辺のミンククジラやニタリクジラなど多くの鯨種について捕獲枠が算出出来ているが、捕鯨をめぐる論争の中では、その事実は十分に認識されていないか、無視されている。

注：訳として「改定」管理方式と「改訂」管理方式が使われてきている。「改定」は従来の方式からの内容の変更を、「改訂」は字句や文章などの修正に使われるが、RMPは従来からの管理方式の内容の大きな変更であることから、本書では「改定管理方式」を用いる。後述のRMSについても同様の理由で「改定管理制度」と訳する。

（2）クジラは特別な動物（感情・価値観）

知能が高く、史上最大の哺乳動物である、絶滅に瀕しているなど、クジラに関しては事実、イメージ、思い込みなどが混在した「クジラ像」が存在する。ノルウェーのアルネ・カランド博士はこれを「スーパー・ホエール」と呼ぶが、様々な芸を披露する知能が高いイルカ類、「歌」を使って意思疎通を行っていると言われるザトウクジラ、史上最大の哺乳動物であるシロナガスクジラなど、さまざまな種のクジラの様々な特性をすべて備えた架空の「スーパー・ホエール」が人々のイメージとして存在し、したがって、クジラは特別な動物であるという価値観が生まれたという分析である。これはカリスマ性が有る動物については、その資源状態にかかわらず保護すべきという「カリスマ動物」コンセプトと通じており、クジラは代表的なカリスマ動物であるとみなされている。ここには、クジラを他の海洋生物と同様に資源と見なし、その資源を枯渇させない形であれば持続可能な利用は認められるべきとする日本などの考え方とは根本的に相いれない考え方がある。

しかし、特定の動物に関する価値観については、民族や歴史的背景、生活圏の環境条件の違いなどにより、様々な動物がある民族には特別とみなされ、同じ動物が他の民族には食料とみなされるという現実が存在する。インドでは牛が神聖な動物とされているが、仮にインドが世界に向かって牛のと殺に反対する運動を展開すればどうなるか、その愚は明らかであろう。特定の動物に関する価値観に関して世界的に一致したものがあれば、その特別扱いも受容されようが、クジラに関しても牛に関しても、現実として異なる価値観が存在する。したがって、この違いを認めないばかりか、政治的、経済的な圧力さえ駆使して一方の価値観を他方に強要することは許されてはならないはずである。捕鯨問題を含め、CITES 締約国会議の場などで、アフリカゾウやそのほかの動物の利用と保護をめぐって、欧米先進諸国からその価値観を押し付けられていると感じる多くの開発途上国から、環境帝国主義、環境植民地主義といった批判が行われる所以である。

（3）商業捕鯨は禁止されている（法律）

1982年に採択された商業捕鯨モラトリアムの存在から、捕鯨はすでに国際的に法律的に禁止された活動である、したがって捕鯨を行うことは違法である、国際ルールに反しているといった主張がある。この、商業捕鯨モラトリアムは、ICRW の付属文書であり、クジラ資源の保存と利用に関する具体的な規制を規定する「附表」の修正により採択された。具体的には、附表第10項（e）は、以下のように規定している。

ICRW 附表10（e）

この10の規定にかかわらず、あらゆる資源についての商業目的のための鯨の捕獲頭数は、1986年の鯨体処理場による捕鯨の解禁期及び1985年から1986年までの母船による捕鯨の解禁期において並びにそれ以降の解禁期において零とする。この（e）の規定は、最良の科学的助言に基づいて検討されるものとし、委員会は、遅くとも1990年までに、同規定の鯨資源に与える影響につき包括的評価を行うとともに（e）の規定の修正及び他の捕獲頭数の設定につき検討する。

この規定を率直に読む場合、いくつかの重大な点で商業捕鯨モラトリアムに

関する一般的なイメージとのずれ、あるいは矛盾が指摘できる。

まず、この規定には、商業捕鯨を永久に禁止するという文言はない。あくまで期限を切って商業捕鯨を暫定的に停止し、その間にクジラ資源の包括的評価を行い、捕獲枠の計算を行うことを明確に規定している。

他方、商業捕鯨の停止が「あらゆる資源」について適用されている。1982年の採択当時も、現在も、鯨種によっては過去の乱獲の結果、資源が枯渇状態にあるものがあるが、ミンククジラのように十分に商業的捕獲が可能な鯨種もある。それにもかかわらず、全鯨種の捕獲が停止されたことで、反捕鯨勢力は、クジラが特別な生物として認定され、捕鯨は国際社会が受け入れられない活動と性格づけられたと理解し、主張した。しかしながら、附表第10項（e）の後半部分はこの解釈が誤っていることを示している。

商業捕鯨モラトリアム採択に至るIWCでの議論では、捕鯨の管理のための科学的情報は不確実であり、したがって、暫定的にすべての捕鯨をいったん停止し、科学的情報の充実を図るべきとの議論が行われた。これを受けた形で、商業捕鯨モラトリアムの暫定停止期間中に「最良の科学的助言に基づいて」商業捕鯨モラトリアムの規定を検討すること、「遅くとも1990年までに、同規定の鯨資源に与える影響につき包括的評価を行う」ことが規定され、その検討と評価に基づいて、商業捕鯨モラトリアムの「規定の修正及び他の捕獲頭数の設定につき検討する。」ことが規定されている。この後半部分は、クジラは特別であるとの価値観に基づく捕鯨の全面否定ではない。むしろ、捕獲活動を暫定的に停止してその間に科学的情報の充実を図り、その後より適切な保存管理措置のもとで捕獲活動を再開するという、資源管理方策としては十分納得しうる前提である。したがって、この規定の下で商業捕鯨を再開することは合法であり、むしろ規定が意図するところであるともいえる。いわゆる商業捕鯨モラトリアムの規定は、捕鯨再開手続の規定となっているのである。

（4）捕鯨は倫理・道徳に反する（倫理）

爆発する銛を使ってクジラを殺害する捕鯨は本質的に残酷である、クジラの人道的な捕殺はその大きさなどから不可能であり、捕鯨はそもそも動物愛護や動物福祉の観点から道徳に反するとの批判がある。

IWCでは、最も人道的な捕殺方法などの動物福祉の問題を長年にわたって議論してきており、その結果、爆発銛が最も人道的な捕殺方法であると合意されている。また、不断の銛の改良の努力も行われてきており、人道性の目安とされている致死時間のデータも収集、分析され、捕鯨における即死率や致死時間は他のどの狩猟活動よりも人道的であることが示されている。しかし、捕鯨に反対する主張では平均致死時間の改善ではなく、最長の致死時間が大きく取り上げられ、捕鯨は残酷であるというイメージが増幅されることとなる。ま

表1.1 IWC加盟国

鯨類の持続可能な利用支持国（41か国）	反捕鯨国（48か国）
【アジア（6か国）】日本、カンボジア、モンゴル、中国、韓国、ラオス 【アフリカ（18か国）】カメルーン、ガンビア、ギニア、コートジボアール、セネガル、トーゴ、ベナン、マリ、モーリタニア、モロッコ、ギニアビサウ、コンゴ共和国、タンザニア、エリトリア、ガーナ、ケニア、サントメ・プリンシペ、リベリア 【欧州（4か国）】アイスランド、ノルウェー、ロシア、デンマーク 【大洋州（6か国）】パラオ、ナウル、マーシャル、ツバル、キリバス、ソロモン 【中南米（7か国）】アンティグア・バーブーダ、グレナダ、スリナム、セントクリストファー・ネービス、セントルシア、ドミニカ、セントビンセント・グレナディーン	【アジア（3か国）】インド、イスラエル、オマーン 【アフリカ（2か国）】南アフリカ、ガボン 【欧州（27か国）】アイルランド、イタリア、英国、オランダ、オーストリア、サンマリノ、スイス、スウェーデン、スペイン、スロベニア、チェコ、ドイツ、ハンガリー、フィンランド、フランス、ベルギー、ポルトガル、モナコ、ルクセンブルク、クロアチア、スロベニア、キプロス、ルーマニア、リトアニア、エストニア、ポーランド、ブルガリア 【大洋州（2か国）】オーストラリア、ニュージーランド 【中南米（13か国）】アルゼンチン、チリ、パナマ、ブラジル、メキシコ、ベリーズ、ペルー、コスタリカ、エクアドル、ニカラグア、ウルグアイ、ドミニカ共和国、コロンビア 【北米（1か国）】米国

○加盟国は89か国（2018年10月現在）。
○この表は、過去の投票等を勘案して便宜的に2つのグループに区分したものであり、厳密かつ明確な基準に基づいたものではない。
（出典：水産庁資料）

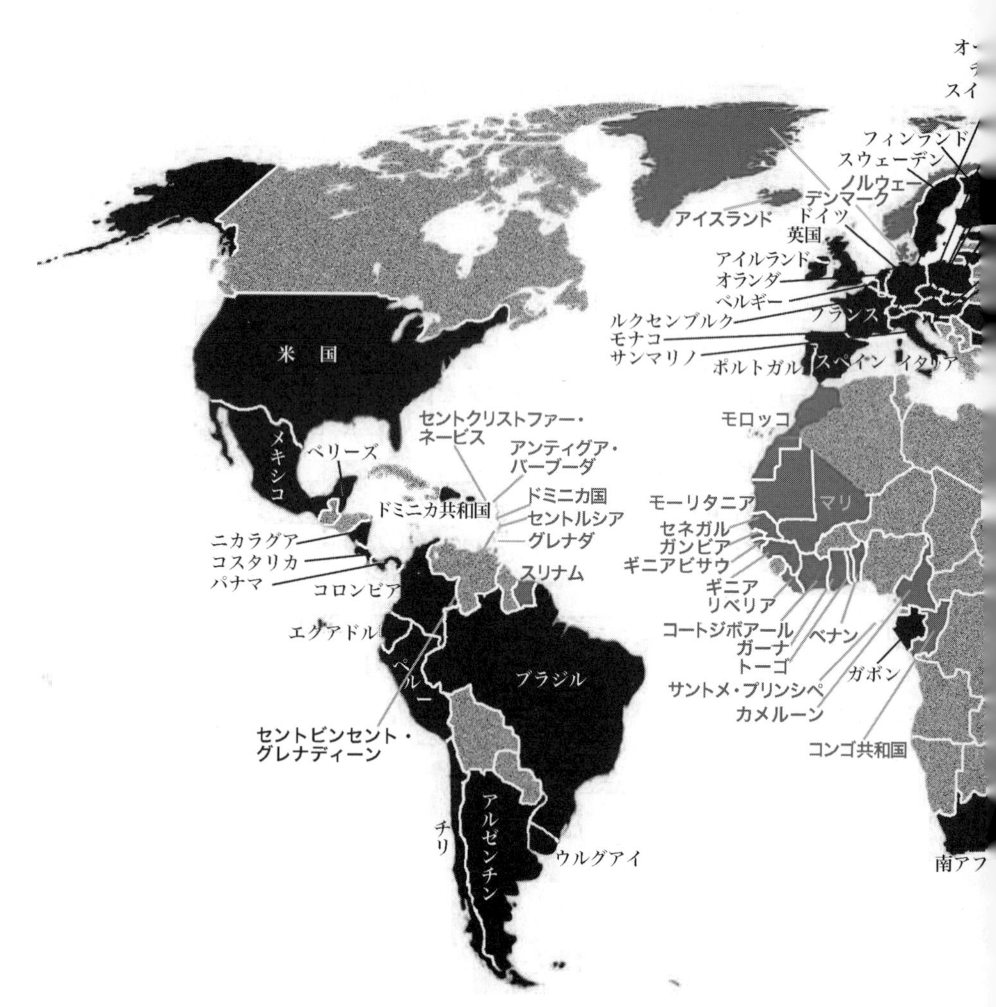

注：先住民生存捕鯨とは、IWC において先住民の生存に必要な捕鯨として、捕獲枠を認められているもの。

図1.3 IWC 加盟国地図。加盟国は89か国（2018年8月現在）

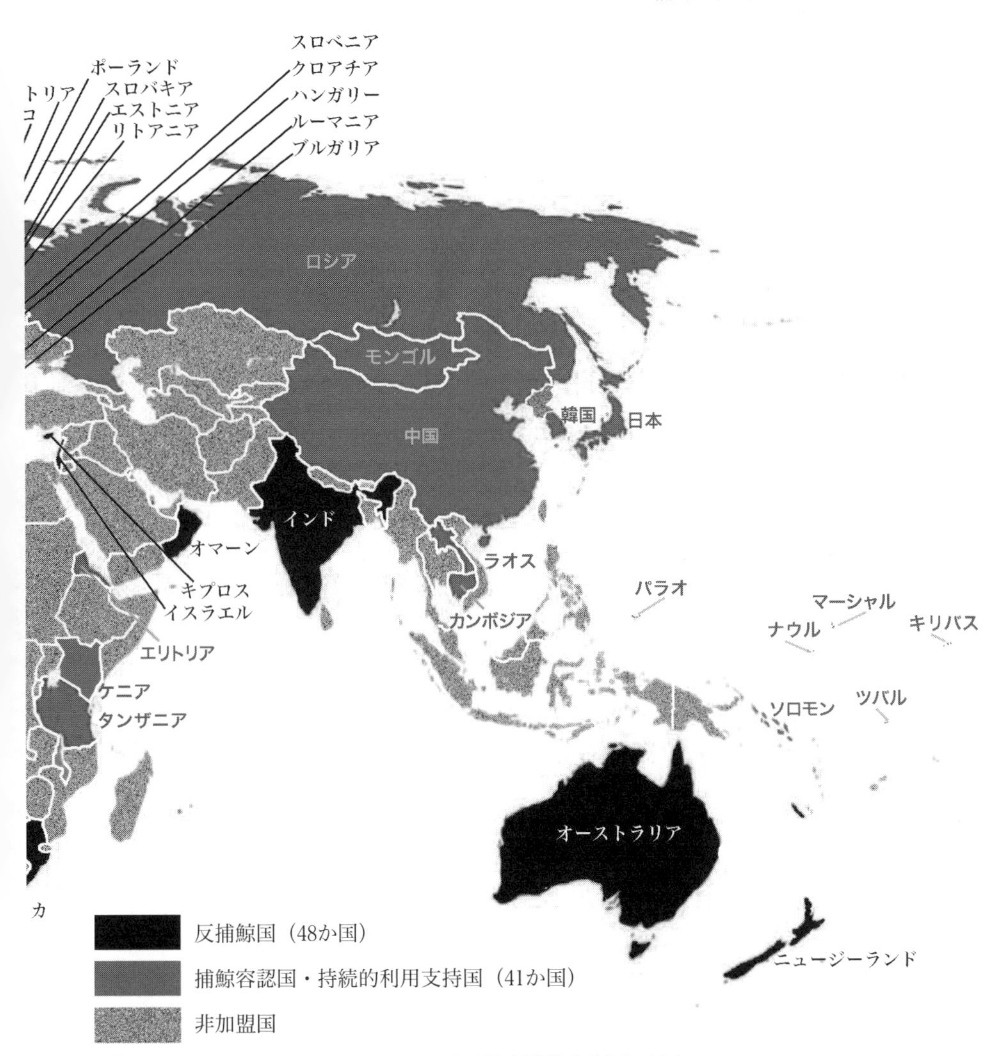

商業捕鯨国：ノルウェー、アイスランド／調査捕鯨実施国：日本
先住民生存捕鯨国（IWC加盟国）：米国、ロシア、デンマーク、セントビンセント・グレナディーン

（出典：水産庁「捕鯨をめぐる情勢 平成29年4月」より）。

た、持続的利用支持国は、比較研究の観点からシカなどの陸上動物の狩猟活動における致死時間や即死率に関するデータの提出を求めてきているが、捕鯨の議論には無関係であるとして反捕鯨国から拒否されてきている。

(5) 世界の世論は反捕鯨（政治）

上記のような議論はともかく、世界の世論は反捕鯨なのであるから、それに抵抗することは日本にとってマイナスであり、捕鯨はやめるべきであるとの主張である。これは日本の国内でも聞かれる主張である。

ここで言う「世界の世論」は圧倒的に欧米の世論である。あるいは、BBCやCNNといった主要メディアは欧米のメディアであり、そこでの捕鯨問題に関する報道は、捕鯨に批判的な内容が支配的であり、反捕鯨団体の主張などがそのまま伝えられるケースが多い。他方、IWCの会議の場においては、捕鯨国であるノルウェー、アイスランドやロシアだけではなく、中国と韓国を含むアジア諸国、アフリカ、カリブ海、太平洋島しょ国など第1次産業の重要性が高い多くの開発途上国は、海洋生物資源としてのクジラの持続可能な利用を支持している。IWCの加盟国をあえて反捕鯨国と持続的利用支持国に色分けすると、反捕鯨国は48か国、持続的利用支持国は41か国で、反捕鯨国が圧倒的多数であるというイメージとはかなり様相が異なる（表1.1、図1.3)。仮に、それにもかかわらず、先進国や大国が多い反捕鯨国の世論を尊重すべきということであれば、反捕鯨運動は環境帝国主義、環境植民地主義であるといった批判があることにも納得がいく。

(6) 捕鯨は必要ない（経済）

鯨肉の需要はほとんどなくなり、仮に商業捕鯨が再開されても経済的には採算は取れないのであるから、捕鯨はやめるべき、あるいはやめても問題ないなどの主張も根強い。他方、昭和30年代、40年代のような大規模な需要と消費ではないが、日本各地には根強い鯨肉需要が存在する。クジラを他の海洋生物資源と同様に食料として利用することに、科学的、法的に問題がなければ、この

先住民生存捕鯨を行っている国々（IWC 加盟国）

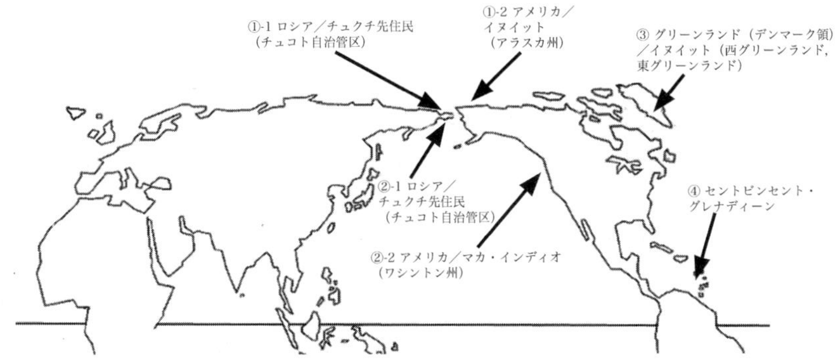

捕獲枠

①-1 ロシア／チュクチ先住民&①-2 アメリカ／イヌイット：ホッキョククジラ 2013-2018年で計336頭

②-1 ロシア／チュクチ先住民&②-2 アメリカ／マカ・インディオ：コククジラ 2013-2018年で計744頭
※マカ・インディオは捕獲停止中

③ グリーンランド（デンマーク領）／イヌイット：ナガスクジラ 19頭／年、ミンククジラ 176頭／年、ホッキョククジラ 2頭／年、ザトウクジラ 10頭／年

④ セントビンセント・グレナディーン：ザトウクジラ 2013-2018年で計24頭

商業捕鯨を行っている国々

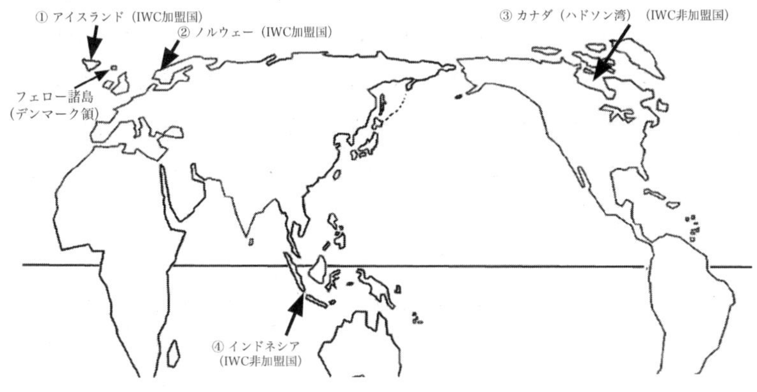

捕獲頭数

① アイスランド（2018-2025年）：ミンククジラ 最大217頭／年、ナガスクジラ 最大209頭／年

② ノルウェー：ミンククジラ 432頭（2017年。計画では999頭。2018年の計画は1,278頭）

③ カナダ：ホッキョククジラ

④ インドネシア：マッコウクジラ（20-50頭／年）

その他、日本が小型捕鯨業・イルカ漁を、フェロー諸島（デンマーク領）がヒレナガゴンドウの捕獲を行っている（いずれも IWC 管理対象外）。

注：IWC 管理対象種とは、約83種いる鯨種のうちの大型種13種。

図1.4 捕鯨を行っている国々（IWC 管理対象種）（出典：水産庁資料）

ような需要を無視し、否定することは不当であろう。

また鯨類科学調査では科学的にバイアスの無いデータを得るためにクジラの低密度海域でも捕獲調査を実施するなど、高密度海域で大型の個体を選んで捕獲を行うであろう商業目的の捕鯨とは根本的にコスト構造が異なる。これをベースに商業捕鯨が再開される場合の採算の議論をすることは誤りであり、合理的ではない。

(7) 捕鯨は日本の文化ではない（文化論）

日本人が一般的に鯨肉を食べだしたのは第二次世界大戦後であってその歴史は長くない、あるいは、現在クジラを日常的に食べる日本人はほとんどいないので、鯨食は日本の文化ではない、したがって捕鯨を続けるべき理由はないという議論もよく耳にする。

捕鯨をめぐる対立の議論の中で、捕鯨は日本の文化であり、これを守るべきとの強い主張が存在する。確かに文化を守ること自体は非常に大切であるが、他方、本来捕鯨が文化であるか否かはクジラの海洋生物資源としての持続可能な利用とは別の話である。例えば、鯨食の文化や歴史が全くない開発途上国が、将来的にクジラを動物タンパクとして利用することを希望し、利用したい資源が豊富であれば、この希望を文化が無いことを理由に否定すべきではない。

また、仮に文化の議論をするにしても、文化として認められる歴史の長さには客観的な基準は存在しない。10年の歴史しかなければ文化とは言えないのか。50年ではどうか、100年なら文化と認定されるのか。鯨肉を日常的に食べる日本人はほとんどいないので文化ではないという議論も成り立たない。日本の着物を毎日着る日本人の数は決して多くはないし、日常的に能を鑑賞する日本人もごく少数であろうが、着物や能はおそらく誰もが認めざるを得ない日本の文化である。

上記の多様な議論は、捕鯨問題の歴史の中でその焦点が変容してきた。以下にその歴史的変容をいくつかのフェーズに分けることで検証してみたい。

1－3 捕鯨の管理をめぐる科学
鯨論争の中心が科学であったころ

（1）商業捕鯨モラトリアムの本当の意味

1982年に採択された商業捕鯨モラトリアムの導入理由は、当時 IWC が採用していた NMP のために必要な科学的情報に不確実性が存在し、適切な鯨類資源管理に問題があるというものであった。したがって、捕鯨を一時的に停止し、科学的不確実性に対応する方法を探るということが商業捕鯨モラトリアム提案の趣旨であった。例えば、商業捕鯨モラトリアムの採択に至るまでの IWC 総会の場において、以下のような発言が記録されている。

○1979年 IWC 総会　スウェーデン発言

「科学的な知見に多くのギャップがあることからモラトリアムを強く支持する。しかしモラトリアムの期間後に、科学的成果に基づいて捕鯨の再開について議論する用意がある。」

○1981年 IWC 総会　英国発言

「他の国に捕鯨に対する正当な商業的関心があることは理解する。もし、将来、鯨類資源の利用が安全に再開されうることが明確に示され、満足できる補殺方法が可能となれば、禁止の撤廃を検討できるかもしれない。」、「我々が考えているのは一時停止であって、永久禁止ではない。」

○1982年 IWC 総会　セイシェル発言

「繰り返し指摘したいが、これは捕獲枠に関する提案であって、禁止やモラトリアム（一時停止）ではない。」

○1982年 IWC 総会　スペイン発言

「まず、自分はこれを全面禁止とはみなさないことを強調したい。これは単に捕鯨の暫定的な中断である。」

○1982年 IWC 総会　セントルシア発言
「セイシェルからの（モラトリアム）提案について誤解があることが大変残念である。これは商業捕鯨全面禁止提案ではなく、捕獲枠に関する提案である。」

当時の反捕鯨国側の発言の真意がどうであったにせよ、少なくとも議論の中心は資源評価に必要な科学的データにおける不確実性や当時の資源管理手法に対する懸念などの科学的議論であった。事実、上述したとおり、商業捕鯨モラトリアムを導入した ICRW 附表第10項（e）の規定は、商業捕鯨という活動を違法なもの、あるいは道徳的・倫理的に受け入れがたいものとして禁止するものではなく、資源管理措置における科学的な問題に対応するために、商業捕鯨の捕獲枠を一時的にゼロとしたうえで、その間に科学情報を整理蓄積し、最良の科学的助言に基づく包括的資源評価を行い、捕獲枠を設定するという「捕鯨再開手続」を明確に規定している。

商業捕鯨の捕獲枠を一時的にゼロとする（暫定停止、モラトリアムという語の本来の意味も一時的に停止するというもの）ということと、商業捕鯨を違法なものとして永久に禁止するということは全く別物である。そうであるにもかかわらず、商業捕鯨モラトリアム採択以来35年余りを経て、世間一般では商業捕鯨は違法な活動として禁止されているというイメージが支配的となっている。反捕鯨運動やマスコミが広めるイメージの力である。このように、イメージ、もしくはパーセプションが国際政治や国際交渉の帰趨を左右するということが、本書のテーマの一つであるが、捕鯨問題はそのもっとも顕著な例ということができるのではないか。

また、日本の鯨類科学調査は、商業捕鯨が禁止されたことに伴い、その代替として、法の抜け道を使って捕鯨を行っているものであるという批判も強い。国際司法裁判所（ICJ：International Court of Justice、以下「ICJ」）を舞台とした南極海の鯨類科学調査をめぐる訴訟においても、訴えを起こしたオーストラリアの主張の基本論点は、鯨類捕獲調査は疑似商業捕鯨であり、よって違法であるというものであった。しかし、鯨類科学調査はその計画書に明記されている通り、ICRW 附表第10項（e）の規定に従い、最良の科学的助言に基づく包括的資源評価を行い、捕獲枠を設定するために開始され、実施されたのである。

（2）RMP（改定管理方式）の開発―科学議論の大きな進展

捕鯨をめぐる科学的議論については、1992年に IWC 科学委員会が、広範なコンピューター・シミュレーションと最新の資源保存管理理論に基づく、鯨類資源を枯渇させることなく利用するための捕獲枠計算方式である RMP を開発し、これが1994年に IWC によってコンセンサスで採択されたことで大きな進展を遂げた。当時科学委員会議長を務めていた英国のフィリップ・ハモンド博士は次のような言葉を残している。

> 「自然資源管理の科学における、最も興味深く、かつ、潜在的に極めて広範な意味を持つ問題のひとつが、ついに決着した。IWC は、今や商業捕鯨を安全に管理するためのメカニズムを設立することが可能である。これは、商業捕鯨モラトリアムの有無に関係なく可能である。」

さらに、ミンククジラ、ザトウクジラなど多くの鯨種の資源が豊富または著しい回復を遂げたことが科学的に明白となり、IWC 科学委員会もこれを受け入れている。現在でも、科学に関するいわば条件闘争は続いているものの、科学的にクジラを持続可能な形で利用できることについては、すでに決着がついているといえよう。

1－4　RMS（改定管理制度）の導き
科学議論から監視取締の問題へ

（1）移動したゴールポスト

しかし、RMP の開発と鯨類資源の回復は ICRW 附表第10項（e）の規定に基づく商業捕鯨の再開にはつながらなかった。IWC は1994年の決議1994－5をもってRMPの完成を採択したが、同時に決議1994-5はRMPに商業捕鯨の監視取締制度などを追加した改定管理制度（Revised Management Scheme: RMS、以下「RMS」という）がすべて合意されるまではRMPを実施に移さないという、商業捕鯨再開のための新たな条件を設定したのである。科学議論の進展を受けて、まさに、ゴールポストが移動したわけである。

このRMSに関しては、40回を超える会合が持たれた（p.33表2.1参照）。商業捕鯨船への外国人監視員の乗船、人工衛星を利用した船舶監視システム（VMS：Vessel monitoring system、以下「VMS」）の導入、市場における鯨肉のDNAを用いた登録と追跡など、様々な提案が行われ、それぞれについて捕鯨支持国と反捕鯨国の間で合意が模索されたが、結局はRMSを商業捕鯨再開のための条件としてではなく、捕鯨再開をできる限り困難なものとするための条件としてみる一部の強硬な反捕鯨国の主張（例えば、費用が膨大なものとなる監視取締措置の導入を要求し、その費用負担を全額捕鯨国に求めるなど）に会い、交渉は挫折した。オーストラリアなどは、一時は捕鯨の再開につながる監視取締制度の設立の議論には参加しないとしてRMS交渉から離脱したが、のちに捕鯨の再開をできる限り困難なものとするという観点から交渉に再参加した。

（2）反捕鯨国の強硬な主張

捕鯨国側は、外国人監視員の乗船、VMSの導入、市場における鯨肉のDNAを用いた登録と追跡などほぼすべての条件を受け入れたが、交渉担当者の実感としては、ある提案を受け入れれば、さらに困難な新たな提案や無理難題の提起が行われるということの繰り返しであった。例えば、鯨肉の市場流通を監視するべきとの議論の中では、反捕鯨国のひとつから鯨肉については末端の消費者による消費の段階まで、その鯨肉が正当に捕獲された（密漁ではない）ものであるという証明書を添付すべきとの要求が行われたことがあった。これに従えば、一頭のクジラが解体され、料理店で刺身の一切れになるまで証明書を添付しろということになる。日本からこの提案の非現実性を説明して提案取り下げとなったが、このような議論が後を絶たなかった。反捕鯨国にとっては、鯨肉は基本的に流通してはいけない商品であり、例外として厳しい監視のもとでのみ流通を認めるというという考え方が見て取れるのである。

同様の考え方は象牙の流通をめぐっても表明されており、象牙については結局印鑑などの最終製品の段階まで正当な商品であるという証明書が添付される制度が受け入れられている。近年では、密漁防止の観点から、合法的に入手された象牙の市場を閉鎖するとの提案がCITES締約国会議によって採択され、違反を防ぐために合法的活動も禁止するという考え方が広がっている。これもアフリカゾウがクジラと同様にカリスマ動物の代表格であるという事実が大きな役割を演じているのである。

1－5「商業性」の有無をめぐる論争へ

(1) 独り歩きした商業捕鯨モラトリアムの解釈

しかし、やがて商業捕鯨モラトリアムの規定は独り歩きし、商業捕鯨の「一時停止」が商業捕鯨の「永久禁止」と理解されるようになり、さらに捕鯨における商業性の否定へと議論が変容していく。科学的に持続可能な捕鯨が可能であっても、商業捕鯨モラトリアムが存在するので、商業性がある捕鯨は禁止されており、その再開につながる提案には反対するという主張である。商業捕鯨モラトリアムが商業性の存在を理由として導入されたものではないことを考えると、この議論の変容は不可解であるが、商業捕鯨の再開を阻止するという観点からのみ見れば、反捕鯨勢力は商業捕鯨モラトリアムについて自らに都合のいいイメージを作り、定着させることに成功したということができよう。

この主張に対応するため、日本は、その悲願である沿岸小型捕鯨地域へのミンククジラ捕獲枠提案において、様々な方法で商業性を排除する提案を作成してきた。また、商業捕鯨モラトリアムの対象外として認められている先住民生存捕鯨と沿岸小型捕鯨の類似性を主張し、モラトリアムからの免除を求めてきた。しかしこれらの提案は、現実的には完全排除はできない商業性の存在などを理由にことごとく否決されてきたわけである。

(2)「商業性」を否定する根拠

そもそもなぜ商業性が否定されるのかを考えるとき、そこには合理的な説明はない。貨幣経済の中で、貨幣の動きを伴うという意味での商業性の全くない活動はむしろ例外的である。先住民生存捕鯨においても捕鯨資材の購入や一部の鯨類製品の販売など、貨幣との関係が存在する。そもそも反捕鯨運動は多額の寄付金が動く立派な経済活動である。経済活動である捕鯨は、ひとたび再開されれば乱獲につながるという主張があるが、事実上保存管理措置が機能しなかった1970年代以前とは異なり、現在では国際監視員の乗船、鯨肉 DNA 登録、人工衛星を使った船舶監視システムなどが導入されており、また、かつての乱獲をもたらした鯨油の需要は既に存在しないことから、大規模な乱獲の再発は想像しがたい。

近年では、反捕鯨国の一部は先住民捕鯨の中に不可避的に存在する貨幣のやり取りやスノーモビルなど「伝統的ではない」機材の使用を問題視し、批判的主張を行ってきている。これらの国は、建前上は先住民捕鯨を支持するとするものの、実際の捕獲枠設定提案では反対票を投じ始めている。2018年の IWC 第67回総会では、先住民捕鯨の捕獲枠の更新が議論され、結果的には採択されたが、ブエノスアイレスグループと呼ばれる南米諸国を中心に7か国が反対票を投じた。先住民捕鯨も決して安泰ではないのである。

1-6　クジラの無条件保護の主張
カリスマ動物のコンセプト

(1) カリスマ動物とは？

捕鯨論争においてはクジラ資源に関する科学議論、商業捕鯨モラトリアムや ICRW の解釈に関する法的議論に加え、経済や監視取締手法に関する議論が行われてきたが、対立の根本にはクジラという動物に関する見方の決定的な違いが存在する。クジラはカリスマ動物であり、その資源状態とは関係なく、保護されるべきであるという立場の存在である。

このカリスマ動物のコンセプトに統一された定義はないが、一般的には、大型脊椎動物であり、子供を含め誰もがよく知っており、強い、美しい、賢い、絶滅に瀕している（と思われている）といった属性を備えた動物（例えば、クジラ、ゾウ、トラ、オオカミ、サメなど）を指す。これらの動物を保護することが環境を守ることと同一視され、その捕獲はたとえ科学的根拠に基づく持続可能な利用であっても、環境破壊ととらえられる。捕鯨問題においては世論が大きな役割を演じているが、クジラという動物に関する世論のイメージはまさにこのカリスマ動物の考え方が根底にあり、論理的・科学的な議論の余地が少ないと言える。詳細については後述（5－4　カリスマ生物コンセプト）するとして、ここでは概略を述べた。

（2）かみ合わない議論

動物福祉・愛護の考え方は、日本でも広く受け入れられているが、人間の役に立つ動物の利用や飼育にあたって、その動物に苦痛などを与えないことを目的とし、生物資源の持続可能な利用の概念とは矛盾しない。他方、カリスマ動物コンセプトにおいては、特定の動物に特別なステータスを与え、その絶対的な保護を求める。動物権の考え方にある動物種間の平等性とさえ相いれない考えである。シーシェパード等の反捕鯨団体関係者の例では、クジラを救うためには自らの命を犠牲にすることも厭わないと言った発言が聞かれ、クジラを人間の上位に位置付けているとさえ思われる。

1－7 IWC科学委員会の変質

（1）科学委員会の関心の変容

捕鯨問題における論点の変容に呼応して、IWC科学委員会における議論も変容してきている。

表1.2 科学委員会の下部組織（2019年会合）

SP: 特別許可（鯨類捕獲調査）セッション
PH: 写真記録（種の判定）に関する臨時作業部会
ASI: 資源量推定と資源状況国際調査航海に関する常設作業部会
SAN: サンクチュアリー（捕鯨禁止海域）に関する臨時作業部会
IST: 改定管理方式実施試験小委員会
ASW: 先住民生存捕鯨小委員会
SD&DNA: 系群の定義とDNA分析に関する作業部会
IA: 詳細資源評価小委員会
NH: その他の北半球鯨類資源小委員会
SH: その他の南半球鯨類資源小委員会
CMP: 保存管理計画小委員会
HIM: 非意図的人為的な鯨類の死亡に関する小委員会
E: 環境問題小委員会
EM: 生態系モデルに関する常設作業部会
SM: 小型鯨類小委員会
WW: ホエール・ウォッチング小委員会

鯨類資源の管理を行うための国際機関として設立されたIWCには、下部機関としての科学委員会が設立されている。近年の科学委員会では世界から200名あまりの科学者が参加し、毎年約2週間にわたって総会が行われる。会合の無い期間中も作業部会やワークショップ、メールの交換などを通じたバーチャルな会合が行われ活発な科学議論が進められている。総会には日本からも毎年約20名の科学者が、水産研究教育機構国際水産資源研究所、日本鯨類研究所、東京海洋大学などから参加している。科学委員会には20近い分科会があり（表1.2）、鯨類に関する様々な側面からの科学議論が行われる。1回の総会に提出される論文の数は約200編に上る。

その科学委員会の性質が、クジラと捕鯨をめぐる対立や議論の中で変化してきた。IWCが名前通り捕鯨の管理を行うためには、鯨類の資源量推定や、RMPに代表される持続可能な捕獲枠の計算方式の開発や実施がその中心課題であり、実際かつての科学委員会においては議論の時間と提出論文の多くの割合が鯨類資源管理に関するものであった。しかし、近年では科学委員会とその参加者の関心の中心は、いわゆる鯨類の保存（本来「保存：conservation」という言葉には利用が含まれるが、IWC では「保存」はほぼ「保護：protection, preservation」の意味となっており、捕鯨活動などの「致死的利用」を否定する考え方となっている）に移り、日本など持続的利用支持国からすれば、科学委員会本来の目的がないがしろにされている。2015年の科学委員会では、かつてノルウェー首相の科学顧問や欧州学術会議の議長も務めたラルス・ワロー博士（オスロ大学名誉教授）が特別に発言を求め、IWC では鯨類資源管理に取り組む科学者の数が減少し続けており、まさに絶滅危惧種のようである、このままでは科学委員会はその重要な機能を果たすことができなくなる旨の警鐘を鳴らした。残念なことに、この重大な発言さえも議論を起こさなかった。皮肉なことに、近年の科学委員会は鯨類資源管理に関心がないことを、さらに浮き彫りにした一幕であったのかもしれない。

科学委員会の大多数の参加国や参加者は、今や鯨類の保護、鯨類に関係する海洋環境の問題などに関心を持っている。例えば、海洋汚染や気候変動が鯨類に与える影響の研究、漁業で混獲される鯨類に関する研究や混獲削減の取組、鯨類と船の衝突の問題、ホエール・ウォッチングの管理、目視調査やバイオプシー調査など非致死的調査の促進などといったトピックが熱心に議論され、提出論文数も多数に上る。これらの課題は、持続的利用を支持する側にとっても重要な課題ではあるが、IWC においては捕鯨に反対するか支持するかの二者択一であり、双方にまたがる、双方にとって重要な課題に協力して取り組むという機運がないのが現実である。これは鯨類に関する科学全体にとっては不幸な事態であると言えよう。

かつての科学委員会では、日本の鯨類捕獲調査をめぐって科学委員会が真っ二つに分かれて喧々諤々の議論が行われていた。しかし近年では大多数の科学者が捕鯨に関心を持っていないことから、表面上はむしろ穏やかな会議となっている。鯨類捕獲調査を扱う分科会は科学委員会の分科会の中でも最も緊張感と対立感のある、科学委員会全員が参加する分科会であったが、この分科会も低調になってきた。科学委員会に政治問題を持ち込まないようにするため、心ある科学者が鯨類捕獲調査に関する議論の非政治化に努力してきた成果でもあるが、同時に鯨類捕獲調査に対する無関心の広がりも反映した結果であろう。今では、昔から鯨類捕獲調査への反対をリードしてきた一握りの科学者（その数も高齢化により減少してきているが）が、出席者が減った鯨類捕獲調査分科会で昔ながらの鯨類捕獲調査への反対の議論を行うという状況となっている。

多くの若い科学者からすれば、IWC の科学委員会は、捕鯨の管理を行う政府間機関の科学組織というよりは鯨類の科学に関する学会という趣となっており、自分たちが関心を持つ気候変動と海洋環境の関係や漁業による鯨類の混獲への対応などといったテーマの科学論文を提出して科学者としての実績を積む場ととらえているように思える。彼らからすれば、日本やノルウェーの科学者は明治維新が終わってもまだ髷を結って刀を下げて歩いている侍の生き残りで、そのうちいなくなるだろうという感覚ではないだろうか。

（2）科学委員会への参加者は圧倒的に反捕鯨国から

科学委員会についてはもう一点述べておくべきことがある。その参加者が圧倒的に先進国の科学者であり、IWC で反捕鯨の立場をとる国の出身者であるということである。持続的利用支持国の多くは経済的には恵まれていない開発途上国であり、彼らの科学者のために海外出張の費用を確保することも容易ではない。IWC では最近ようやく開発途上国の会議参加を支援する基金を作ったが、財源は各国からの自主的な拠出に頼っており、全く不十分である。科学は多数決で決まるものではないが、関係国の経済力の差が科学議論の優勢劣勢を左右するという側面があるというという現実が存在する。

なお、科学委員会への参加の資格、立場であるが、基本は IWC 参加国が国としての代表団を科学委員会に派遣している。その代表団に入る人間の選択はその国の裁量権と決定にゆだねられており、科学者以外の人間も参加可能である。これには正当性もあり、国際機関の下部組織である科学委員会での議論をフォローしモニターするために行政官が参加することは意味があり重要でもある。科学委員会での議論が行政組織である本委員会でしっかりと尊重されるためにもこれは必要であろう。しかし過去の科学委員会では、行政官でもなく、その参加資格に疑問を持たざるを得ない人物が国の代表団に含まれていたケースは珍しくない。

また、IWC の科学委員会では招待科学者（IP：Invited Participants）と呼ばれる参加者が多数出席している。2018年の科学委員会を例にとれば、出席者215名のうち84名は招待科学者であった。招待科学者はその専門知識が評価されて、科学委員会での議論に貢献するために招待される。実際常連の招待科学者の中には、彼らがいなければ科学委員会の関係分野の議論が成り立たないほど重要な科学者がおり、彼らの存在は必須である。彼らの参加費用は原則として IWC が負担するが、近年は招待科学者の数が多く、予算上の制限からこれが実現できていない。しかしこの招待科学者の選定にも問題が多い。毎年の科学委員会の数か月前には、その年の科学委員会の招待科学者候補リストが関係国に提示されるが、この中には科学者としての実績や資質に問題なしとしない候補者も含まれることがある。例えばそのような候補者に日本が異を唱えるとすると、報復として日本が頼りにする招待科学者候補に異論が呈される。結果的に、必要な招待科学者の参加を確保するためには疑問のある候補者を黙認するという事態が発生する。さらに、「自己招待科学者」というカテゴリーが存在する。「招待」は自分以外の誰かからオファーされるものであり「自己招待」という言葉自体が自己矛盾であると思われるが、実際 IWC の科学委員会では「自己招待科学者」が参加している。とりわけ彼らが参加資金を自己負担すると宣言する場合、IWC の招待科学者参加経費の資金不足もあり、「自己招待」を拒否していない。

第２章
繰り返し失敗してきたIWCでの和平交渉

IWCにおいては、捕鯨をめぐる鋭い対立を解決するために、1990年代から幾度となく反捕鯨国と持続的利用支持国の間の妥協を図る取組が行われてきた。以下ではこのような「和平交渉」を振り返ることで、日本のIWCからの脱退に至った状況の背景を分析してみたい。また、IWCでの「和平交渉」の度重なる失敗の経緯は、様々な国際交渉の反面教師としての役割も果たすことになろう。

2-1 カーニー議長のアイルランド提案（1997年）

（1）４項目のパッケージ提案

1997年にモナコにおいて開催されたIWC第49回総会において、当時は委員会の下部組織である技術委員会の議長を務めていたマイケル・カーニー（アイルランド）から、捕鯨をめぐる膠着状態のために、先住民生存捕鯨以外の捕鯨活動はIWCのコントロールの外で行われており、このままではIWCが崩壊するリスクがあるとの懸念が表明された。この状態を打開するために、アイルラ

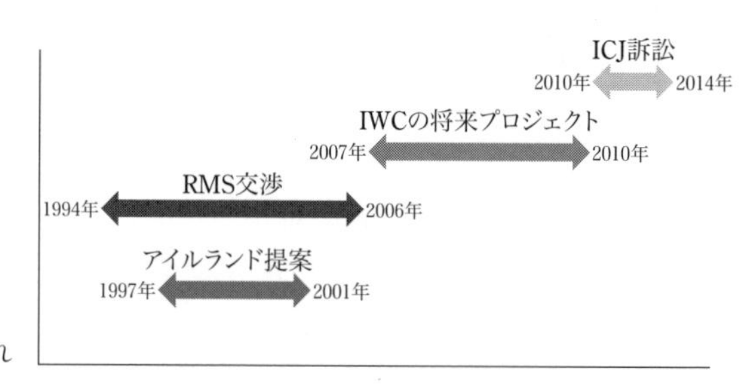

図2.1
国際捕鯨紛争
和平交渉の流れ

ンドより下記の点を含むパッケージ提案が提示された。

1）捕獲枠の設定は既存の沿岸捕鯨に限定し、その他の海域については全世界でサンクチュアリ（捕鯨禁止）とする。
2）鯨製品は地域消費のみとし、国際取引は禁止する。
3）ICRW 第8条に基づく科学特別許可（調査捕鯨）の発給を段階的に中止する。
4）ホエール・ウォッチングの影響を規制する。

日本を含む多くの国はこのアイルランド提案を評価し、さらに検討を続ける用意があるとしたが、ブラジル、スペイン、チリ、アルゼンチン、米国、英国、フランス、モナコは商業捕鯨を認めることに対して留保を表明した。さらに意見交換が続けられたが合意には至らず、継続審議となった。

翌1998年にオマーンで開催された IWC 第50回総会ではマイケル・カーニーが委員会全体の議長に就任し、本件に関する議論が続けられた。しかし、ここでも前年同様の議論が行われ、さらに次の年に向けて継続審議とされた。米国などは、対話には喜んで参加するが、議論は進展しているようには見えないと発言している。オーストラリアは、アイルランド提案は交渉のベースとはなりえず、成功するとは思えない、クジラと捕鯨に関する考え方は進化しつつある（すなわちクジラは捕獲するものではなく保護するものという方向）と述べた。

1999年の IWC 第51回総会（グレナダで開催、議長は引き続きカーニー）でもアイルランド提案が議論されたが、カーニー議長からは閉会期間中に非公式に意見交換を行ってきたもののコンセンサスには至っておらず、引き続き議論していきたいとの報告が行われた。多くの反捕鯨国は、先住民生存捕鯨を除くすべての捕鯨の停止が必要であり、IWC はクジラの保護をさらに強化するべきとの発言を繰り返し、クジラの持続可能な利用を ICRW に則り図るべきとの持続的利用支持国の意見とは全く議論がかみ合わない状況であった。

2000年の IWC 第52回総会（オーストラリア（アデレード）で開催、議長は引き続きカーニー）においても、前年と同じ議論が繰り返されたのみで、何ら進展はなかった。この回で議長の任期を終えるカーニーより、今後はアイルランド代表として本件にかかわっていくとの意図が表明された。

（2）アイルランド提案の終焉

翌2001年に英国ロンドン郊外で開催されたIWC第53回総会（議長はスウェーデンのフェルンホルム）では、RMSに関する議論の中でアイルランド提案に関する言及もあったが、同提案は独立の議題では議論されなかった。カーニー前議長にとっては、この第53回総会が最後のIWC出席となり、以降アイルランド提案は彼とともにIWCの舞台からは姿を消したのである。

反捕鯨国と持続的利用支持国の双方に妥協と譲歩を求めたアイルランド提案は、先住民生存捕鯨以外の捕鯨は一切認めないとする反捕鯨国のかたくなな態度もあり、失敗した。反捕鯨国にとっては公海での捕鯨の禁止、調査捕鯨のフェーズアウト、鯨肉などの国際貿易の禁止といった数々のメリットを含む提案であったものの、沿岸商業捕鯨の再開がパッケージに含まれていたことから妥協が成立しなかった。反捕鯨国側にとってはすべての商業捕鯨を禁止し、IWCをクジラの保護のための国際機関とすることが、唯一の道であるということであろう。

2-2　RMS導入に関する交渉からフィッシャー議長のRMSパッケージ提案（2004年）へ

（1）1992年IWC第44回グラスゴー会合で反捕鯨国が設けた新たな障壁

RMSに関する議論は、1992年に開催されたIWC第44回総会におけるオーストラリアからの提案に端を発すると言える。この年の科学委員会はRMPを完成させ、科学的な不確実性も考慮した持続可能な捕獲枠を算出するための科学的システムが整ったことが、このオーストラリア提案の背景にある。科学的には商業捕鯨再開の条件が満たされたわけであり、反捕鯨国は商業捕鯨再開を阻止するために、新たな障害を設ける必要があったのである。ここから2007年に完全に議論がとん挫するまでの約15年間にわたり、RMSに関する議論が40回

表2.1 改定管理制度（RMS）に関する年表

会議等	会議等	議長	結果概要（結果が公表された会議のみ）
1992			
6月29日～7月3日	第44回会合 グラスゴー（英国）	フライシャー （メキシコ）	オーストラリアより、商業捕鯨は再開されるべきではないが、万が一再開されることとなれば、高度な（鯨類資源の）安全が確保されるべきであり、このための追加的要素が完成されることが必要として、RMS決議が提出される。 決議1992-3 採択。捕獲枠計算・実施の条件として、効果的監視システムの導入など5項目を挙げる。
1993			
5月10日～14日	第45回会合 京都（日本）	フライシャー （メキシコ）	【議題14 RMS決議パラグラフ4で求められる追加的項目】ノルウェーよりRMSの完成に向けて前進を図るとの決議案が提案されるが否決。反捕鯨国よりRMPの完成を認めないとの発言。
1994			
5月23日～27日	第46回会合 プエルト・ヴァヤルタ （メキシコ）	フライシャー （メキシコ）	【議題20 科学委員会議長の辞任】 決議1994-5 採択。RMPを採択するがRMSが条件とされる。
1995			
1月10日～13日	監視とコントロールに関する作業部会 ロフォーテン（ノルウェー）		
5月22日	同上 ダブリン（アイルランド）		
5月29日～6月2日	第47回会合 ダブリン（アイルランド）	ブリッジウォーター （オーストラリア）	【議題12 RMS】
1996			
6月	監視とコントロールに関する作業部会 アバディーン（英国）		
6月	豊度調査とRMSの実施に関する作業部会 アバディーン（英国）		
6月24日～28日	第48回会合 アバディーン（英国）	ブリッジウォーター （オーストラリア）	【議題12 RMS】（決議1996-6）二つの作業部会の合併。
1997			
10月17日	RMS作業部会 モンテカルロ（モナコ）	フォン＝デル＝アッセン（オランダ）	
10月20日～24日	第49回会合 モンテカルロ（モナコ）	ブリッジウォーター （オーストラリア）	【議題12 RMS】
1998			
5月12日	RMS作業部会 マスカット（オマーン）	フォン＝デル＝アッセン（オランダ）	RMS完成のために唯一残された要素である監視取締制度案について議論。

5月16日〜20日	第50回会合 マスカット（オマーン）	カーニー (アイルランド)	【議題12 RMS】
1999			
5月20日	RMS作業部会 セント・ジョージス（グレナダ）	フォン＝デル＝アッセン（オランダ）	日本より、附表修正提案。反捕鯨国は検討に時間が必要として採決に反対。
5月24日〜28日	第51回会合 セント・ジョージス	カーニー (アイルランド)	【議題13 RMS】
2000			
6月28日〜29日	RMS作業部会 アデレード(オーストラリア)	フォン＝デル＝アッセン（オランダ）	日本より、再び監視取締制度に関する附表修正提案。議長案とともに議論。
7月3日〜6日	第52回会合 アデレード(オーストラリア)	カーニー (アイルランド)	【議題12 RMS】(決議200-3) RMS作業部会開催などを合意。
2001			
2月6日〜8日	RMS作業部会 モンテカルロ（モナコ）		
7月18日〜19日	RMS作業部会 ロンドン（英国）		監視取締制度に関する附表修正。それ以外の項目（サンクチュアリー、モラトリアムの扱い）に関する附表修正案について議論。
7月23日〜27日	第53回会合 ロンドン（英国）	フェルンホルム (スウェーデン)	【議題9 RMS】 専門家ドラフティンググループ（EDG）設立を決定。
2002			
2月26日〜3月1日	専門家ドラフティンググループ（EDG）		
5月13日〜15日	RMS作業部会 下関（日本）	フィッシャー (デンマーク)	
5月20日〜24日	第54回会合 下関（日本）	フェルンホルム (スウェーデン)	
10月15日〜17日	RMSに関するコミッショナー会議 ケンブリッジ（英国）	フィッシャー (デンマーク)	
2003			
4月28日〜30日	RMS作業部会（捕獲証明制度） (アンティグア・バーブーダ―)		
5月1日〜3日	RMS作業部会（コスト） (アンティグア・バーブーダ―)	森下（日本）	
6月6日	RMS作業部会（取締） ベルリン（ドイツ）		
6月12日〜13日	RMSに関する第2回コミッショナー会議 ベルリン（ドイツ）	フィッシャー (デンマーク)	
6月16日〜19日	第55回会合 ベルリン（ドイツ）	フェルンホルム (スウェーデン)	【議題】RMS 反捕鯨国は、RMSの完成は商業捕鯨モラトリアムの解除を意味しないとの立場。

12月9日～10日	RMS小グループ会合 ケンブリッジ（英国）		
2004			
3月10日～12日	第2回RMS小グループ会合 ケンブリッジ（英国）		RMSパッケージ提案の作成。
7月19日～22日	第56回会合 ソレント（イタリア）	シュミッテン（米国・暫定） （フィッシャーは病欠）	【議題6】RMS フィッシャー議長がRMSパッケージを提案。進展なし。可能であれば次回会合での採択を目指すとの決議を採択。
11月30日～12月4日	作業部会およびドラフティング会合（EDG） ボルイホルム（スウェーデン）		
2005			
3月30日～4月3日	作業部会およびドラフティング会合（EDG） コペンハーゲン（デンマーク）		
6月15日	RMS作業部会 蔚山（韓国）	フィッシャー （デンマーク）	進展がなく、1日で終了。新たな議長提案の提出意図はなし。
6月20日～24日	第57回会合 蔚山（韓国）	フィッシャー （デンマーク）	【議題6】RMS
2006			
2月28日～3月2日	RMS作業部会 ケンブリッジ（英国）		RMSプロセスの進展がないことから、その延期を合意。
6月10日	RMS作業部会 セントクリストファー・ネイビス	デマスター（米国）	2日間の予定が1日で終了。見るべき発言もなく、新たな作業も合意なし。
6月16日～20日	第58回会合 セントクリストファー・ネイビス	ホガース（米国）	【議題8】RMS RMS交渉は事実上停止。セントキッツ宣言採択。IWC正常化会合開催提案。
2007			
5月28日～31日	第59回会合 アンカレッジ（米国）	ホガース（米国）	【議題6】RMS 実質的議論はRMPのみ。RMSについては前年に頓挫したとの認識。

を超える会議で行われたのである（表2.1）。

オーストラリアは、第44回総会の議題11（鯨類資源の包括的評価）のもとで、商業捕鯨は再開されるべきではないが、万が一再開されることとなれば、高度な（鯨類資源の）安全が確保されるべきであり、このための追加的要素が完成することが必要として、RMSに関する決議案を提出した。共同提案国として、フィンランド、ドイツ、スイス、スウェーデン、米国が加わっている。オーストラリア提案は、決議1992-3として採択され、RMPによる捕獲枠計算・実施の条件として効果的監視システムの導入など5項目を挙げている。

（2）1993年 IWC 第45回京都会合：科学委員会議長の抗議の辞任

翌1993年の第45回総会は京都で開催された。ノルウェーは日本とともに、議題14（RMS 決議パラ 4 で求められる追加的項目）のもとで、RMS の完成に向けて前進を図るとの決議案を提案するが反捕鯨国の抵抗に会い否決された。反捕鯨国より、RMP には様々な不備があり、その完成を認めないとの発言も行われた。これが、当時の科学委員会議長であるフィリップ・ハモンド博士（英国）の抗議の辞任という事態につながったのである。

（3）1994年 IWC 第46回プエルト・ヴァヤルタ会合：RMS 提案

1994年、IWC 第46回総会（プエルト・ヴァヤルタ（メキシコ））は、ハモンド議長の辞任もあり、科学委員会が1992年に完成させた持続可能な捕獲枠計算のための RMP を決議1994-5によりコンセンサスで採択した。しかし、その実施条件として RMS の完成を新たな条件として設定した。同決議では、RMS の構造として、(i) RMP により捕獲枠が計算された系群、海域、時期のみで商業捕鯨が許されること、(ii) この捕獲枠は科学委員会により計算され、かつ、委員会により、RMS のすべての要素を満たすものであると承認されること、(iii) その他のすべての系群、海域、時期に関する捕獲枠はゼロであることを規定している。さらに、この決議では、RMS のすべての要素が附表に反映されないうちは RMP は実施されない（すなわち捕獲枠は計算されない）ことを再確認するとともに、同決議は商業捕鯨モラトリアムやサンクチュアリーの規定に反するいかなる活動も認めるものではないと念押しをしている。

RMS の完成に含まれるべき要素として、決議1994-5には以下の諸項目が挙げられている。

1）捕獲数の過少報告や虚偽報告などに対応するための効果的な検査監視制度。

2）目視調査における十分なレベルの国際協力（調査デザイン、実施、分析）を確保するために、「RMS における目視調査実施・データ分析ガイドライン」の更なる検討。

3）総捕獲数がRMPのもとで設定された捕獲限度内であることを確保するための対策。

4）RMPの仕様とRMSのその他の要素の附表への取り込み。

決議1994-5を受けて、一連のRMS導入に向けての交渉が開始される。IWCの総会での議論を含めて40回を超える会合でのRMSの議論の項目、それぞれの議論の展開、問題点などのすべてを記述することはしないが、RMSに関する交渉の目的は、反捕鯨国と持続的利用支持国の双方が受け入れることができる仕組みのもとで商業捕鯨が再開されることを目指した、まさに「和平交渉」であったと言える。また、後述するように、心ある関係者には、反捕鯨国、持続的利用支持国を問わず、IWCのクレディビリティー（信頼性）を維持し、国際機関として機能させるためにはRMSの完成が必須であるという意識が存在した。

本書ではRMSの個別の項目に関する議論は取り上げないが、指摘しておくべき点がある。それは、RMSに関する交渉が進むにつれて、新たな項目が取り上げられていき、最終的にはRMPの実施のために必要な措置とは関係のない、むしろ捕鯨をめぐる議論全体の中で反捕鯨国などが重視する項目が取り込まれていったことである。議論が進み、ある項目が解決されると、さらに新たな項目が、合意のためには必要として加えられていく様は、ゴールポストの移動として持続的利用支持国から非難されたが、現実としてそれらの追加項目が合意のためには必要と主張する国があり、合意を目指す限りはそれらを取り入れていかなくてはならないという状況であった。

具体的には、RMS交渉の当初は、決議1994-5に従い、捕獲枠の順守に必要とされる監視取締措置に含まれるべき項目に関する議論であったものが、フィッシャー議長（デンマーク）のRMSパッケージ提案が提示される2004年までには、動物福祉の強化、サンクチュアリー設置、鯨肉貿易の制限といった本来は捕獲枠の順守には関係のない項目がRMSに関する議論の中で取り上げられるようになっていた。「RMS提案」と呼ばれていた交渉のベースとなるテキストも追加項目の増加を受けて「RMSパッケージ提案」という名前へと変貌していった。

RMSに関する議論は、RMS作業部会やその成果をテキストとしてまとめる専門家ドラフティング会合などの開催を通じて精力的に進められていったが、クジラと捕鯨に関する反捕鯨国と持続的利用支持国の間の根本的な立場の違いは埋まらず、むしろより鮮明化する様相となった。合意の達成のためには双方ともに何かを譲り妥協案を作成していく必要があるが、相互不信があまりに大きく、また、強硬な立場をとる反捕鯨国の一部は、RMSの完成は商業捕鯨の容認を意味しないと主張し、RMS交渉の根底を覆すような立場を表明するに至った。

（4）2004年IWC第56回ソレント会合：フィッシャー議長のRMSパッケージ提案

この状況を憂慮したフィッシャー議長は、議長が指名する少数国の代表が率直な意見交換を行うことを目的としてRMS小グループを立ち上げた。この小グループには強硬な態度をとっているとみなされたオーストラリアやノルウェーは指名されなかったが、日本と米国は重要メンバーとして議論に加わった。2003年12月と2004年3月に行われたRMS小グループ会合では、お互いの立場の違いは認めながらも率直な意見交換が行われ、メンバー国間の相互不信が合意形成の重大な障害となっていることも認識された。この小グループでの議論をベースに作成されたものが、2004年のIWC第56回総会（ソレント（イタリア））に提出されたフィッシャー議長のRMSパッケージ提案である。

フィッシャー議長はRMSパッケージ提案を提出するにあたって、RMSの完成に失敗するようなことになればIWCの将来を危機にさらすのみではなく、ICRWの二つの目的であるクジラの保存にも鯨類資源の管理のどちらにも資するものではないとの恐れを抱いていると述べている。さらに、フィッシャー議長は、彼の提案は公平で現実的なバランスを考慮した提案であり、そのすべての詳細が全てのメンバー国を満足させるものではないが、それこそが妥協の本質的な概念であり、持続的利用支持国と反捕鯨国双方が妥協の精神のもとに受け入れることを望むとも述べている。フィッシャー議長としては、この提案に好意的な反応が得られれば、翌2005年の第57回総会での採択を目指して具体的なテキストの提案を用意するとの意図であった。

フィッシャー議長のRMSパッケージ提案の構成としては、下記が含まれている。

1）RMP

2）商業捕鯨再開のフェーズイン・アプローチ

当初は商業捕鯨を国家管轄権下の水域に限定する。

3）国内監視取締制度

日帰り操業の小型船についてはVMS搭載、母船に付随するキャッチャーボートにはオブザーバー1名配置。

4）違法無報告無規制（IUU）捕鯨や報告されない混獲に対処するための追加的捕獲証明

DNA登録と市場サンプリング、IWC非加盟国とIWC加盟非捕鯨国からの鯨製品輸入を禁止する国内法整備を求める決議、IWC加盟国から輸入する場合には輸入時点までの文書による追跡。

5）遵　守

遵守レビュー委員会が違反に関する検討と報告、処分に関する助言。

6）RMS実施費用の分担メカニズム

国内制度にかかる部分は各国負担、透明性を確保する国際的な費用は分担金全体の中で配分。

7）附表第10項（e）（商業捕鯨モラトリアム）の撤廃方法

いかなる捕鯨操業もRMSパッケージに完全に従うことを確保したうえで、附表第10項（e）が特定の日に無効となるような修正を行う。

8）特別許可による捕鯨

ICRWのもとでの権利であることを認識したうえで、行動規範を作成。

9）動物福祉への配慮

附表のもとで、捕鯨はクジラに不必要な苦しみを与えない方法で行われることなどを明記する。

この提案にはRMSをめぐる議論で取り上げられてきた項目のうち、包括的な貿易制限とサンクチュアリーの2項目は含まれていない。その理由として、フィッシャー議長は、貿易制限についてはIUUの関連では一定の制限は適切であるが、包括的な貿易制限は特定国への差別的扱いであり、自由貿易の原則に反し、IWCの権限外であるとしている。サンクチュアリーに関しては、個別の提案ごとにその保存管理上のメリットが検討されるべきで、RMSパッケージに組み込むことは困難であると説明している。しかし、アイルランド提案と比較してみる場合、パッケージに含まれる項目の増加が顕著である。当時の交渉の当事者でもあった著者の偽らざる心境は、交渉が進めば進むほど課題が増加していくことへの憤りであった。

ソレント会議では、フィッシャー議長が病気のために欠席したこともあり、RMSパッケージ提案は特に反捕鯨国を中心に冷ややかな反応を受けた。これは、同提案が捕鯨再開を前提としたものであることから、いかなる条件のもとでも捕鯨再開は受け入れられないとする強硬反捕鯨国の反発を招いた結果である。結局進展は見られず、「可能であれば」次回総会での採択を目指すとの決議を採択するにとどまった。また、コンセンサス達成のために、上記の項目に加えて、さらに未解決の問題や新たな問題を提起することを決議に受け入れたため、実質的にはRMSの完成はさらに困難となった。

（5）RMSパッケージ提案の終焉

この決議に基づき、次回2005年の蔚山での第57回総会に向けて2回の専門家ドラフティング会合が開催されたが、懸念されたとおり議論は拡大、分散するのみで、むしろRMSの完成をさらに困難とする結果に終わった。また、さらに、一部の反捕鯨国は、RMSの完成はモラトリアム撤廃を意味しない等の従来の議論を繰り返し、RMSの先行きはさらに厳しいものとなった。

韓国蔚山で開催された第57回IWC総会では、RMS採択に向けた進展は得られなかった。会合直前に開催されたRMS作業部会は、2日間の日程が予定されていたが、進展がないために1日で終了し、フィッシャー議長も事態を打開するために新たな議長提案を行う意図はないとした。

そのため日本は、過剰な監視取締要求などを整理・排除し、持続的捕鯨の再開のために必要かつ十分で、現実的な項目からなるRMS条約附表修正提案を作成し、採択を要求したが、賛成23票、反対29票、棄権5票で否決された。また、北欧諸国を中心とする穏健反捕鯨国は、この状況を危機感を持って捉え、粘り強くRMS進展のための決議案作成の交渉を行ったが、やはり合意が達成できず、結果的には、RMSに関する今後の議論の進め方について、実質的には進展の見通しのないまま継続審議を行うことを規定した決議が提案された。日本は、RMS完成を推進する立場にあるものの、この決議案が実質的な進展につながる内容でないことから多くの国とともに棄権したが、投票により採択された。しかし、投票結果は棄権国（28票）が賛成国（25票）より多いという異様なものとなり、RMSの議論に関するIWC加盟国の失望感を如実に示すものとなった。

2006年に入ってもRMS作業部会は継続したが、やはり進展はなく、6月にセントクリストファー・ネービス（セントキッツ）で開催された第58回総会の直前に開催された作業部会は、前年同様に2日間の予定を1日で終了し、見るべき発言もなく、新たな作業にも合意できなかった。これを受け、RMS交渉と「和平交渉」は第58回総会をもって事実上停止した。

（6）自民党国際捕鯨委員会対応検討プロジェクトチーム

IWCにおける「和平交渉」と並行する形で、日本国内では自由民主党捕鯨議員連盟（会長は鈴木俊一衆議院議員）が、進展が見られないIWCでの議論への対応について検討プロジェクトチームを設置し、精力的な検討を行ったことも注目に値する。プロジェクトチームの座長は林芳正参議院議員（のちに防衛大臣、農林水産大臣、文部科学大臣を歴任）が務め、そうそうたるメンバーが名を連ねるばかりではなく、実際に詳細で突っ込んだ議論が行われた。

著者の手元の資料では、第1回の会合が2003年10月に開催され、2009年6月までに27回の会合が開催されている。検討項目も広範にわたり、特にIWCからの脱退の可能性とその可否について、法律面、国際関係の面などから議論が行われた。脱退の可能性が真剣に検討されたのは決して最近のことではないということである。その意味からすれば、2018年12月のIWCからの脱退の発表には、少なくとも関係者にとっては唐突感は少なかったのではないだろうか。

2004年1月23日にはプロジェクトチームとしての中間報告が提出されている。中間報告では、捕鯨問題への対応策として、外交働きかけの強化、IWC内外での捕鯨再開にかかわる法的問題の整理、IWC分担金支払停止、他の国際機関への参加と新機関設立の可能性などが挙げられている。とくに、法的問題の整理の項では、IWCを脱退して捕鯨を再開する場合が具体的にオプションとして示されており、ICRW、商業捕鯨モラトリアム条項（条約附表第10項(e)）、環境議定書を含む南極条約群などについて検討と意見交換が行われたことが報告されている。

さらに2005年5月には第2回の中間報告が出され、RMS作業部会において反捕鯨国がICRWを改正し、クジラの資源としての利用を根底から否定する動きがあることに強い懸念を表明した。その後、この条約改正の動きはそれ以上進展しなかったが、IWCにおいて根本的な考え方の違いが存在することがすでに明白となっていたわけである。第2回中間報告は、この新たな動きなどを受けて、「我が国として、適切な科学的根拠と監視取締措置のもとで、独自に捕鯨を再開すべきである。」と提言している。さらに、「フィッシャー議長によるRMSパッケージ提案を評価し、これを尊重するとの立場から、捕鯨再開は段階的に行うこととし、」との提言となっており、日本が「和平交渉」を拒否してきたという一部の批判は当たらないことも明白であろう。最後に、中間報告は、第1回中間報告で言及されたオプションに加えて、日本の200カイリ水域内（EEZ）における捕鯨再開という対応策を加えることを提起した。

注：EEZ（Exclusive Economic Zone）の呼称には「200海里水域」、「200カイリ排他的経済水域」などの呼称があるが、本書本文中では「EEZ」とする。

上記の自民党プロジェクトチームにおける検討のための情報整理や説明は、

水産庁と外務省を中心とする政府担当部署が受け持っており、自民党のみならず政府にとっても2018年の脱退宣言につながった議論や検討は初めてのものではなかったわけである。今回の脱退シナリオの基礎は、すでに10数年前に用意されていたのである。

この後、日本からの「IWC の正常化」イニシアティブに続き、最後の「和平交渉」である「IWC の将来」プロジェクトが開始され、日本もそれに最後の期待をかけたわけであるが、残念ながら「IWC の将来」プロジェクトも失敗に終わり、ICJ 訴訟へと展開していった。その意味では、2018年の脱退宣言は、十分な時間を費やしたうえでやっとたどり着いた一つの回答であったという解釈も可能であろう。

2－3 IWC の将来プロジェクト（ホガース議長）

(1) 持続的利用支持国の増加と2006年セントキッツ・ネービス宣言の採択 ―

2006年のセントキッツ・ネービスでの第58回総会は、RMS 交渉の終焉に加えて、IWC にとってはもう一つの意味で歴史的会合となった。

1982年の商業捕鯨モラトリアム採択以来、反捕鯨国側は常に IWC において多数派を占めてきていたが、我が国をはじめとする持続的利用支持国側の地道な働きかけにより、持続的利用支持国の数は徐々に増加し、2000年代前半には両勢力が拮抗するまでに至っていた。そして、第58回総会で持続的利用支持国が初めて過半数を制するに至り、その結果として投票によりセントキッツ・ネービス宣言を採択した（賛成33票、反対32票、棄権１票）のである。この宣言は、RMS 交渉の崩壊に現れているように機能不全ともいえる状況に陥った IWC を国際機関として「正常化」すること、IWC 科学委員会も多くの鯨類資源が豊富であり、持続可能な利用が実現できることに合意していることから、商業捕鯨モラトリアムはもはや不要であることなどをうたっている。

「セントキッツ・ネービス宣言（抜粋）」

カリブ地域を含む世界の多くの地域において、鯨類の利用が沿岸地域社会の維持、持続可能な生活、食料安全保障及び貧困削減に貢献していること、また、感情的理由により、鯨類の利用を、世界標準として受け入れられている科学的根拠に基づく管理及びルール作りの対象外とすることが、漁業資源及びその他の持続的に利用可能な資源の利用を危うくする悪しき前例となることを強調し、（中略）

さらに、一時的な措置として定められたことが明らかなモラトリアムが、もはや不要であること、委員会が1994年にヒゲクジラ類の豊富な資源に対して捕獲枠を計算するための頑健でリスクのない方式（RMP）を採択していること、そして、IWC 自身の科学委員会が、多くの鯨類資源が豊富であり、持続的な捕鯨が可能であるということに合意していることに留意し、（中略）

過去の乱獲の歴史への回帰ではない、管理された持続的な捕鯨を認める保護管理方式の採用によってのみ IWC が崩壊の危機から救われること、及び、その試みに失敗し続けることが鯨類の保護にも管理にも貢献しないことを理解し、

ここに、（中略）

我々は、国際捕鯨取締条約とその他の関連条約の規定に基づき、IWC の機能を正常化すること、文化的多様性と沿岸住民の伝統及び資源の持続的利用の基本原則を尊重すること、及び、海洋資源の管理方法として世界標準となっている科学的根拠に基づく政策及びルール作りを目指すことへの約束について宣言する。

（２）2007年 IWC 正常化会合と IWC 第59回アンカレッジ会合でのダブルスタンダード

IWC 第59回総会は2007年５月に米国アラスカ州アンカレッジで開催された。前年のセントキッツ・ネービス宣言の採択は、勢力の均衡を背景として持続的利用支持国と反捕鯨国の対話を生む一方で、強硬な反捕鯨国は危機感を覚え勢力の巻き返しを強化した。すなわち、セントキッツ・ネービスでの第58回総会以降、７か国が新たに IWC に加盟したが、うち２か国は持続的利用支持国であったものの、５か国が反捕鯨国であり、反捕鯨国側が再び過半数を制することとなったのである。

他方、持続的利用支持国は、前年のセントキッツ・ネービス宣言の採択を受けて、IWC の本来の設立目的である資源管理機関としての機能を回復させ、科学的根拠に基づく持続可能な捕鯨を再開することを目的として、アンカレッジ会合に先立つ2007年 2 月には東京で「IWC 正常化会合」を開催した。この会議では、パラオの元大統領であるクニオ・ナカムラ氏が議長を務め、IWC の機能不全の要因を分析するため、相互信頼の構築と手続問題、啓蒙普及、文化的多様性、ICRW の解釈の各テーマについて議論を行い、その結果を議長サマリーとして IWC に提出した。

日本は、IWC 正常化会合での提言を踏まえ、「対立回避」、「対話の促進」の方針でアンカレッジ会合に臨んだ。また、会合初日の冒頭には、ホガース議長(米国) から、コンセンサスの得られる見込みのない提案等の自粛を要請する発言も行われ、会合当初は対話を重視する雰囲気が見られた。

しかし、会議が進行するにつれて、数の力を回復した反捕鯨国から、従来と同様に科学を無視してクジラの全面的な保護を求めるかのような発言が相次ぎ、最終的にはホガース議長の要請に反してコンセンサスの得られる見込みのない決議を投票にかけ数の力で可決させるなど、対立を基本とする IWC の姿が復活する状況に陥った。

アンカレッジ会合は、商業捕鯨モラトリアムのもとでも認められている米国などの先住民生存捕鯨の捕獲枠の 5 年に一度の更新時期にあたっていた。捕獲枠更新には 4 分の 3 の得票が必要なため、過半数は再び失ったものの、 4 分の 1 以上の票数を維持している持続的利用支持国の協力なしには捕獲枠の更新は実現しない。そのため、米国の先住民生存捕鯨への支持を交渉の梃子として使い、日本が長年にわたり要求している沿岸小型捕鯨への捕獲枠の確保を図るべきとの議論も行われた。しかしながら、持続的利用支持国側は、そのような対立的交渉アプローチは IWC 正常化の理念に矛盾することや、科学委員会により捕獲枠が資源に悪影響を与えないとの助言を得ている米国の先住民生存捕鯨を否定することは、科学的根拠に基づく鯨類資源管理を基本方針とする持続的利用支持国の主張とも矛盾することから、最終的には、沿岸小型捕鯨捕獲枠とのリンクは行わずに先住民捕獲枠を支持することを決断した。

結局、米国、ロシア、セントビンセント・グレナディーン、グリーンランド（デンマーク）に対し設定されている先住民生存捕鯨の捕獲枠は無事更新され、加えて捕獲枠の拡大を求めていたグリーンランドについても、投票には付されたものの拡大が認められた。

他方、我が国の沿岸小型捕鯨に対する、資源が豊富な北西太平洋ミンククジラの捕獲枠の要求については、アンカレッジ会合において従来にない思い切った提案を行った。すなわち、要求する捕獲頭数をこちらから指定するのではなく、交渉にゆだね、極端な場合には1頭の捕獲枠であっても、シンボリックな意味を重視しこれを受け入れることを想定した。これに加えて、従来から提案に含めている、捕獲枠の順守のための監視取締措置、沿岸小型捕鯨の実施の透明性を確保するためのIWC加盟国に開かれた監視委員会の設置、先住民生存捕鯨と同様の、鯨肉の「地域消費」など、考えうるすべての要素を盛り込んだ提案を提示した。

それにもかかわらず、反捕鯨国側からは日本の沿岸小型捕鯨捕獲枠提案には支持が得られなかった。その最大の理由は、日本の沿岸小型捕鯨には商業性があり、したがって商業捕鯨モラトリアムがある限りは認められないという主張であったが、奇しくもアンカレッジ会合が開催されたホテルの土産物店では、先住民生存捕鯨で捕獲されたホッキョククジラのひげ板などを使った工芸品

図2.2
鯨など海産哺乳動物の工芸品

が、数千ドルで販売されていたのである。これらの工芸品には商業性はなく、日本の沿岸小型捕鯨地域（和歌山県太地町など）で住民に鯨肉を販売することは商業性があるので受けいれられないというわけである。IWCでは、このような信じがたいダブル・スタンダードがまかり通る（図2.2）。

それまでのIWCにおける議論から、このような結果は驚くにあたらないものではあったが、持続的利用支持国がここまでの妥協を行っても依然として捕鯨が否定されることが明確となったことが、アンカレッジ会合を特別なものとした。会合の最終日、日本代表団は、IWC正常化の可能性が見込まれないこと、および、いかなる妥協を行おうともIWCが捕鯨を認めることはないことが明かとなったことから、日本としてIWCへの対応を根本的に見直す可能性が出てきたことを明言した。さらに、見直しの内容として、国内関係者から強い要請のある①IWCからの脱退、②IWCに代わる新たな国際機関の設立、③沿岸小型捕鯨の自主的な再開等を例示した。

（3）IWCの将来プロセスの始動

2007年の第59回総会（アンカレッジ）では、強硬な反捕鯨国はクジラの保護を訴えて譲らず、ホガース議長からの対立回避の要請にもかかわらず従来と同様の対決的なアプローチをとり、クジラと捕鯨をめぐる根本的な立場の違いに根差す問題の解決は進展しなかった。加えて日本は会議最終日にIWCとの関係を根本的に見直すとのステートメントを行い、IWCの危機的状況が浮き彫りとなった。

このアンカレッジ会合の結果は、反捕鯨国関係者の間でさえ大きな波紋と懸念を生んだ。特に、科学者でもあり、マグロ漁業管理など漁業問題で積極的な役割を果たしてきていた米国のホガース議長は、IWC崩壊の可能性が現実となってきたことを懸念し、「IWCの将来」プロジェクトを提唱し、当時副議長国でもあった日本に協力を要請した。本件プロジェクトの先行きは決して楽観できるものとは思われなかったが、その理念は持続的利用国が提唱した「IWC正常化」構想と軌を一にするものであったことなどから、日本はホガース議長

表2.2「IWCの将来」33項目

①動物福祉	②混獲と違反	③沿岸捕鯨
④商業捕鯨モラトリアム	⑤遵守及びモニタリング	⑥条約の目的
⑦異議申し立てと留保	⑧特別許可による調査	⑨改定管理方式（RMP）
⑩改定管理制度（RMS）	⑪サンクチュアリー	⑫小型鯨類
⑬ホエール・ウォッチング及び非致死的利用		
⑭諮問／常設委員会、オフィス設立		⑮気候変動
⑯市民社会の参加	⑰保護委員会	⑱保存管理計画
⑲共同非致死的調査プログラム		⑳データの提供
㉑海洋管理の発展	㉒生態一括管理（エコシステム）	
㉓環境が鯨類に与える脅威	㉔倫理問題	㉕分担金スキーム
㉖会議開催の頻度	㉗海洋保護区（MPA）	㉘手続規則の改善
㉙制　裁	㉚科学の役割と科学委員会の機能	
㉛事務局（その役割と専門性）	㉜社会経済的インプリケーション	
㉝貿易制限		

に協力することを決定した。2008年3月にIWCの将来に関する中間会合（ヒースロー（英国））を開催することなどが提案され、「IWCの将来」というプロジェクトの開始がコンセンサスで合意された。

「IWCの将来」プロジェクトは、まず困難な外交交渉に経験を有するIWC外部の専門家に状況の分析を依頼することから始まった。多数の候補から選択が行われ、結局ペルー出身のデ・ソト大使を含む3人の専門家がこのプロジェクトに加わることとなった。

また、このプロジェクトは二段階のプロセスを採用することとなった。具体的には、第一段階として、IWCでの議論のルールや手続きを改正し、少なくとも制度上はまともな議論が行われる仕組みを提供することを目指し、第二段階として、IWC加盟各国が関心を有する各種の問題（沿岸小型捕鯨捕獲枠、調査捕鯨、サンクチュアリーの設置など33項目が挙げられている）（表2.2）。を組み合わせ、パッケージとして解決することでIWCの崩壊を防ぐというものである。

（4）小作業グループ（SWG）による提案

2008年の第60回総会（サンチャゴ）において、外部専門家のデ・ソト氏を議長とするIWCの将来に関する小作業グループ（SWG）の設置及び検討項目の選定が行われ、同小作業グループにおいて、2009年総会で加盟国が合意できるパッケージ案を作成することを目標として検討が開始された。

これを受けて、小作業グループは一連の会合を開催（2008年9月、11月、12月、2009年1月）し、デ・ソト議長は、2009年2月2日、同グループの議論を受けた中間報告書を提出し、これがIWC事務局により公表された。同報告書では、5年間の暫定期間であることを前提に、各国の関心事項（沿岸小型捕鯨、調査捕鯨等）について、議長見解としてとしてのパッケージ案を提示している（下記資料）。本報告書と提案は、各国が合意に至ったものではないが、我が国がこれまでに主張してきた沿岸小型捕鯨の実施が認められている一方で、調査捕鯨についてはフェーズアウトを含む厳しい案も含まれており、議論の先行きは必ずしも楽観視できるものではなかった。また、反捕鯨勢力側においても、いかなる形であれ捕鯨を認める要素を含むパッケージは受け入れるべきではない、このパッケージを利用してすべての捕鯨を禁止に追い込むべきとの主張があり、交渉は予断を許さなかった。

資料　IWCの将来に関するデ・ソト議長ペーパー概要

（2009年2月2日、IWC事務局で公表）。

I．直ちに対応が必要な項目

1．沿岸捕鯨

（1）日本の沿岸におけるオホーツク海系群（O-stock）のミンククジラに対するinterim quota（暫定枠）を5年間実施。

（2）主な操業条件：5隻を超えない隻数、日帰り操業、地域消費。

2．調査捕鯨

（1）問題点

幾つかの加盟国は、科学許可の下で実施される捕鯨活動に反対。しかしながら、IWCの機能改善への方策に向けコンセンサスを達成することを試みる精神において、科学許可の下で捕獲される鯨の捕獲頭数の著しい（significant）削減を提案。この提案は、科学許可の下で実施される捕鯨活動に反対している加盟国がそれを認めたことを意味するように解釈されない。むしろ、IWCの将来に関する交渉を継続している間、捕獲頭数が削減されるプロセスにおいてのステップとして見られる。

（2）オプション案

（イ）オプション1

1）5年間で南極海での調査捕鯨をフェーズアウトする。毎年20%削減し、5年後に捕獲頭数をゼロにする。

2）南極海においてザトウクジラとナガスクジラを捕獲しない。

（ロ）オプション2

1）5年間、南極海で捕獲される鯨類の頭数は、年間、X頭クロミンククジラ、Y頭ナガスクジラとする。

2）北西太平洋で捕獲される鯨類の頭数は、WW頭O-stockのミンククジラ、XX頭イワシクジラ、YY頭ニタリクジラ、ZZ頭マッコウクジラ。

注：クロミンククジラの呼称には、「南半球のクロミンククジラ」、「南半球ミンククジラ」、「南極海のミンククジラ」などの呼称がある。本書本文では「クロミンククジラ」で統一する。南極海に生息するクロミンククジラ、日本周辺に生息する北太平洋ミンククジラと北大西洋ミンククジラは、かつては同一種の「ミンククジラ」の別系統とされていたが現在は別種（2種）とされている。

3．サンクチュアリー

南大西洋サンクチュアリーは、5年間の暫定期間において設定される。このサンクチュアリーの境界線については、沿岸国の関心が考慮される。5年後、このサンクチュアリーの更新については、投票で4分の3の賛成が求められる。

4．ホエール・ウォッチング／非致死的利用

IWCは、適当な組織（appropriate bodies）を通じ、非致死的利用の科学的及び保存管理の側面について取り扱う。

II. 5か年間の暫定期間中に対応する項目

1．商業捕鯨モラトリアム

5年間の暫定期間、各締約国の立場に不利益を与えることなく、モラトリアムはそのまま有効とする。

上記の中間報告書とパッケージ案を受けて、2009年6月の第61回IWC総会

（マデイラ（ポルトガル））に向けて一連の会合が開催され、5月18日には総会での議論のためにSWG議長最終報告書が提出された。

（5）第2IWC設立の動き：「セーフティネット」プロジェクト

日本のIWCからの脱退に伴い、IWCに代わる新たな国際機関を作る可能性が取りざたされている。脱退後に鯨類資源の管理について国際機関を通じて行うとしている国連海洋法条約第65条の要件を満たすことを目指したものであろう。

実はIWCに代わる新たな国際機関を設立するという試みは過去にもあった。2007年から2009年にかけてのことであるが、ホガース議長の下でIWCが「IWCの将来」プロジェクトを進めている際に、同時並行して第2のIWC「IWC2」を設立するための条約作成が検討されていた。検討は、持続的利用支持国の有志によってすすめられ、「セーフティネット」プロジェクトと呼ばれたが、「IWCの将来」プロジェクトがそれまでの和平交渉と同様に失敗に終わったときの受け皿、安全ネットという意味合いであった。持続的利用支持国の有志としては、「IWCの将来」プロジェクトを真剣に進めなければ、持続的利用支持国はIWC2の方向に動くというメッセージを発する意図もあったわけである。

「セーフティーネット」条約案は、ICRWをベースとして、この条約が締結された1940年代にはなかった海洋生態系全体の管理などの新しいコンセプトを盛り込んだものである。「セーフティーネット」のもとでは、鯨類資源の保存と管理の双方を科学的な根拠に基づいてバランスよく実施することを目指した。ICRWをベースとしたのは、条約自体は古いものとはいえその基本理念は現代でも通用するもので、持続的利用支持派としては大きな不満は持っていないからである。捕鯨問題の問題点はIWCの運営であり、ICRWの条文ではない。

「セーフティーネット」条約案は2009年のIWC第61回総会（マデイラ（ポルトガル））の場外で、有志グループによる記者発表という形で公表された。し

表2.3 IWCの将来—2006-2010年の交渉年表

	会議等	議長	結果概要（結果が公表された会議のみ）
2006年			
6月16日～20日	第58回 IWC 総会 （セントキッツ・ネービス）	ホガース議長（米国）	RMS 交渉が事実上崩壊、セントキッツ・ネービス宣言の採択、日本が IWC の正常化のための会合の開催を表明
2007年			
2月13日から15日	IWC 正常化会合 （東京（日本））	ナカムラ議長（パラオ）	IWC の機能不全に関して、相互信頼の構築と手続問題、啓蒙普及、文化的多様性、ICRW の解釈の各テーマについて議論を行い、議長サマリーとして IWC に提出した。
5月28日～31日	第59回 IWC 総会 （アンカレッジ（米国））	ホガース議長（米国）	日本は IWC の正常化を訴えたが、反捕鯨国側がクジラの保護を訴えて譲らず。中前水産庁次長が IWC 脱退の可能性を示す発言。
10月16日～17日	IWC 運営委員会 （ワシントン DC（米国））		
2008年			
3月6日～8日	IWC の将来に関する中間会合 （ヒースロー（英国））	ホガース IWC 議長	3名の外部専門家による IWC の問題点と対応策の分析提供。
6月19日～20日	IWC の将来に関する中間会合のフォローアップ会合 （サンティアゴ（チリ））		
6月23日～27日	第60回 IWC 総会 （サンティアゴ（チリ））	ホガース議長（米国）	「IWC の将来に関する小作業部会（SWG）」を設置。IWC の将来に関する合意解決パッケージ案を作成することが使命。
9月15日～18日	第1回小作業部会（SWG） （フロリダ（米国））	デ・ソト SWG 議長（ペルー）	
11月15日～16日	IWC の将来に関する非公式協議 （ニューヨーク（米国））		SWG の進め方とパッケージに関する基本的考え方について意見交換。
12月8日～10日	第2回 SWG （ケンブリッジ（英国））	デ・ソト SWG 議長	
2009年			
1月23日～24日	IWC の将来に関する非公式協議 （ホノルル（米国））	デ・ソト SWG 議長	
2月2日	SWG 議長中間報告書	デ・ソト SWG 議長	IWC 加盟国が重要なものとして特定した33項目に関して、最重要項目（沿岸小型捕鯨、調査捕鯨、サンクチュアリー）を挙げ、議論の進め方を提言。
3月9日～11日	IWC の将来に関する中間会合 （ローマ（イタリア））	ホガース IWC 議長	SWG の成果を検討。有益な議論が行われたが目的達成のためには引き続き多くの仕事が必要であるとの議長プレス・リリースを発出。
3月11日～13日	第3回 SWG （ローマ（イタリア））	デ・ソト SWG 議長	
4月27日～29日	IWC の将来に関するミニドラフティンググループ会合 （サンフランシスコ（米国））	デ・ソト SWG 議長	

5月18日	SWG議長最終報告書	デ・ソトSWG議長	IWC加盟国が特定した33項目を（1）緊急に解決を要する意見の分かれる項目（13項目）と（2）中長期的な検討が必要な項目（20項目）に分類。パッケージ合意案については未解決であるが、多くの作業が行われたと報告。努力の1年継続を勧告。
6月18日～19日	IWCの将来に関する議論（マデイラ（ポルトガル））	ホガースIWC議長	
6月22日～25日	第61回IWC総会（マデイラ（ポルトガル））	ホガースIWC議長	遅くとも次年のIWC年次会合までに、公平かつバランスの取れたパッケージに合意できるよう努力を強化すること、少数国によるサポート・グループを設立することなどをうたった決議をコンセンサスで採択。
6月26日	SWGサポートグループ会合（マデイラ）	パーマー議長（NZ）	
10月5日～15日	第1回サポート・グループ（SG）会合（サンティアゴ（チリ））	パーマー議長（NZ）	
12月4日～6日	第2回SG会合（シアトル（米国））	パーマー議長（NZ）	議論の進展を歓迎するマキエラIWC議長（チリ）ステートメントを発出。
2010年			
1月23日～30日	第3回SG会合（ホノルル（米国））	パーマー議長（NZ）	
2月22日	IWCの将来に関するマキエラIWC議長報告書（パッケージ妥協案）の公表		鯨資源の保存と管理を改善するというビジョンのもと、今後10年間の暫定期間の間、捕鯨のカテゴリーを取り払って、現状より削減された規模での捕鯨活動を認めるという考え方を提示。
2月25日	オーストラリア提案の発表	ギャレット・オーストラリア環境相	2月22日の議長報告書に対応する形で、南極海における捕鯨活動を5年以内に段階的に削減・廃止すること等を含む提案を公表。
3月2日～4日	IWCの将来に関する小作業部会（SWG）会合（セント・ピーターズバーグ（米国））	リバプールIWC副議長（アンティグア・バーブーダ）	2月22日に公表されたマキエラIWC議長（チリ）の報告書（パッケージ妥協案）について議論。6月のIWC年次会合での包括的合意を目指して引き続き協議を続けていくことで合意。
4月11日～15日	第4回SG会合（ワシントンDC（米国））		
4月22日	IWCの将来に関する議長・副議長提案の公表		今後10年間の暫定期間について、商業捕鯨・調査捕鯨・先住民生存捕鯨という捕鯨のカテゴリーを取り払ったうえで、現状より削減された捕獲枠のもとで捕鯨活動を認める内容。具体的捕獲頭数も提案。
5月31日	オーストラリアが日本の南極海での調査捕鯨について国際司法裁判所（ICJ）に提訴		
6月21日～25日	第62回IWC総会（アガディール（モロッコ））	リバプール副議長（アンティグア・バーブーダ）（マキエラ議長は欠席）	メンバー国間の基本的な立場に隔たりがあり、IWCの将来に関するコンセンサス決定には至らず。2011年の次回会合まで熟考期間を設けることになった。オーストラリア、南アメリカ諸国等は事実上議長・副議長提案をベースに議論することを拒否。

（注）この表では頻繁に開催された本件に関する二国間、三国間などの非公式協議は除いた。

かし、その後「セーフティーネット」プロジェクトは日の目を見ることはなかった。2009年当時、「IWCの将来」プロジェクトでは活発な議論が進み、米国とニュージーランドが妥協案形成に前向きであったこと、持続的利用支持国のうち当時IWCに加盟して時間がたっていない国々が新たな国際機関の設立という方向性に躊躇したことが主な理由である。「IWCの将来」プロジェクトは翌2010年、オーストラリアのICJ提訴とラテンアメリカ・グループの「IWCの将来」議長副議長提案拒否により崩壊したが、「セーフティーネット」プロジェクトは再生しなかった。機が熟していなかったというのが筆者の感覚である。

日本の脱退を受けて新たな国際機関を設立するという方向に動くとすれば、国連海洋法条約の要件を満たすという、ある意味受け身の発想ではなく、捕鯨活動の管理という本来の機能を放棄したIWCにとって代わって国際的な鯨類資源の管理を行う新たな国際機関を設立するという積極的な枠組み作りの発想とコミットメント、覚悟が必要である。それが、日本はIWCから脱退することで国際社会に背を向けたのではないことを実証する最も明確なシグナルである。さらに、これからも鯨類資源を含む海洋生物資源を持続可能な形で利用していくという方針を持つ日本の義務と責任であろう。

2－4　2009年IWC第61回マデイラ会合から2010年の議長副議長提案へ（マキエラ議長）

（1）2009年IWC第61回マデイラ会合とサポート・グループの設立

6月に開催された第61回総会では、IWCの将来に関する議論の進捗をレビューした結果、進展はあったもののまだその使命は完了していないとしてSWGの活動を1年間延長し、翌年の総会まで議論を継続することをコンセンサスで合意した。SWGとしては、上記の二段階プロセスの考え方とSWG議長報告書の方向性をベースとし、IWCが2010年に主要問題についてコンセンサスでの解決を達成できるようなパッケージ案を作成することを目指して議論を強化していくことを託されたわけである。

さらに、第61回総会では、少数国からなるサポート・グループ（SG）を設立し、SWGとIWC議長が第62回総会に向けて用意する提案作成の支援を行うことを決定した。SGのメンバーとしてはアンティグア・バーブーダ、オーストラリア、ブラジル、カメルーン、独、アイスランド、日本、メキシコ、ニュージーランド、セントキッツ・ネービス、スウェーデン、米国が参加し、議長にニュージーランドの元首相のパーマー氏が就任した。

SGもパーマー議長の下で精力的に会合を重ね（2009年6月、10月、12月、2010年1月、4月)、パッケージ妥協案の作成を進めた。2010年2月にはSGでの議論をベースとして、ホガース議長の後を継いだマキエラIWC議長（チリ）のIWCの将来に関する報告書が公表され、鯨資源の保存と管理の双方を改善するというビジョンのもと、今後10年間の暫定期間の間は、商業捕鯨、調査捕鯨、先住民生存捕鯨という捕鯨のカテゴリーを取り払って捕鯨活動を認めるが、その代償として現状より削減された規模での捕獲とするという考え方を提示した。この捕鯨カテゴリーの撤廃は、少なくとも短期間には変更は望めないメンバー国の商業捕鯨や調査捕鯨に関する賛否の政府方針という現実のもとで、妥協を探るための工夫である。捕鯨のカテゴリーを明示しないことで、政府方針に基づく硬直的な反対を少しでも回避し、妥協成立の可能性を高めようとしたわけである。すべてを加えた全体の捕獲頭数は現状の規模より削減されるわけであるから、これは反捕鯨国側にとっても悪い取引ではない。

しかし、最も強硬な反捕鯨国であるオーストラリアは、即座にこのマキエラ議長報告書に反応した。2月25日には、ギャレット環境大臣が、南極海における捕鯨活動を5年以内に段階的に削減・廃止すること等を含む提案を公表したのである。オーストラリアとしては、商業捕鯨と調査捕鯨が明確な期限をもって廃止されない限りは妥協は成立しないという立場である。当然ながら持続的利用支持国側からすれば、捕鯨を廃止することを約束するような提案は妥協案とは言い難い。マキエラ議長報告書の公表とギャレット環境相の提案は、捕鯨をめぐる妥協の成立がいかに困難であるかを改めて示したことになる。強硬な反捕鯨国にとっては、理屈上はメリットのある妥協案であっても、捕鯨活動の継続が盛り込まれている限りはその妥協を受け入れるわけにはいかないのである。いわゆる反捕鯨国の中にも一定の捕鯨活動を認める妥協案に前向きの国があったが、コンセンサスによる合意が目標である限りは、一頭たりとも捕鯨は認めないという強硬反捕鯨国の存在が合意成立を不可能とするわけである。

（2）2010年の議長副議長提案

包括的合意を目指す小作業部会（SWG）とサポート・グループ（SG）の議論は継続され、2010年4月22日、マキエラ議長報告書の妥協案に10年間の具体的捕獲頭数を盛り込んだ「IWCの将来に関する議長・副議長提案」が、6月の第62回IWC総会（アガディール（モロッコ））での議論に向けて提出・公表された。

資料　（提案の概要）

IWCの将来プロジェクト（議長副議長提案（IWC/62/7 rev）の概要）

ビジョン・ステートメントを提示。科学と合意された政策に基づき鯨類の保存と管理を改善するために協力することなどを謳った。

10年間の安定した暫定期間を設定し、その間に主要な長期的問題の解決に向けて徹底的な対話を行う。

本件提案は提案本文と、それを実施に移すための附表修正案、手続規則修正案、財政規則修正案、提案内容の詳細（許可・違反・罰則、国際監視員制度、船舶監視システム（VMS）、鯨肉DNA登録と市場サンプリング、鯨類捕殺方法、科学・操業情報の扱い、ビューローの設立と下部委員会の機能、討論規則とNGO行動規範など）に関する複数の付属書から構成される。

さらなる議論のベースとして、10年間の暫定期間中に認められる捕鯨の捕獲枠の表を作成。同表では、先住民捕鯨、商業捕鯨、調査捕鯨というカテゴリーは記述することなく、鯨種、系群ごとの10年間の捕獲頭数を示した。例えば、南極海ミンククジラについては当初の5年間の捕獲枠を400頭、後半の5年間の捕獲枠を200頭としている。10年の暫定期間の後については予断せず、今後の対話と交渉の結果次第とする。

鯨肉の国際取引について意見の相違が大きいため、鯨肉製品については国内消費に限定するとの規定を括弧付きで暫定的に記載した。

本件提案の基本的要素としては以下が含まれる。

＊商業捕鯨モラトリアムは維持する。

＊10年間の暫定期間中は調査捕鯨、異議申し立てに基づく捕鯨、留保に基づく捕鯨を直ちに中断する。

＊すべての捕鯨をIWCのコントロール下に置く。

＊捕鯨は現在捕鯨を行っている国に限定する。

＊現在捕獲されていない鯨種や系群を対象とした新たな非先住民捕鯨が行われないことを確保する。

＊10年間の期間中は、最良の科学的助言に基づき、持続可能なレベルでの、現在の捕獲より大幅に削減された捕獲限度を設定する。

＊非先住民捕鯨について、最新で効果的なIWCによる管理取締措置を導入する。

＊南大西洋サンクチュアリを設置する。

＊ホエールウォッチングなどの非致死的利用の価値を認め、沿岸国の鯨類管理オプションとして、関連する科学・保全・管理の問題に対応する。

＊開発途上国のための企業化と能力開発の仕組みを提供する。

＊枯渇した鯨類資源の回復に集中し、混獲、気候変動、その他の環境問題の脅威を含む重要な保全問題に関して行動を起こす。

＊IWCのガバナンスを改革する措置を含む、IWCの将来の活動に関する明確な方向性を打ち立てる。

＊IWCが長期的に効果的機能を果たすことを目的として、メンバー国間に存在する根本的な見解の相違について対応するための、タイムテーブルと仕組みを設立する。

さらに本件提案では、IWCの改組（議長、副議長、下部委員会の議長などからなるビューローの設立、従来の科学委員会に加えて保存プログラム委員会、管理順守委員会、財政運営コミュニケーション委員会を設置）と年次総会から隔年開催への移行などを提案している。

（3）最後の「和平交渉」の崩壊

ところが第62回IWC総会に先立つ5月31日、オーストラリア政府は日本の南極海での調査捕鯨の停止を求めてICJに提訴した。この提訴は、事実上、

IWCメンバー国間の包括的合意による妥協成立を目指してきたIWCの将来プロジェクトの終焉を意味した。包括的合意の中でカギとなる調査捕鯨に関して妥協による合意を探ろうとしている最中、その解決を訴訟という手段に訴えたことで、オーストラリアはIWCにおける対話というアプローチを放棄したわけである。IWCの将来プロジェクトを支持してきた米国やニュージーランドは、オーストラリアに訴訟を思いとどまるよう求めたといわれているが、オーストラリアは説得に応じなかった。

このような事態の中で開催された第62回IWC総会（アガディール（モロッコ））では、ホガース議長の後IWCの将来プロジェクトをけん引してきたマキエラ議長が欠席し、急遽リバプール副議長（アンティグア・バーブーダ）がIWCの将来プロジェクトを含むIWCの議事進行を行うこととなった。オーストラリアによるICJ提訴と合わせて、IWCの将来プロジェクトは風前の灯火となった感が否めない年次会議の幕開けであった。

IWCの将来プロジェクトは議題3で取り上げられたが、本件プロジェクトの進行に関するメンバー国の感触を探るために会合初日の議題採択後に会合を一時休会し、二日間にわたり小グループによる個別協議を実施した。しかしながら、メンバー国間のクジラと捕鯨に関する基本的な立場に大きな隔たりがあり、IWCの将来に関するコンセンサス決定に至らなかった。このため、第62回総会としては、翌年2011年の次回会合まで、「熟考期間」を設けることとなった。日本は、クジラと捕鯨に関する立場や政策の違いを強調するのではなく、科学に基づく議論を尊重すべき旨主張しつつ、全ての関係国が議長・副議長提案のアプローチにしたがってコンセンサス決定の実現に向け努力することを要請した。他方、強硬反捕鯨国であるオーストラリア、ラテンアメリカ諸国等は、事実上、同提案をベースに議論することを拒否した。最後の「和平交渉」としてのIWCの将来プロジェクトの崩壊である。

2-5 なぜすべての和平交渉が失敗に終わったか

(1) 妥協案は構築できたか

上記の4人の議長の下での4回にわたる和平交渉がなぜすべて失敗に終わったのかを分析する必要がある。商業捕鯨再開に向けての道をたどるにあたっては、失敗の原因を認識し、同じ過ちを繰り返さないことが不可欠であることは論を待たないであろう。

4回の和平交渉には共通点が存在する。より正確に言えば、4回の和平交渉の目標設定と、その解決策、提案には共通点が存在する。そしてその共通点こそが、交渉失敗の直接的原因であったと思われる。

上記のすべての和平交渉の目標は、持続的利用支持派と反捕鯨派の双方が受け入れ可能な妥協点を探り、妥協案の構成要素を、交渉を通じて構築していくことにあった。特定の問題について関係国や関係者間に見解の相違が存在する場合に設定される、極めてオーソドックスで当然の目標である。これを捕鯨問題に適用する場合には、持続的利用支持派が望むものと反捕鯨派が望むものを組み合わせ、双方が受け入れ可能なパッケージ提案を作る、そのパッケージ提案が成り立つ中間点を探るということになろう。持続的利用支持派が商業捕鯨の再開を目指し、反捕鯨派が調査捕鯨の停止や商業捕鯨モラトリアムの継続を望むという構図のもとでは、その中間点にあたるパッケージは、詳細の違いこそあれ、一定の商業捕鯨の容認、調査捕鯨の縮小や停止、南極海での捕鯨を停止する代わりに日本周辺水域での捕鯨を認めるといった要素や交換条件が含まれる形となることは想像に難くない。むしろ、その様な形から大きく異なるパッケージ妥協提案は考え難いとさえ言えよう。事実、既述のように4回の和平交渉における妥協案は、すべてこの基本構造に沿ったものである。

このような妥協案は、持続的利用支持派から見れば、調査捕鯨の縮小や停止というマイナス要素と引き換えに、悲願である商業捕鯨の再開（たとえそれが日本周辺水域に限定されていたとしても）を実現するという取引である。反捕鯨派の視点から見れば、商業捕鯨の再開を許す代わりに、捕獲頭数の（大幅な）削減や南極海など政治的なセンシティビティーの高い海域での捕鯨停止といったような成果を得るチャンスを得る取引である。法的に拘束力のある決定には4分の3（75%）の得票を要し、持続的利用支持派と反捕鯨派の双方が4分の3には遠いものの、お互いの提案採択を阻止するために必要な4分の1の票数を確保している、したがって法的拘束力を有する決定は行えないという膠着状態にあるIWCの現状からすれば、このような妥協案は、双方にとって唯一の望ましい方向性であるはずである。ところが、このごくまっとうな妥協案やその変化形こそが交渉失敗の原因となったのである。

（2）常識的合理的な妥協提案が受け入れられるとは限らない

反捕鯨国の大部分は先住民生存捕鯨を除くすべての捕鯨に反対するという立場であり、これには柔軟性はない。したがって、中間点を模索する妥協案には必然的に含まれる捕鯨の容認という要素は、たとえそれが現状よりも大幅に捕獲頭数を削減するものであっても受け入れ不可能ということになる。最大限譲ったとしても、5年後、10年後といった確たる年限で捕鯨が一切消滅するという約束がなければ妥協の余地はない。他方、持続的利用支持国側としては、捕鯨が認められなければ妥協案に合意する意味は皆無であろう。年限を限った捕鯨の容認も、現状維持に比べれば、受け入れる合理的な理由が見いだせない。さらに、交渉関係者には、反捕鯨派の立場はそもそも理不尽であり、一歩も譲る必要はないという思いが強い。妥協の模索は弱腰外交の表れであり、原理原則を貫き、妥協はおろか、反捕鯨国側の提案や試みに対してはすべて反対すべしという姿勢である。

このような対立構造のもとでは、通常の意味での妥協提案は、すべて失敗することが運命づけられている。そして、4回の和平交渉はすべて失敗したのである。

和平交渉をリードした歴代議長やその支持者はこの対立構造を理解していなかったのか。あるいは理解はしつつも、常識的で合理的な妥協提案が、関係各国の政策を動かすと期待したのか。IWC の現状を維持することへの憤りや、他の国際問題や外交関係への悪影響の拡大を懸念し、それに歯止めをかけるために何らかの対抗策を打ち出す必要性に駆られて和平交渉をリードしたのか。おそらく、初期の和平交渉から4回目の和平交渉へと時代が進むにつれて、対立構造への理解が進み、捕鯨問題の特性に対応しようとする試みが見て取れる。

例えば、「IWC の将来」プロセスの第1段階では、捕鯨問題に関する実質的な問題には手を付けず、まずは IWC における議論の方法などの手続き問題を改善し、対立的議論を緩和することで妥協に向けての機運を高めてから実質問題に着手するというアプローチがとられた。これは、持続的利用支持派と反捕鯨派の双方の膠着的基本方針が、少なくとも一部は相互不信に基づくものであるという認識に立ったものであり、正しい認識であると言えよう。また、採択には至らなかったものの、「IWC の将来」プロセスの実質事項に関する妥協案である「議長副議長提案」は、妥協案のスコープを10年間に限り、その間一定の捕鯨は認められるものの、その後は予断しないという形をとることで、反捕鯨派にはその後の捕鯨停止という可能性を残し（あるいは捕鯨が10年以上続くか否かについては語らず）、持続的利用支持派には捕鯨容認という「成果」を提供するというものであった。これは、捕鯨問題の対立構造に関する高度の理解に基づく妥協案であったと評価できる。

しかし、この「IWC の将来」プロセスも失敗に終わった。他方、IWC の専売特許とさえ言えた対立的で感情的な議論は、「IWC の将来」プロセスの第1段階が功を奏してか、近年かなりトーンダウンしてきていることは関係者の共通した理解ではないかと考える。

2-6 捕鯨問題の「本質的議論」の模索

(1) 本質的問題とは何か

クジラと捕鯨に関しては関係国間で本質的な考え方の違いが存在する。これが各関係国の政策を形作っており、捕鯨問題における国際的な対立の土台を形成している。日本を含む捕鯨支持派、もしくは持続的利用支持派は、クジラを他の海洋生物資源と何ら変わらない海の資源として捉え、枯渇した鯨類資源はその保護と回復を図りつつ、豊富な資源については科学的な根拠と国際法に則って利用することを主張してきている。他方、反捕鯨国は、その反対の度合いに様々なレベルとニュアンスの違いがあるが、クジラを含む海産哺乳動物は資源状態に関係なく常に保護されるべき野生生物であり、捕鯨の他に生きるすべが限定されるとみなされる先住民による生存捕鯨を除いては、すべての捕鯨（商業捕鯨、調査捕鯨）は禁止するべきとの立場である。さらにクジラという生物は、環境保護のシンボルとしてのイメージが確立しており、また、神秘的で偉大な、人間と肩を並べる生物であるというパーセプションも広く存在している。

RMSをめぐる議論やIWCの将来プロジェクトによる包括的パッケージ合意を目指す議論では、鯨類資源の状況や捕獲の資源への影響、監視取締措置の有効性、商業捕鯨モラトリアムの解釈など、様々な法的、科学的議論が行われてきた。しかし、クジラと捕鯨に関する本質的な考え方や立場の違いが妥協や合意の成立を阻んできたということは、過去の「和平交渉」の失敗の歴史を振り返れば明確であろう。どの交渉においても、捕鯨の持続可能性に関する科学や監視取締制度に関する法的問題などが合意や妥協の障害となったわけではないのである。捕鯨という活動を受け入れるか否かに関する立場の決定的な違いが、常に交渉を崩壊に導いてきた。

そうであるとすれば、クジラと捕鯨に関する立場の違いに起因する本質的な問題を議論しない限りは、捕鯨問題の解決はあり得ないということになる。いかに粘り強く日本の立場や科学的根拠を説明し、理解を求め続けたとしても、クジラと捕鯨に関して根本的に立場が異なる反捕鯨国からは捕鯨を認める動機は生まれてこない。加えて、捕鯨に反対し続けることで、何ら日本との外交関係でデメリットを受けず、日本からの対抗措置や制裁措置に直面しないのであれば、反捕鯨国には日本の主張を受け入れる理由は見出しがたい。

(2) 2014年から始まった新たな交渉アプローチ(第65回 IWC 総会)

上記のような認識に立ったうえで、日本代表団はIWCにおいて2014年以来新たなアプローチを試みてきたのである。

2014年9月15日から18日まで、ポルトロージュ(スロベニア)において開催されたIWC第65回総会(コンプトン・セントルシアIWC政府代表が議長)では、日本から日本の沿岸小型捕鯨に対する捕獲枠設定の提案を行った。沿岸小型捕鯨捕獲枠提案は商業捕鯨モラトリアム導入以降毎年のように提案を行い、商業性の排除、監視取締制度の導入、透明性確保のための監視委員会の設置、沿岸小型捕鯨は先住民捕鯨と本質的な違いはないとする多くの学術論文の提出等様々な工夫を行ってきたものの、そのたびに否決されてきている。第65回総会での捕獲枠設置提案の狙いは、提案がまたも否決されることを覚悟のうえで、なぜそれが否決されるのかを明確にすることにあった。すなわち、提案の科学的根拠に問題があるわけではなく、監視取締制度が不十分であるわけでもなく、ICRW、条約附表、そして各種国際法が捕鯨を禁止しているわけでもなく、IWCメンバー国間のクジラと捕鯨に関する本質的で根本的な立場の違いが否決の理由であることを示すことにあったのである。捕鯨問題関係者にとっては、ある意味これは自明であるかもしれないが、IWCにおいて、従来の延長線上の議論や対応ではなく、捕鯨問題の解決を目指した次のステップを実行に移すためには、この「本質的問題の証明」が必要であるとの認識に基づいた行動であったといえる。

第65回会合に提出した沿岸小型捕鯨捕獲枠設置提案は、監視取締制度や操業の透明性確保について考えうるすべての措置を盛り込むとともに、捕獲枠についてもIWC科学委員会における議論に基づき算出された北西太平洋ミンククジラの捕獲枠(道東沖及び三陸沖において17頭)を要求した。仮にこれが認められたとしても、商業捕鯨の再開という経済的実効性からは不十分な捕獲枠ではあったが、IWC科学委員会が算出した数字という科学的根拠を重要視して採用したものである。

この提案は、予想通り賛成19票、反対39票、棄権2票で否決された(採択には4分の3の賛成票が必要)。従来のIWCの会合では、これで沿岸小型捕鯨に関する議論が終了してきたが、第65回総会ではここからが本当の議論の始まりであった。

提案の否決を受けて、日本は反対票を投じたメンバー国にその反対理由を繰り返し問いただした。例えばオーストラリア代表は、日本の提案に含まれたミンククジラ17頭という捕獲枠はIWC科学委員会で捕獲枠の最終化に必要とされるすべての手続きを終了したものではない旨の反対理由を述べたが、日本から、それでは全ての手続きを終了すればオーストラリアは捕獲枠の設定に賛成するのかと再度質問した。これに対するオーストラリアの回答は、それでも賛成しないというものであった。すなわち、反対の理由は科学的な疑問や意見の相違ではなく、したがって、いかに科学的議論を突き詰めたとしても、少なくともオーストラリアからは捕獲枠への支持は得られないということである。

また、いくつかの反捕鯨国は、商業捕鯨モラトリアムの存在をもって沿岸小型捕鯨捕獲枠提案への反対理由とした。これに対しては、日本から、いわゆる商業捕鯨モラトリアム条項（条約附表10項（e））は、商業捕鯨を一時的に中断して科学的情報を蓄積し、それに基づいて包括的資源評価を行ってゼロ以外の捕獲枠を検討することを規定しており、商業捕鯨を禁止しているわけではない、条約附表10項（e）のどこをどう読めば商業捕鯨は禁止されているという解釈となるのか説明して欲しいと求めた。これへの回答は、沈黙、もしくは、自国の政策は商業捕鯨反対であり、日本の沿岸小型捕鯨捕獲枠設置は支持できないというものであった。ここでも、法的解釈の相違などが解決できれば日本の提案が支持されるというものではないことも、改めて示されたということができる。

さらに、第65回総会閉会後も日本はこの「本質的問題」の明確化と追及を続けた。具体的には、IWCのホームページと外交ルートの双方を使って、日本の沿岸小型捕鯨捕獲枠提案に反対したメンバー国に対して書面で質問を提示し、書面での回答を求めた。質問は基本的に第65回総会で日本が行った質問であり、提案に反対した理由、その科学的、または法的な根拠などを求めるものであった（巻末資料3.および4.）。これらの質問への回答は会議の場と変わらないものであると予想できたが、改めて書面で回答を得ることで、IWCの会合の場に参加しなかった関係者や少しでも多くのマスコミ、一般市民に対してクジラと捕鯨に関する議論の本質を伝えることができるように狙ったものである。いくつかのメンバー国から回答を引き出すことができたが、結果は予想に違わないものであった。具体的な科学的問題点や、法的問題点は提示されず、「商業捕鯨モラトリアムが存在するから反対する」としてモラトリアムを導入した条約附表第10項（e）のどの文言をもって捕鯨が禁止されているとするのか説明がない回答や、自国の政策が捕鯨に反対であるので反対するといった、そもそもなぜそのような政策をとっているかの説明がない回答であった。

IWC第65回総会での議論と会合後の書面を通じた確認により、改めて、捕鯨に反対する国々の大部分は科学的疑問や問題点、法的解釈の違いや問題点から捕鯨に反対しているのではなく、したがって、いかに粘り強く詳細に科学的根拠を提供し、法的議論を展開したとしても捕鯨問題の前進にはつながらないことを明確にすることができた。

（3）2016年 本質的議論の開始（第66回IWC総会）

それではいったいどうすれば捕鯨問題についての前進が望めるのか。それが2016年のIWC第66回総会での日本の対応と提案が目指したものであった。

今までの捕鯨問題の解決をめぐる議論は、捕獲枠の科学的根拠と資源への悪影響の回避をいかに実現するか、保存管理措置への順守を確保し、さらに違法な捕鯨活動をいかに防止するか、反捕鯨国のクジラ保護の関心（例えばサンクチュアリーの設定や動物福祉の問題への対応など）と持続的利用支持国の関心のバランスを達成するかといったものであり、それはそれぞれの歴史的経緯からすれば必要かつ重要な議論であったが、今や、これらの諸問題が仮に解決・合意を見たとしても、反捕鯨国からは捕鯨活動への支持は得られないことが明確となった。すなわち、議論している問題の設定と、捕鯨問題の解決に必要な手段に関してミスマッチが存在するのである。いわば、数学の試験に合格するために英語の勉強に励んでいるという状態である。

議論すべきは、「クジラと捕鯨に関してメンバー国間に根本的な違いがあることを前提として（受け入れ）、鯨類資源の持続可能な利用とクジラの保護という双方の（本来は矛盾しないはずの）関心を可能な限り実現する方法はどこにあるのか」という課題であるはずであろう。言い換えれば、お互いの関心の実現に反対を続けて、結果的に鯨類資源の持続可能な利用もクジラの保護も図れていないというIWCの現状を直視し、合意できないことに合意（Agree to Disagree）したうえで、IWCが双方にとってメリットのある成果を生むことができる国際機関に変容することが可能かどうかという課題である。それが実現できないのであれば、IWCという国際機関を維持するメリット、メンバーとして参加するメリットは見出せない。このアプローチを訴えること、開始することが第66回IWC総会での目標であったのである。

第66回総会は、2016年10月24日から28日にかけてまで、再びポルトロージュ（スロベニア）において開催された。

まず、日本の沿岸小型捕鯨をめぐる議論では、上記の認識を説明したうえで、日本から本件提案に関する賛否対立の根本的理由について議論することを提案した。アイスランド、ノルウェー等の持続的利用支持国はこの提案を支持したが、オーストラリア、ニュージーランド、モナコ等は、従来と同様に、商業捕鯨モラトリアムの継続を支持する、情勢の変化に伴いIWCの目的は鯨類保護に変容しているなどと主張し、本質的議論には触れることはしなかった。反捕鯨国では、捕鯨は悪であり、違法であるとみなされている。その活動について「合意できないことに合意する」ことは捕鯨支持国の主張、すなわち捕鯨の合法性を認めることになる。これは、反捕鯨国では政治的に受け入れがたいことも、このような反応の背景にあることは認識しなければならない。

沿岸小型捕鯨捕獲枠をめぐる意見対立の根本的理由は、沿岸小型捕鯨の問題だけではなくIWC全体のクジラと捕鯨に関する立場の違いに関係する問題であることから、第66回総会ではさらに広い観点から議論が継続された。最終的には、日本から2018年の次回総会までの閉会期間中に、鯨類に対する根本的な意見の違いを踏まえた今後のIWCの道筋に関して、例えばIWCのホームページ上で透明性のある形で議論を実施することを提案し、その議論のための付託事項案も提出した。この提案をたたき台とし、具体的な進め方も含め関係国から意見を聞きながら進めていくこととなったが、総会閉会後の反捕鯨国側の反応は消極的なものであった。

とりわけ一部の反捕鯨国はホームページ上での透明性の高い議論に難色を示した。その理由は、クジラと捕鯨に関して本質的に異なる二つの立場が存在することを認め、合意できないことに合意することさえできなかった反捕鯨国の事情と同様である。反捕鯨国政府としては、持続的利用支持国や日本と捕鯨問題について話し合っていることさえ、国内では反発を買うのである。もし話をするとすれば、一方的に捕鯨の停止を求めて圧力をかけることだけが「話し合い」として受け入れられるわけである。その結果、IWCのウェッブサイト上にパスワードを求められる非公開サイトが設けられ、本質的議論が行われた。また、公開での議論をいとわない反捕鯨国もあり、公開サイトでの議論も行われた。

しかし非公開サイトでも公開サイトでも、この本質的問題に関する議論は進展を生まなかった。反捕鯨国からの反応は、従来と同様で、すべての商業捕鯨と調査捕鯨に反対するというものであった。

(4) 2018年 IWCの将来ビジョンをめぐる議論(第67回IWC総会)

IWC第67回総会は2018年9月にブラジルのフロリアノポリスで開催された(図2.3)。日本はこの会議に2014年からの新たな交渉アプローチの展開を受けた、従来と大きくアプローチを変更したIWC改革提案を提出し、IWCの将来を問うことを目指した。他方、全く偶然ながら、会議をホストしたブラジルはIWCの将来の方向性を、クジラ保護への専念としたフロリアノポリス宣言の採択を提案した。双方の提案は全く逆方向を向いてはいたが、IWCの今後のビジョンを規定するという意味で同じコインの表と裏という位置付けにあると言えるだろう。持続的利用支持国の中心である日本と反捕鯨派の雄であるブラジルが、同時にこのような提案を行ったことの意味を考えることは重要である。多くのIWCメンバー国は、IWCは転換点にあること、その将来へのビジョンを明確にするべき時がきていることを感じていたのではないであろうか。少なくとも日本はその認識を持って行動に出たのである。そしてIWCは、後述するように日本提案を否決し、フロリアノポリス宣言を採択した。

多くのマスコミは日本提案を従来と同様の捕鯨再開提案と捉えて報道した。捕鯨の再開につながらなければ日本にとっては意味が薄い提案であることは事実であるが、第67回総会での日本提案は、従来の提案とは考え方が大きく異なる。

IWCでは30年近く度重なる和平交渉を重ねてきたが、それらは全て失敗に終わった。強硬な反捕鯨国は、科学的に計算される安全な捕獲枠が設定できても、厳格な監視取締措置が導入されても、国際法に合致していても、捕鯨文化が存在しても、いかなる条件のもとでも捕鯨は許さないという方針を明確にするに至った。2014年の第65回総会、2016年の第66回総会での議論でこれが再確認されたわけである。このような立場の国が相当数存在する限りはIWCでど

図2.3 IWC第67回総会（ブラジル・フロリアノポリス、2018年）

のような捕鯨再開提案を提出しても、その採択は期待し難い。それでは一体何ができるのか。この課題に対する一つの答えが第67回総会の日本提案であった。

すなわち、日本提案は従来のような、IWCでの表面上の議論や問題の指摘に答え、反捕鯨国からの支持を求める商業捕鯨再開提案ではなく、反捕鯨国と持続的利用支持国の間にクジラと捕鯨に関する根本的な立場の違いが有ることを受け入れ、それを前提とした上でIWCという国際機関の中で共存することが可能かどうかを問う提案であったのである。

具体的には、日本提案はIWCの本委員会の下に持続的捕鯨委員会と保護委員会という二つの下部組織を作り、持続的捕鯨委員会では捕鯨の実施とその管理を議論し、保護委員会ではクジラの保護について決定できるという仕組みを提案した（図2.4）。それぞれの下部委員会での決定は本委員会に送られるが、本委員会での提案採択については現在の4分の3の賛成ではなく、単純な2分の1の賛成で足りる。持続的利用支持国も反捕鯨国も自らの提案を通しやすくなるわけである。この提案は、捕鯨問題については「合意できないことに合意」した上で、お互いの提案は邪魔しないでおこうという考え方に基づいてい

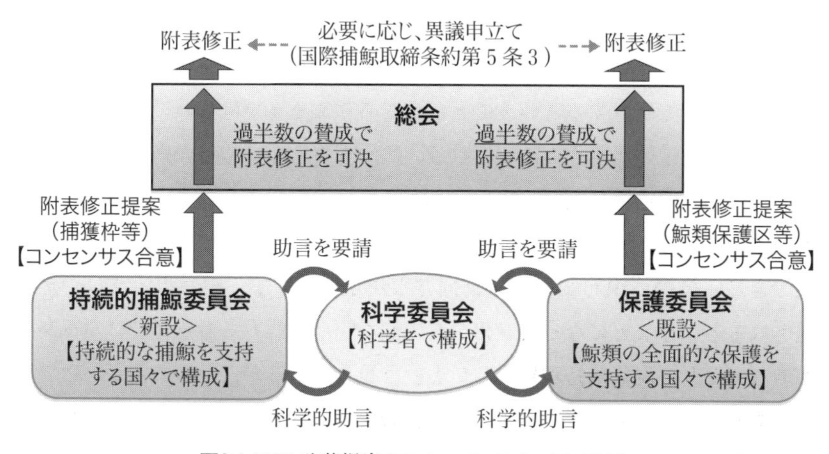

図2.4 IWC改革提案のスケッチ（出典：水産庁資料）

る。もちろん2分の1以上の反対票を確保できれば相手の提案を本委員会で葬り、自分の提案は採択するということも可能である。日本提案の検討段階では、本委員会で満場一致の反対がない限りは下部組織の決定が採択されるという案も出たが、これは採用されなかった。本委員会での決定を単純過半数とする仕組みであっても、数の力で一方だけがその提案を常に通すことになれば、そもそも「合意できないことに合意」するという大前提が崩れることとなる。日本提案がどちらの形であっても、結局は相手の提案を受け入れる意思がなければ、日本提案は受け入れられないか、受け入れられても本来の目的は果たせないということになる。

この日本提案は、考え方が全く相容れない二つのグループがIWCという一つの傘の下で共存していこうといういわば家庭内別居提案である。確かアメリカのコメディー番組で見たような記憶があるが、お互いに愛想をつかした夫婦が、これ以上の争いを避けるために家の中に線を引き、お互いにその線から相手の領域には足を踏み入れないという合意を結ぶわけである。これで家と世間体だけは維持できるし、お互い自分の考えに沿った静かな生活を送ることができる。

話し合いが通じなくなった以上、IWCという国際機関を維持するためにはこの様な仕組みとする他はない。今までのIWCでは、反捕鯨国は持続的利用支持国の提案には基本的に全て反対し、逆に持続的利用支持国も反捕鯨国からの提案には全て反対するということが常であり、そうではない投票行動をとる国が出れば会議場に驚きの声が漏れる。法的拘束力のある附表修正提案であれば4分の3の得票が必要であり、持続的利用支持国も反捕鯨国もIWCメンバー国の4分の1以上の勢力を持っていることから、確実に相手側の提案を阻止できる。結局、IWCでは何ら前向きな決定は通らず、相互否定だけが繰り返されるということになってきた。この様な閉塞状態もある意味ではバランスが取れており、現状維持が望ましいという見方もあるが、世界の90か国近い国が集まっていながら、対立のために捕鯨の管理も鯨類の保存も満足にできていない国際機関というのは、やはり尋常ではなく、行政コストの膨大な浪費でもある。

しかしこの日本からの共存提案も否決された。捕鯨は悪であり許されざるべき活動であるという価値観に立てば、共存は受け入れがたいということであろう。共存提案が成立すれば、ラ米諸国が悲願としている南大西洋鯨類サンクチュアリ（聖域、禁猟区）提案など、多くの鯨類保護プログラムが採択されうるというメリットが有っても、捕鯨は一切受け入れないという「ゼロトーレランス」の政策を持つ限りは共存を受け入れることができないというわけである。いくら反捕鯨国側にメリットがある提案であっても、悪である捕鯨の容認がその提案に含まれている限りは、メリットを諦めても提案に反対する。捕鯨問題をめぐっては、反捕鯨国側に、人質を犠牲にする可能性があってもテロリストとは交渉しないという対テロの政策とさえ似た様な態度がある。持続的利用支持派と交渉して捕鯨が容認されることを含む提案を話し合うことさえ、反捕鯨国の世論やNGOからの批判を受けることになり、政治的に許されないのである。ある国のIWC代表は、筆者に「日本の共存提案の意図はわかるが、捕鯨に関する限り自分は一ミリも（妥協に向けて）動けない」旨を打ち明けてくれた。そして、この様な言葉を聞いたのは初めてではなかったのである。

日本の共存提案とネガとポジの関係にあるとも言えるフロリアノポリス宣言は、歴史の展開の結果、既にIWCは進化しており、鯨類を捕獲する調査は必要ない、商業捕鯨モラトリアムを堅持すべきという内容である。これは反捕鯨国の多くが望むIWCの姿を示した提案であり、彼らが望むヴィジョンである。期せずして持続的利用派の日本と反捕鯨派のブラジルからIWCの将来を規定する提案が行われたことになる。IWCの多くの国が、今までの延長線での、出口のない議論の継続ではない将来像を提示すべき時期にきていることを感じていたのではないだろうか。どの方向に向かうにせよ、IWCが変容する機が熟していたと解釈できる。

筆者は、第67回総会の議長としてこの両提案の審議を進めることを託されたわけである。それぞれを独立した議題として審議し、決定を行うこともできたが、両提案が同じコインの表と裏であり、一方の提案の帰趨はそのまま他方の提案の審議にも影響することから、まず日本とブラジルの二国間での話し合いを舞台裏で進めることをお願いした。可能であれば両提案を対立的ではない形に組み替えることも期待してのお願いであった。優れた外交官であるブラジル代表は誠意を持って話し合いに応じてくれたが、ブラジルの国としての反捕鯨政策に反する交渉は当然ながらできない。結果的には、妥協は成立せず、日本の共存提案とブラジルのフロリアノポリス宣言提案は、それぞれ原案通りの形で審議され、投票に付されたのである。

前述の通り日本の共存提案は賛成27票、反対40票で否決された。そして、フロリアノポリス宣言提案は、賛成40票、反対27票で可決、採択された。この鏡に写した様な投票結果は、IWCでは捕鯨に賛成か反対かの二者の立場しかなく、通常の国際機関では常識の中間的立場が存在しないことを改めて浮き彫りにした。ここにもIWCの特異な状況と、話し合いを通じた問題解決という国際機関としての役割の不全が現れている。

日本とブラジルの提案をめぐる議論の結果としてIWCが発したメッセージは明確であろう。IWCとしては、鯨類を持続的利用が可能な海洋生物資源として見る立場と、鯨類をいかなる条件下でも保護すべき動物として見る立場の平和共存を否定し、IWCは進化して鯨類保護に力を注ぐというヴィジョンを支持したのである。これを受けて、総会に出席していた谷合農林水産副大臣が発言を求め、IWCにおける「共存」を目指し、各国の利益に最大限配慮した日本の提案が否定されたことは極めて残念であり、IWC締約国としての立場を根本から見直し、あらゆる選択肢を精査せざるを得ない旨を述べた。

当然、この結果を受けて持続的利用支持国側はこれからのIWCとの付き合い方を真剣に考えなければならない。IWCに残り粘り強く自らの主張を続けていくか、抵抗を諦めIWCの新たなヴィジョンに従うか、持続的利用支持の立場は崩さないものの、なるべく静かにしているか、そして日本が決めた様にIWCから脱退するかである。

日本の共存提案とフロリアノポリス宣言提案の議論はIWCにとって極めて重たい議題であったはずであるが、反捕鯨国の出席者の中には両提案をめぐる対立とその議論の結末に、ある種の違和感を表明する者も少なくなかった。

第67回総会では、両提案の他に、先住民生存捕鯨捕獲枠の6年ぶりの更新や漁業による鯨類の混獲問題、様々な財政問題などが議論され、それぞれが建設的な雰囲気の中で進展を見たことから、ある種の高揚感さえ有ったのである。会議最終日には、会議に参加した女性の鯨類のアクセサリーのコンテストさえ開催され、和気藹々とした空気が支配的であった。特に反捕鯨国の参加者からすれば、IWCは鯨類と海洋環境の保護のために素晴らしい仕事をしているのに、なぜ日本などはその雰囲気に水を差すのか、というわけである。かつてのIWCでは持続的利用支持国と反捕鯨国が厳しく衝突する議論を行い、会場の空気も緊張にあふれていた。両陣営のレセプションは別々に行われ、個人的な対立関係もあった。反捕鯨デモが会場を包囲し、2007年にアンカレッジで開催された第59回総会では筆者に警備員が24時間体制で張り付いた。この様な緊張は近年のIWCでは姿を消した。反捕鯨国の多くからすれば、捕鯨問題には既に決着がついており、鯨類保護の各種プログラムを進めることの方が大事である、世の中は変わったという感覚である。おそらく彼らからすれば、日本などは、明治維新が終わっても、まだ髷と刀で歩き回っている変な侍なのかもしれない。かつてはその侍と激しく戦ったが、維新が達成されたのでもう新しい世界の構築に力を注ぐというわけである。

しかし、明治維新とIWCの状況には大きな違いがあることを見逃せない。IWCの加盟国は日本を除いても88か国あり、そのうち約40か国は鯨類の持続可能な利用を支持する国々である。加盟国のうちアメリカを含む6か国が現に捕鯨を行っている。世界全体に目を向ければ、1999年から2009年の間に114か国において鯨類を含む海産哺乳動物が消費され、うち54か国ではその利用により経済的利益が得られている（Roberts 他、2011）。クジラや海産哺乳動物の無条件な保護は決して世界のスタンダードではない。クジラや海産哺乳動物の保護という「維新」は存在しない幻に過ぎない。

これほどに持続的利用支持国と反捕鯨国の間には意識と認識の違い、ギャップが存在する。

世界中で多くの国が鯨類を含む海産哺乳動物を海洋生物資源の一つとして利用している。その海洋生物資源を将来の世代に渡って大切に持続可能な形で利用していくためには、無規制に利用するのではなく、捕獲活動のしっかりとした管理が必要である。特に鯨類の多くが海洋を広く回遊する高度回遊性生物であり、国連海洋法条約第64条にもそれが規定されていることから、関係する国の間での国際協力が必要である。したがって、反捕鯨国が鯨類の完全保護を目指していることは事実であろうが、鯨類の捕獲活動を国際的に管理する（すなわち認める）ニーズも現に存在する。

他方、気候変動や海洋汚染、船との衝突や漁業による混獲から鯨類を守るというニーズも存在する。本来は管理のニーズと保存（プロテクションやプリザベーションではなくコンサベーション）のニーズは矛盾しない。鯨類を海洋生物資源として将来にわたって持続可能なかたちで利用していくためには、気候変動などの脅威から鯨類を守り、資源として維持することも重要である。利用と保全は二者択一ではない。これを二者択一として扱ってきたこともIWCの大きな問題点である。あたかもキリスト教徒でありながらイスラム教徒であることが許されないが如く、捕鯨の管理と鯨類の保存の双方を支持することができない様な環境を捕鯨論争とIWCは作り上げてしまった。

IWC第67回総会の結果は、この国際機関のあり方について根本的に考える機会を提供した。そして日本は脱退という道を選択した。しかし、脱退は捕鯨問題の終わりでもなければ、日本の捕鯨政策のゴールでもない。捕鯨の管理と鯨類の保存の双方のニーズに対応できる国際的なヴィジョンと協力の枠組みの構築に向けてのスタートである。そして脱退を選択した日本には、将来のヴィジョンを示し、この新たな課題に対応する責任がある。

第3章
国際司法裁判所 International Court of Justice：ICJ

3-1 背景と経緯

南極海における日本の第二期南極海鯨類捕獲調査（JARPAII）を巡ってICJを舞台に争われた南極海捕鯨訴訟（Whaling in the Antarctic、Australia v. Japan: New Zealand intervening）は、2014年3月31日、JARPAIIはICRW第8条第1項に規定された特別許可に基づく科学調査の範疇に入らないとの判決を下し、その結果として、JARPAIIを停止することを命じた。本件訴訟は、オーストラリアが、日本のJARPAIIは疑似商業捕鯨であり、したがって商業捕鯨を禁止した商業捕鯨モラトリアム等に違反しているとして、2010年に提訴したものであり、4年の歳月をかけてのオーストラリア側の訴状（メモリアル）の提出、日本側の答弁書の提出、そして約3週間をかけての口頭弁論を経て判決が下された。

図3.1 ICJ本部の外観

この判決を受け、日本政府は2014年の暮れから2015年の初め（南極海域の夏季）にかけて予定されていた JARPAII を中止した。

以下に詳述するように、本件 ICJ 判決は南極海における JARPAII を対象にしたものであり、日本のもう一つの鯨類捕獲調査プログラムである第二期北西太平洋鯨類捕獲調査（JARPNII）や将来の新たな南極海における鯨類捕獲調査を対象とはしていない。しかし、判決直後から、本件判決がすべての鯨類捕獲調査を禁止した、将来の鯨類捕獲調査を禁止した、さらに捕鯨そのものを禁止したというパーセプションが、メディアや反捕鯨 NGO により意図的、非意図的に広められ始めた。

例えば、判決直後の報道ぶりのタイトルを見ると、以下のような表現が飛び交い、あたかも日本による南極海での捕鯨や、捕鯨全体が ICJ により否定された様な見出しとなっている。

"Court demands end to Japanese whaling (1 April 2014、USA Today)",
"U.N. court orders Japan to halt Antarctic whaling (1 April 2014、The Washington Post)",
"U.N. court: Antarctic whaling by Japan illegal (1 April 2014, Chicago Tribune)",
"A Ruling to Protect Whales (1 April 2014、The New York Times)".

同判決は訴訟の関係者に驚きをもって受け取られ、さまざまな分析が行われているが、その背景には捕鯨問題をめぐる国際政治の状況が影響しているとの見解は、多くが指摘するところである。例えば、後述する ICJ 判決と同じ論法を使えば、大学ではおおむね教育活動と性格づけることができる活動を行っているが、教育が目的ではない、したがってそれは教育ではないという場合が想定されることになるということだろう。

ICJ の捕鯨訴訟は、国際法が科学的問題と国際政治のセンシティビティーをいかに扱うかという観点において、非常に多くの示唆に富むものである。他の国際紛争においても法廷闘争という手段がとられる場合には、本件訴訟の経験が教訓となるものと思われる。

3－2 ICJ判決主文

まず、ICJ判決の正確な内容を見る必要がある。判決の主文にあたるのはパラグラフ247であり、その全体は下記の通りである。（引用したICJ判決文は、外務省ホームページに掲載された翻訳による。以下同様。）

---

247. これらの理由によって、裁判所は、

①全員一致で、

2010年5月31日にオーストラリアにより提出された請求訴状を受理する管轄権を有することを決定し、

②12対4で、

JARPAIIに関連して日本によって与えられた特別許可書は、国際捕鯨取締条約の第8条1の規定の範囲に収まらないと認定し、

賛成：トムカ所長、セプルヴェダ・アモール副所長、キース裁判官、スコトニコフ裁判官、カンサード＝トリンダーデ裁判官、グリーンウッド裁判官、シュエ裁判官、ドノヒュー裁判官、ガヤ裁判官、セブティンデ裁判官、バンダリ裁判官、チャールズワース特任裁判官

反対：小和田裁判官、アブラーム裁判官、ベヌーナ裁判官、ユスフ裁判官

③12対4で、

日本は、JARPAIIの遂行のためにナガスクジラ、ザトウクジラ、クロミンククジラを殺し、捕獲し及び処理する特別許可書を与えることにより、国際捕鯨取締条約の附表パラグラフ10（e）の義務に従って行動していないと認定し、

賛成：トムカ所長、セプルヴェダ・アモール裁判官、キース裁判官、スコトニコフ裁判官、カンサード＝トリンダーデ裁判官、グリーンウッド裁判官、シュエ裁判官、ドノヒュー裁判官、ガヤ裁判官、セブティンデ裁判官、バンダリ裁判官、チャールズワース特任裁判官

反対：小和田裁判官、アブラーム裁判官、ベヌーナ裁判官、ユスフ裁判官

④12対4で、

日本は、JARPAIIの遂行のためにナガスクジラを殺し、捕獲し及び処理することに関連して、国際捕鯨取締条約の附表パラグラフ10（d）のもとでの義務に従って行動

していないと認定し、

賛成：トムカ所長、セプルヴェダ・アモール副所長、キース裁判官、スコトニコフ裁判官、カンサード＝トリンダーデ裁判官、グリーンウッド裁判官、シュエ裁判官、ドノヒュー裁判官、ガヤ裁判官、セブティンデ裁判官、バンダリ裁判官、チャールズワース特任裁判官

反対：小和田裁判官、アブラーム裁判官、ベヌーナ裁判官、ユスフ裁判官

⑤12対４で、

日本は、JARPAII の遂行のために「南極海保護区域」においてナガスクジラを殺し、捕獲し、及び処理することに関連して、国際捕鯨取締条約の附表パラグラフ７(b) のもとでの義務に従って行動しなかったと認定し、

賛成：トムカ所長、セプルヴェダ・アモール副所長、キース裁判官、スコトニコフ裁判官、カンサード＝トリンダーデ裁判官、グリーンウッド裁判官、シュエ裁判官、ドノヒュー裁判官、ガヤ裁判官、セブティンデ裁判官、バンダリ裁判官、チャールズワース特任裁判官

反対：小和田裁判官、アブラーム裁判官、ベヌーナ裁判官、ユスフ裁判官

⑥13対３で、

日本は、JARPAII に関して、国際捕鯨取締条約の附表パラグラフ30のもとでの義務を遵守していると認定し、

賛成：トムカ所長、セプルヴェダ・アモール副所長、小和田裁判官、アブラーム裁判官、キース裁判官、ベヌーナ裁判官、スコトニコフ裁判官、カンサード＝トリンダーデ裁判官、ユスフ裁判官、グリーンウッド裁判官、シュエ裁判官、ドノヒュー裁判官、ガヤ裁判官

反対：セブティンデ裁判官、バンダリ裁判官、チャールズワース特任裁判官

⑦12対４で、

日本が、JARPAII に関連して付与した、いかなる現存の認可、許可又は免許も撤回し、当該プログラムを続行するための、いかなる許可書のさらなる付与も差し控えることを決定する

賛成：トムカ所長、セプルヴェダ・アモール副所長、キース裁判官、スコトニコフ裁判官、カンサード＝トリンダーデ裁判官、グリーンウッド裁判官、シュエ裁判官、ドノヒュー裁判官、ガヤ裁判官、セブティンデ裁判官、バンダリ裁判官、チャールズワース特任裁判官

反対：小和田裁判官、アブラーム裁判官、ベヌーナ裁判官、ユスフ裁判官

要約すれば、JARPAII について、その実施のために日本が発出した特別許可が、鯨類捕獲調査の特別許可を行う権利を締約国に与えた ICRW 第8条第1項の規定の範囲外であり、したがって JARPAII は（鯨類捕獲調査ではなく、また先住民生存捕鯨でもないことから）商業捕鯨のカテゴリーに含まれ、そのため、条約附表第10項（e）（商業捕鯨モラトリアム）、同第10項（d）（ミンククジラを除く鯨種に関する母船式捕鯨モラトリアム）、同第7項（b）（南大洋サンクチュアリ）に違反しており、よって、「JARPAII に関連して付与した、いかなる現存の認可、許可又は免許も撤回し、当該プログラムを続行するための、いかなる許可書のさらなる付与も差し控えることを」命じたのである。

確認すべき点は、この判決は、上記の報道の見出しにより示唆されたように日本による南極海での捕鯨や、捕鯨全体を否定しているのではなく、JARPAII に限って、その許可を差し控えることを命じたという事実である。これは、上記のパラグラフ247からも明らかであるが、後述する判決の他のパラグラフの内容とも整合する。

さらに、判決を受けて、日本のマスコミも日本の完敗と報じたが、判決内容の全体を見ると日本の主張を認めた内容も多くあり、その印象は大きく変容するのである。

3－3 ICJ 判決に至った ICJ 側の論理と結論

判決内容の全体を見るまえに、パラグラフ247の判決を導き出した ICJ 側の論理と結論を見る。

ICJ 判決は、JARPAII を ICRW に規定された科学調査の範疇に入らないと結論するにあたり、そのパラグラフ227において、以下の見解を述べている。

227. 以上を総合すると、裁判所は、JARPAII は概ね科学的調査として性格付けることができる活動を伴うと考えられるが（上記パラグラフ127参照）、証拠は、プログラムの計画及び実施が記述された目的を達成することとの関係で合理的であることを立証していない。裁判所は、JARPAII との関連で鯨を殺し、捕獲し及び処理することのために日本により与えられた特別許可書は、条約第8条1に従った「科学的調査の目的のため」のものではないと結論付ける。

科学調査としての性格は認めながらも「科学的調査の目的のため」ではないという結論は、本件判決に反対意見を提出したICJのユスフ判事も述べているように、「逆説的」で「重大な欠陥がある」。一般的な言葉の感覚からしても、にわかには納得することが困難な結論であると言えよう。

このような結論にいたった理由として、ICJ 判決は以下を挙げている。

（1）非致死的手法の実施に関する検討が不十分（パラグラフ137）

IWC における議論の対立点のひとつに、鯨類の科学調査のためには鯨類を捕獲してその鯨体を計測したり組織標本などを得たりする調査（致死的調査）が必要か、鯨類を捕獲せず、目視やバイオプシー（生体組織検査）で必要なすべての科学情報を入手する（非致死的調査）ことが可能かという論争がある。ICJ における議論でも、この点は重要な論点であった。日本側は、鯨の年齢査定など致死的調査でなければ科学的情報を入手できない項目については致死的調査を用い、資源量推定など目視調査がスタンダードとなっているものについては非致死的調査を行うなど、致死的調査と非致死的調査をその実行可能性などを勘案した、適切な組み合わせで行っていることを主張し、詳細な情報を提供した。

しかし、ICJ は、致死的調査の規模を最小限にするべきとの前提に基づき、JARPAII 調査計画書に、致死的手法の規模を縮減する方法として、非致死的調査の利用可能性に関する分析を含むべきであったと判断した。ICJ はその判断の理由として下記の3点を挙げている。

137．前述したとおり、非致死的手法が利用可能であるにもかかわらずプログラムが致死的手法を用いているという事実は、そのようなプログラムに与えられた特別許可書

が第８条１から外れることを必ずしも意味するものではない（パラグラフ83参照）。しかしながら、JARPAII 調査計画書に、新たなプログラムにおいて計画された致死的サンプリングの規模を縮小する手段として、非致死的手法の実行可能性に関する一定の分析を含むべきであった理由が３つある。
第一に、IWC 決議とガイドラインは締約国に対し、非致死的手法の利用により調査目的を達成することができるか考慮することを要請している。日本は、そのような勧告を然るべく考慮する義務のもとにあることを受け入れてきた。
第二に、上述のとおり（パラグラフ80及び129参照）、日本は、科学政策上の理由から、「必要と考える以上に致死的手法を……利用しない」旨、また非致死的な代替手法は全ての場合において実用的かつ実行可能であるわけではない旨述べている。このことは、記述されたプログラムの調査目的を達成することとの関連で致死的サンプリングが必要以上には用いられていないことを確認するために、いくつかの類型の分析を実施することを含意する。
第三に、オーストラリアが召致した二人の鑑定人は、過去20年間に非致死的手法に関する広範な技術が著しく進歩したことに言及し、記述されたJARPAII の目的との関係でのこうした非致死的手法の開発や適用可能性について述べている。大規模な致死的サンプリングを企図する調査の提案は、プログラムの計画に関連して、これら進歩した技術の適用可能性を分析することが必要となると考えるのが道理に合うと思われる。

（２）目標サンプル数の設定に関する検討が不透明・不明確であり不合理（パラグラフ198、212）

JARPAII 調査計画では、目標とするサンプル数として、ミンククジラ850頭（±10% のアローワンス有）、ナガスクジラ50頭、ザトウクジラ50頭を設定した。それぞれの目標サンプル数の計算根拠については、調査計画の中で詳細に説明されているが、例えば、ミンククジラについては、性成熟年齢、妊娠率、皮脂厚などの生物学的情報を一定の統計学的精度をもって推定するために必要なサンプル数を、確立された統計学的手法で計算し、算出したものである。しかし、ICJ は、目標サンプル数を算出するうえでのプロセスが不透明であり、根拠が不明確であるため、目的達成のために合理的か否かに懸念があるとの判断を下した（パラグラフ198）。

---

198. これらを総合すると、ミンククジラのサンプル数に関する証拠は、ナガスクジラとザトウクジラのサンプル数に関する証拠と同様に、全体のサンプル数を引き出す基礎をなす決定について、十分な分析と正当性を提供するものではない。

このことは、JARPAII の計画がその記述された目的を達成することとの関係で合理的か否かについて、裁判所にさらなる関心を抱かせる。こうした関心は、裁判所が次のセクションで着目する JARPAII の実施に照らしても検討されなければならない。

実際の調査の実施においては、過激反捕鯨団体であるシーシェパードの妨害活動のために、目標サンプル数を捕獲できない年が続いた。2010年以降のミンククジラの捕獲頭数は、850頭の目標に対し、100頭台から200頭台にとどまった。このような事態に際し、日本の政府関係者は、妨害活動に強い遺憾の意を表明する一方で、減少したサンプル数のもとでも一定の科学的成果を期待できるという見解を表明した。政府としては、シーシェパードの妨害活動が有効であったことを認めることは困難であったという背景があるが、ICJ は、目標よりも少ないサンプル数によっても有益な科学的知見が得られるとの日本の主張は、目標サンプル数が目的達成のために合理的である以上に多いことを示唆しているとの見解を示したのである（パラグラフ212）。

---

212. 実際の捕獲頭数と目標サンプル数との間の不一致にもかかわらず、日本が目標サンプル数を正当化するために最初の2つの JARPAII の目的に依拠し続けていることは、JARPAII はより限られた実際の捕獲頭数に基づいても意味のある科学的結果を得ることができるという日本の陳述と相まって、科学的調査の目的のためのプログラムとしての JARPAII の性格付けにさらなる疑問を投げかける。この証拠は、目標サンプル数が、記述された JARPAII の目的を達成することとの関係で合理的である範囲よりも大きいことを示唆する。ナガスクジラとザトウクジラの実際の捕獲頭数が、完全にとは言わないまでも、概ね政治的かつ運用上の考慮との相関関係にあるという事実は、特に、比較的大きな規模でミンククジラの致死的サンプリングを行うという決定を含め、それぞれの種の具体的な目標サンプル数と JARPAII の調査目的との間に

あるとされる関係をさらに弱めるものである。

（3）終期のない時間的枠組みに対する疑念（パラグラフ226）

JARPAII の調査期間は、特定の終期を設定せず、6年ごとにその実施状況をレビューし、レビューの結果に基づき調査計画の内容を必要に応じて修正するという形をとっている。この理由は、JARPAII の調査目的のひとつに南極海生態系のモニタリングを挙げており、長期にわたる継続的な観測を前提とした調査設計となっているためである。多くの科学調査においても、終期を特定しない長期モニタリング計画が存在し、科学的には常識的な内容であったと思われるが、ICJ は、終期のないプログラムは科学的目的と特徴付けられ得るか疑問であると判断し、これも JARPAII が「科学調査の目的のため」ではないという結論の一因となった（パラグラフ226）。

---

226. これらの JARPAII の計画にまつわる問題は、計画の実施の観点からも検討されなければならない。

第一に、ザトウクジラは一頭も捕獲されていないが、日本は、この点について非科学的理由を挙げている。

第二に、ナガスクジラの捕獲頭数は、JARPAII 調査計画書が規定する数のほんの一部にすぎない。

第三に、ミンククジラの実際の捕獲頭数も、1シーズンを除いて年間の目標サンプル数よりはるかに少ない。

調査計画書とプログラムの実施との間のこのような乖離にもかかわらず、日本は、3種全てについて JARPAII 調査計画書に規定された致死的サンプルの利用及び規模を正当化するために、JARPAII の調査目的、特に生態系調査及び複数種間競合モデルの構築の目的に依拠した説明を維持し続けている。JARPAII の調査目的も手法も、鯨の実際の捕獲頭数を考慮して改訂されたり調整されたりすることはなかった。異なる鯨種について6年と12年の調査期間を用いることを決定したこと、また、ザトウクジラの致死的サンプリングを全く放棄し、また、ナガスクジラをほとんど捕獲しないとの明確な決定を行ったことに鑑みて、日本はいかにしてこの調査目的が引き続き実現可能であるのか説明していない。期限を限定していない時間的枠組、現在に至るまでの限定的な科学的成果、そして JARPAII とその他の関係調査事業との間の顕著な協力の不存在のような、JARPAII の他の側面も、科学調査目的のためのプログラムとしての性格付けについて疑問を投げかける。

なお、上記のパラグラフ226に言及された、「ザトウクジラは一頭も捕獲されていないが、日本は、この点について非科学的理由を挙げている。」というポイントには説明が必要であろう。JARPAII は2005年から開始されたが、IWC がその膠着状態を解決すべく進めた「IWC の将来」プロセスと呼ばれる交渉との関連で、IWC 議長を務めていた米国から、同プロセスを進めるためには、最も感情的・政治的センシティビティーが高いザトウクジラの捕獲を見合わせてほしいとの要請があり、副議長であった日本は「IWC の将来プロセス」を支持するとの立場から、米国の要請を受け入れた。すなわち、IWC のために行った日本の決断が、ICJ によって JARPAII の科学調査目的のプログラムとしての性格付けについての疑問の原因の一つとされたわけである。

（4）科学的成果が不十分（パラグラフ219）

JARPAII の科学的成果の度合いも、その科学的目的の重要性に関する議論のポイントのひとつであった。これに関し、ICJ は下記に示したように、「2005年以来の第二期南極海鯨類捕獲調査（JARPAII）によって約3600頭のミンククジラの殺害に関与しているものの、これまでの科学的成果は限定的」であるという判断を下した。

---

219. 裁判所は、調査計画書が統計学的に有益な情報を得るためにミンククジラについて6年の期間、他の2種について12年の期間を用いていること、JARPAII の主要な科学的成果はこれらの期間の後に出てくることが期待され得ることに留意する。しかしながら、裁判所は、JARPAII の最初の調査期間（2005-2006年シーズンから2010-2011年シーズン）が既に終了した（上記パラグラフ119参照）にもかかわらず、日本がこれまでに JARPAII の結果に基づき2つの査読論文しか提示していないことを確認する。これらの論文は、JARPAII の目的に関係しておらず、JARPAII の実施可能性調査

期間中に捕獲された、それぞれ7頭及び2頭のミンククジラから得られたデータに基づいている。また、日本は科学シンポジウムで発表された3つの発表及び科学委員会に提出した8つの論文に言及しているが、後者のうち、6つはJARPAIIの航海記録であり、残り2つのうちの1つはJARPAIIの実行可能性調査の評価、もう1つはJARPAIIでのシロナガスクジラの非致死的な写真同定に関するものである。JARPAIIが2005年以降継続して実施されており、約3600頭のミンククジラの捕殺を伴ったという事実に照らして、これまでの科学的成果は限定的であると思われる。

しかし、ICJの判断は、日本側にとっては極めて不満かつ不合理なものである。日本は2012年3月に提出した答弁書の中で、下記のように具体的な論文数をあげてJARPAIIの科学的成果を示したにもかかわらず、これがICJの受け入れるところとならなかったのである。

（5）日本の答弁書（2012年3月）

2010年のIWCの第62回総会で、日本はJARPA/JARPA IIの結果に基づいて1988年から2009年までの間に提出された文書/発表のリストを含む文書を提出した。このリストは1988年-2009年の間の実績として次のことを示した。

1）合計で195点の文書が科学委員会の総会、会期間の会合並びにそれ以外の会合に提示された（年間平均で8.9文書）。

2）合計で107点の文書が査読付きジャーナルに掲載された（年間平均で4.9文書）。

3）合計で199回の口頭の発表が科学シンポジウムで行われた（年間平均で9.1発表/年）。

それ以降も、これらの各カテゴリーで科学的貢献の数は増え続けている。しかし、ICJは日本の答弁書の内容を受け入れなかった。すなわちIWC科学委員会への貢献や日本語学術雑誌への論文掲載などを科学的成果として認めなかったのである。その理由は説明されていない。推測するほかないが、ICJといえども、捕鯨問題に関する国際的なパーセプションを覆すような判断はできなかったということなのであろうか。

（６）他の研究機関との連携が不十分（パラグラフ222）

オーストラリアは、JARPAII が他の科学的プログラムから孤立しており、様々な研究機関との協力関係もないとして、その科学的性格に疑問があると主張した。この点に関し、ICJ は、「JARPAII が南極地域の生態系及び環境変化に焦点を当てていることに鑑み、他の内外の研究機関との間の更なる協力の証拠が期待された」との見解を示し、他の科学研究機関との連携・協力に関する情報の欠如を指摘した。判決のパラグラフ222は以下のように述べている。

---

222. 裁判所は、日本の調査機関との協力を示すために日本が援用した証拠が、JARPAII ではなく、JARPA に関するものであることに留意する。裁判所は、JARPAII が南極地域の生態系及び環境変化に焦点を当てていることに鑑み、JARPAII と他の内外の研究機関との間の協力に関するさらなる証拠が期待されたと考える。

これらの様々な批判については、すでに述べた諸点も含め、日本側はその答弁書（2013年３月９日提出）と2013年７月の口頭弁論において詳細な証拠と反論を提示したが、ICJ 側の受け入れるところとはならなかった。

3－4　判決の問題点

この ICJ 判決については、いくつかの重要な問題点を指摘しておく必要がある。

まず第１に、上記に挙げられた判決理由からも明らかなように、JARPAII が ICRW 第８条の範疇に入らない、すなわち違法であるとされた理由が、目標サンプル数の科学的な合理性など、科学的な観点に関するものであるという点である。ICJ が、法律ではなく、科学的事項に関する紛争に関して決定を行うことの是非の問題である。

この問題に関しては、反対意見を提出した小和田判事は、

「科学者が異なる見解を有している科学的問題の法的評価に司法裁判所又は司法機関が関与する場合には、司法機関にはその権限につき内在的限界

があり、その限られた機能の枠を超えて存在する領域に迷い込むことによって、法の執行官としての権限を超えてはならない。」との見解を述べている。また、小和田判事は、

「司法機関の役割が、リスク評価を行う権限を付与された構成国の行ったリスク評価を審査することになっている制度のもとで、その機関がこの権限を超えてリスク評価者になってしまう場合には、本来のリスク評価者の評価を自らの科学的判断に置き換えることによって、新たな審査を行っているのであり、したがって司法機関の機能を逸脱することになる。」、

「本件紛争の唯一の決定的問題はJARPAIIの計画が「科学的研究のため」であったか否かにあるのであって、同計画が条約の目的を達成するための科学的研究の計画として優れたレベルといえるものだったか否かでではない。後者はIWC科学委員会が審査すべき問題である。」

とも述べており、司法機関であるICJがその権限を越えて科学的事項に関する判断を行っていることを指摘した。

また、ユスフ判事も、

「ICJが法的問題に関する評価ではなく、通常はIWC科学委員会の権限に属する仕事であるところの、科学プログラムの設計と実施、その目的に照らしての合理性に関して評価を行ったことは残念である。」と述べ、小和田判事と同様の見解を述べている。

日本側はJARPAIIの科学的な成果を証明するために、IWC科学委員会の報告書からJARPAIIの成果を認めた部分を引用し、ICJに提出したが、これは採用されず、オーストラリア側の主張である欧文科学雑誌に掲載された学術論文という形での成果が少ないという点が採用された。JARPAIIの目的が、純粋な学術的な成果の追求ではなく、鯨類資源管理のための政府間機関であるIWCにおける鯨類資源の保存管理への貢献であり、したがってその科学論文は一義的にはIWC科学委員会に提出されてきたことを考えると、オーストラリアの主張と、それを採用したICJの判断には疑問が多い。加えて、IWC科学委員会は毎年200名近い世界の科学者が参加し、そこでの議論や合意は鯨類の科学

に関する最も権威の高いものであると言えることを考えると、法的機関であるICJ が科学委員会の見解を採用しない動機はどこに存在するのか。

いずれにしても、捕鯨問題に関するICJ 判決は、もっぱら科学的な問題について、司法機関であるICJ が専門科学機関の評価と一致しない評価を行うという悪しき前例を作り出したという側面がある。今後、これが他の科学的側面が重要な要素である国際紛争において前例となるのか、あるいは、捕鯨問題は孤立した例外として扱われるのか（その場合はなぜ捕鯨問題が例外として扱われることが国際的に正当化し得るのか)、について注目していく必要があろう。

第２の重要問題は、挙証責任の問題である。本件訴訟は、原告であるオーストラリアが、日本の第二期南極海鯨類捕獲調査（JARPAII）が ICRW 第８条に規定された科学調査ではなく疑似商業捕鯨であるとの訴えを行ったことから開始されたが、通常この場合、訴えを行ったオーストラリア側にその主張の根拠を示す挙証責任が存在すると考えられる。しかし、本件訴訟においては、ICJ は被告である日本に対して JARPAII が ICRW で正当化される科学調査であることを証明することを求め、これが不十分であるとして JARPAII が違法であるとの判断を下したと思われる。うたがわしきは罰せよ、である。

例えば、判決のパラグラフ68は、以下を述べている。

---

68. これに関して、裁判所は、この紛争が条約第８条に基づき特別許可書を与えるという ICRW 締約国による決定から生じていることに留意する。プログラムにおける致死的手法の利用が科学的調査の目的のためであるという締約国による判断は、そのような決定に内在するものである。よって、裁判所は、特別許可書を与えた国がかかる判断の客観的な根拠を説明しているかに注目する。

また、前述の ICJ 判決のパラグラフ227は、「…（日本により提供された）証拠は、プログラムの計画及び実施が記述された目的を達成することとの関係で合理的であることを立証していない。」と述べている。

すなわち、日本側が提出した証拠は、JARPAII の調査プログラムの設計と実施の内容が JARPAII の目的達成との関連で合理的なものであるとは証明していないとして、日本側の説明の不備を判決の理由と明記している。ほかにもICJ 判決は、日本側の説明や証拠の内容に関して、「疑問が残る」等の見解を表明しており、明らかに挙証責任を被告である日本に求めていると解釈できる。

この挙証責任の転換は、判決に対する反対意見を提出したアブラハム判事も指摘している。

3－5 ICJ 判決が支持した日本の見解

ICJ 判決は JARPAII の停止を命じたことから、国内外で日本の完敗と報道され、また反捕鯨国のメディアや反捕鯨 NGO は、同判決が将来の南極海における鯨類捕獲調査や、果てはすべての捕鯨を禁止したかのような報道や主張を展開してきている。今後もこのような誤ったパーセプションの流布と強化が続けられることは想像に難くない。

他方、ICJ 判決は、鯨類捕獲調査に関する法的枠組などについて、むしろ日本側の主張を受け入れた重要な見解を数多く提示した。

例えば、ICRW の目的は鯨類の保護か鯨類資源の持続的利用であるかが争点のひとつであり、本件訴訟の中心的テーマのひとつであった。この問題に関して、オーストラリアは本件条約が採択された1946年当時は鯨類資源を利用することが国際社会の関心であったかもしれないが、時代は変わり、商業捕鯨モラトリアムの採択、一連の鯨類捕獲調査反対決議（決議には法的拘束力はなく、単純過半数で採択できる)、国際社会のクジラに関するパーセプションの変化などから、いまや条約の目的は変化し、鯨類の保護になった、したがって、致死的調査はごく例外的な場合のみ認められるべきであるとの趣旨の主張を行った。オーストラリアの主張は訴訟の過程でニュアンスが変化していったが、基本的論点は不変であった。

これに対して、日本側は、ICRW の目的は条約前文に明記されており、鯨類資源の保存とそれを通じた鯨類資源の持続可能な利用である、これは商業捕鯨モラトリアムの採択などの条約附表の修正や法的に拘束力のない決議の採択により変化し得ないとの反論を行った。これは、日本国憲法を省令や条例で変えることはできないのと同様で、極めて常識的な議論である。

この論点に関するICJの判断は判決のパラグラフ56に示されている。

---

56. ICRWの前文は、条約が持続可能な鯨の捕獲を認める一方で、全ての鯨種の保存を確保するとの目的を追求していることを示している。こうして、前文の第1段落は、「鯨族という大きな天然資源を将来の世代のために保護することが世界の諸国の利益である」と認めている。同様に、前文の第2段落は「これ以上の濫獲から全ての種類の鯨を保護する」との要求を表明し、第5段落は、「現に数の減ったある種類の鯨に回復期間を与える」必要性を強調している。しかしながら、前文はまた、第3段落で「鯨族が繁殖すればこの天然資源を損なわないで捕獲できる鯨の数を増加することができる」ことに留意し、第4段落で「広範囲の経済上及び栄養上の困窮を引き起こさずにできるだけすみやかに鯨族の最適の水準を実現することが共通の利益である」こと、及び、第5段落で「捕鯨作業を捕獲に最もよく耐え得る種類に限らなければならない」ことを付言し、鯨類の捕獲に言及している。さらに、ICRWの目的は前文の最終段落でも示されており、締約国が「鯨族の適当な保存を図って捕鯨産業の秩序のある発展を可能にする条約を締結することに決定した」と規定する。附表の修正及びIWCの勧告が条約により追求される目的のいずれか一方を強調することはあっても、条約の趣旨及び目的を変更することはできない。

このパラグラフの最終部分は、明確に日本側の主張を認めた見解である。またICJがICRWの目的が、時代とともに変化したわけではなく、鯨類資源の適切な保存を通じた捕鯨産業の秩序ある発展、言い換えれば鯨類資源の持続的利用であることを確認したことは、今後のIWCにおける議論に大きな影響を与え得る。クジラを資源ではなく保護すべき特別な動物として扱う動きにさらされ続けているIWCでの、日本など持続的利用支持派の主張にとっては大きな支えとなる重要な判断である。

また、クジラをカリスマ性がある特別な動物と見る考え方とも関連して、オーストラリアとニュージーランドは、クジラを実際に捕獲して生物学的データや組織サンプルを収集する致死的調査は、例外的な状況のみで認められるべきであり、同様なデータを収集する非致死的調査手法がまったく存在しない場合のみ採用していいとする主張を行った。非致死的調査手法が同等のデータを収集することができるか否かは、収集するデータの種類ごとに（年齢の査定か、食性の定性的な情報か、定量的な情報か、など）、高度に科学的な議論を必要とする問題であり、IWC 科学委員会においても統一見解がないことを考えると、この主張の検討は単純ではないが、ICJ は法的観点から以下の判断を提示した。

---

83. 第 8 条は、致死的手法の利用を明示的に企図しており、裁判所は、オーストラリアとニュージーランドが自ら依拠している勧告的な決議及びガイドラインの法的な重要性を誇張しているとの見解である。

第一に、多くの IWC 決議は、この条約の全ての締約国の支持、特に日本の同意なく採択されている。したがって、そのような文書は、条約法に関するウィーン条約第31条 3 （a）及び（b）の意味の範囲内における、ICRW 第 8 条の解釈に関する後にされた合意とも、後に生じた慣行であって、条約の解釈についての当事国の合意を確立するものともみなすことができない。

第二に、実体的な問題として、コンセンサスによって採択されてきた関連する決議及びガイドラインは、締約国に対して、調査目的が非致死的手法を用いることによって実用的かつ科学的に達成可能かどうか考慮するよう求めているが、それらは、致死的手法が他の手法が利用可能でない場合にのみ利用されるという要件を確立していない。

しかしながら、裁判所は、ICRW の締約国は IWC 及び科学委員会と協力する義務を有し、したがって、非致死的な代替手法の実行可能性の評価を求める勧告に然るべく考慮を払うべきと考える。裁判所は、JARPAII に関する当事者の議論を検討する際に、この点を改めて論じる（パラグラフ137参照）。

ここでは、「第 8 条は、致死的手法の利用を明示的に企図しており、裁判所は、オーストラリアとニュージーランドが自ら依拠している勧告的な決議及びガイドラインの法的な重要性を誇張しているとの見解である。」と述べるとともに、「……関連する決議及びガイドラインは、締約国に対して、……致死的手法が他の手法が利用可能でない場合にのみ利用されるという要件を確立していない。」との判断が行われている。これについても、日本側の観点からすれ

ば妥当な判断である。

鯨類捕獲調査において、データやサンプルを収集した後の鯨体を副産物として販売していることが、反捕鯨団体などから疑似商業捕鯨であるとの批判を招いているが、ICRW 第8条第2項は、以下のように規定しており、鯨体の販売は合法であるばかりではなく、むしろ浪費を行わないための義務（shall）として規定されている。

ICRW 第8条

2．前記の特別許可書に基いて捕獲した鯨は、実行可能な限り加工し、また、取得金は、許可を与えた政府の発給した指令書に従って処分しなければならない。

この点に関しても、ICJ は、鯨肉の販売のみをもって、その鯨類捕獲調査が条約第8条の範疇外となる商業捕鯨であるとは言えないとの判断を下した。

---

94. 両当事国及び訴訟参加国が受け入れているとおり、条約第8条2は、第8条1のもとで付与された特別許可書に基づく鯨の捕殺に付随的な鯨肉の加工及び販売を認めている。

裁判所の見解では、プログラムが鯨肉の販売及び調査資金を賄うための取得金の使用を伴うという事実は、それのみをもって、特別許可書を第8条の範囲外に位置付けるには十分ではない。プログラムにおける致死的サンプリングの利用の規模といった、捕鯨が科学的調査以外の目的であることを示すかもしれない他の要素が精査されなければならない。特に、締約国は特別許可書が付与される調査の資金を賄うために、プログラムの記述された目的を達成することとの関係で合理的な範囲を超える規模の致死的サンプリングを用いることはできないだろう。

ICRW の目的に関する議論とも関連するが、オーストラリアなどの強硬な反捕鯨国は IWC が商業捕鯨再開につながる活動を行うことに対しては強く反発し、事実、商業捕鯨の管理システムである RMS に関する協議について、オーストラリアは一時議論にさえ参加しないとの態度をとっていた。しかし、近年反捕鯨国は、鯨類捕獲調査に関しては、その捕獲の鯨類資源に対する影響を商業捕鯨捕獲枠計算方式である RMP を用いて検証すべきとの議論を行うように

なってきている。これは、IWC 科学委員会において RMP を極度に保守的な前提で適用することを通じて、捕獲枠の算出を極めて困難とするとのアプローチが成功してきていることを背景にした主張、すなわち RMP を捕鯨再開阻止の手段とみている主張であると理解される。

他方、下記の ICJ の見解を文字通りに解釈すれば、本件訴訟の参加国である日本、オーストラリア、ニュージーランドは、IWC は RMP に従って、商業捕鯨捕獲枠の計算を行っていくことが、IWC としての鯨類資源管理手段であると合意したことになる。今後の IWC における議論において、この見解がどのような役割を演ずるか、興味深いところである。

---

107. RMP については簡単な説明を要する。両当事国は、RMP の実施は完了していないが、RMP が控えめかつ予防的な管理ツールであり、依然として IWC の適用可能な管理方式であることに同意する。オーストラリアは、RMP が、資源量推定の不確実性を考慮しており、かつ「推定が困難である生物学的パラメーターに依拠しない」ことから、IWC が以前に捕獲制限を設定するために開発したメカニズムである「NMP が直面した困難を克服している」と主張する。日本は RMP のこうした性格付けに反論し、RMP の実施には各段階において「膨大な量の科学的データ」を必要とすると主張する。したがって、両当事国は JARPA 及び JARPAII によって収集されたデータが RMP に寄与するかどうかに関して合意していない。

致死的調査手法の使用に関し、ICJ はパラグラフ224の前半において、「致死的調査手法の採用そのものは、第二期南氷洋鯨類捕獲調査（JARPAII）の調査目的に照らして、非合理的であるとはいえない。」という見解も述べている。慎重な表現ではあるものの、調査目的によっては致死的調査手法の採用は合理的であるとの判断であり、これもオーストラリアにとっては望ましくない見解である。

また、ICJ 判決はそのパラグラフ246の後半で、日本が将来特別許可に基づく鯨類捕獲調査を計画する場合には、本件判決で ICJ が提示した論理と結論を考慮することを期待するとの見解を表明した。

246. 裁判所は、日本が、第8条の意味する科学的調査の目的のためとは言えない特別許可書による捕鯨を認可し又は実施することを控えるよう求める追加的な救済をオーストラリアが要請していることについては、そのような追加的な救済措置を命ずる必要性を見出さない。かかる義務は既に全ての締約国に適用されている。日本は条約第8条のもとでのいかなる将来的な許可書を与える可能性を検討する際にも、この判決に含まれる理由付け及び結論を考慮することが期待される。

すなわち、ICJ 判決は鯨類捕獲調査に関する ICRW の基本的な枠組みや解釈を変更するものではなく、パラグラフ246で示されたように、ICJ が提示した論理と結論に従う限りにおいて、鯨類捕獲調査の実施を認めたものである。また、このパラグラフの前半では、オーストラリアが要請した追加的要請、すなわち、日本に、「第8条の意味する科学的調査の目的のためとは言えない特別許可書による捕鯨を認可し又は実施することを控えるよう求める」必要性はないとしている。もしこの追加的要請を ICJ が認めていれば、日本が新たな調査を計画する際には、まさに追加的な障害となっていたであろう。

3－6　ICJ 判決を受けての日本政府の対応と新南極海鯨類科学調査計画

この ICJ 判決を受けて、判決同日、2014年3月31日に日本政府は菅官房長官談話を発出した。談話では、判決の内容は「残念であり、深く失望」しているとしたうえで、「しかしながら、日本は、国際社会の基礎である国際法秩序及び法の支配を重視する国家として、判決に従う」と述べている（談話第2項）。また、「今後の具体的な対応については、判決の内容を慎重に精査したうえで、真摯に検討する」として（談話第4項）、対応策の検討に入った。

（内閣官房長官談話　平成26年3月31日）

1．本日、オランダ・ハーグの国際司法裁判所（ICJ）において、我が国と豪州の間の「南極における捕鯨」訴訟（ニュージーランド参加）の判決が言い渡されました。

2．ICJが、第二期南極海鯨類捕獲調査（JARPA II）は国際捕鯨取締条約（ICRW）第八条一項の規定の範囲内ではおさまらないと判示したことは残念であり、深く失望しています。しかしながら、日本は、国際社会の基礎である国際法秩序及び法の支配を重視する国家として、判決に従います。

3．日本は、60年以上も前に国際捕鯨委員会（IWC）に加盟しました。IWC内の根深い見解の相違や、近年みられるIWCの機能不全にもかかわらず、日本はIWCに留まり、委員会が抱える問題に対して広く受け入れ可能な解決方法を模索してきました。

4．今後の具体的な対応については、判決の内容を慎重に精査した上で、真摯に検討します。

官房長官談話の第4項を受けた検討の結果、同年4月18日、林農林水産大臣はICJ判決への日本の対応方針について農林水産大臣談話を発出し、具体的なステップを示した。これがICJ判決に関する日本政府の方針となる。

農林水産大臣談話は、まず基本方針として下記を確認する。

判決は、国際捕鯨取締条約の目的の一つが、鯨類資源の持続可能な利用であることを確認しています。これを踏まえ、我が国は、今後とも関係府省連携のもと、国際法及び科学的根拠に基づき、鯨類資源管理に不可欠な科学的情報を収集するための鯨類捕獲調査を実施し、商業捕鯨の再開を目指すという基本方針を堅持します。

これは、ICJ判決パラグラフ56で確認された「ICRWの目的は前文の最終段落でも示されており、締約国が「鯨族の適当な保存を図って捕鯨産業の秩序のある発展を可能にする条約を締結することに決定した」と規定する。附表の修正及びIWCの勧告が条約により追求される目的のいずれか一方を強調することはあっても、条約の趣旨及び目的を変更することはできない。」という見解を受けたものである。また、「科学的情報を収集するための鯨類捕獲調査を実施し、商業捕鯨の再開を目指す」ことは、いわゆる商業捕鯨モラトリアムを規定し、実際は捕鯨再開の規定を定めたと理解できるICRW附表第10項（e）と整合する。

この基本方針に基づき、大臣談話は2014年（平成26年度）について、次の具体的措置を打ち出した。

（1）南極海においては、判決に従い、第二期南極海鯨類捕獲調査（JARPA II）を取り止めます。

（2）北西太平洋鯨類捕獲調査においては、第二期北西太平洋鯨類捕獲調査（JARPN II）について、判決に照らし、調査目的を限定するなどして規模を縮小して実施します。

（3）なお、平成二十七年度の調査計画の策定を踏まえつつ、判決の趣旨も考慮し、北西太平洋における DNA の採取などの非致死的調査の実行可能性に関する検証の実施など、必要な対応策を講じます。

ICJ 判決の直接的な対象となり、調査許可の取り消しを命じられたJARPAII については、これを取りやめることを明記した。2013・2014年期の JARPAII については、判決の時点ですでに調査が終了していたため、取りやめの対象は2014年終盤から開始される予定であった2014・2015年期の調査である。他方、科学的データの継続的収集の重要性の観点から、同年期の調査については、致死的調査手法を伴わない目視調査などを実施することが決定され、調査船が派遣された。

北西太平洋において実施されてきた第二期北西太平洋鯨類捕獲調査（JARPN II）は、ICJ 判決の直接の対象とはなっていない。

しかし、判決パラグラフ246において、「日本は条約第8条のもとでのいかなる将来的な許可書を与える可能性を検討する際にも、この判決に含まれる理由付け及び結論を考慮することが期待される。」とされたことから、JARPNII の実施についても、判決が南極海の JARPAII を ICRW 第8条の範疇の外であると判断した根拠となった諸条件に対応する必要性が認識された。

その結果、2014年の JARPNII について、致死的調査手法と非致死的調査手法の比較実験の導入や、捕獲対象鯨種や捕獲サンプル数の見直し・縮小を行った。

また、大臣談話は2015年（平成27年度）以降の鯨類捕獲調査についても、以下の方向性を打ち出した。

平成二十七年度以降の南極海及び北西太平洋の鯨類捕獲調査については、本年秋ごろまでに、判決で示された基準を反映させた新たな調査計画を IWC 科学委員会へ提出すべく、関係府省連携のもと、全力で検討を進めます。その際、内外の著名な科学者の参加を得るとともに、IWC 科学委員会のワークショップでの議論、他の関連する調査との連携等により、国際的に開かれた透明性の高いプロセスを確保します。

すなわち、日本政府としては、判決パラグラフ246を受けて、南極海と北西太平洋の双方の鯨類捕獲調査について、判決で提示された諸条件に対応した新たな調査計画を策定し、これを IWC 科学委員会に提出することを宣言したわけである。

この宣言を受けて、反捕鯨 NGO や反捕鯨国のメディアは、「ICJ 判決にもかかわらず日本は新たな調査計画に着手した」と騒ぎ立てたが、判決パラグラフ246と、ICRW の目的は不変であり、鯨類資源の持続的利用であるとした判決パラグラフ56などに照らせば、日本の宣言は「ICJ 判決に則って日本は新たな調査計画に着手した」のである。ここにも、ICJ 判決を巡って、日本が国際社会に反した行動をとろうとしているというイメージを作り上げようとする意図を読み取ることができる。

上記の引用の後半部分は、国際的に透明性の高いプロセスに言及し、これを実施することで、ネガティブなイメージ作りに対抗しようとする日本側の対策のひとつを示している。

ICJ は、過去の鯨類捕獲調査の立案過程や調査実施過程の透明性が低く、その科学目的に疑問があるとの指摘も行った。鯨類捕獲調査が反捕鯨 NGO の過激な妨害の対象であることや、いかなる条件のもとでも捕鯨は認めないとの反捕鯨勢力の立場からすれば、日本が鯨類捕獲調査に関する情報の取り扱いに神経を使ってきたことは自然である。しかし、これが ICJ での議論ではマイナス要因となったことも否定しがたい。そこで、大臣談話では、新調査計画の立案過程において最大限の透明性を確保し、新調査計画の科学的正当性を訴えるというアプローチを選択した。そのため、新調査計画案が骨子の段階から内外の科学者からの意見を求めた。また、過去の調査計画案では科学委員会への提出後も秘扱いとしたが、新調査計画案は、科学委員会に提出と同時に IWC 加盟各国に回章し、さらに水産庁ホームページに掲載して一般公開した。

3－7　第65回 IWC 総会での議論

このような状況のもとで、2014年9月、スロベニアのポルトロシュにおいて第65回 IWC 総会が開催された。3月の ICJ 判決、4月の農林水産大臣談話に基づく南極海での新調査計画立案の動きを受けて、この IWC 総会は IWC 加盟国、反捕鯨 NGO、そしてマスコミの強い関心を呼んだことは想像に難くない。

反捕鯨勢力は ICJ 判決後の最初の IWC 総会において、日本が ICJ 判決に具現された国際社会の態度に反して捕鯨を強行しようとしているとのイメージ・パーセプションを確立することを狙い、マスコミは日本とオーストラリアなどの大論争を期待したわけである。

ICJ 判決の当事国である、日本、オーストラリア、ニュージーランドはどのような方針をもって第65回総会に臨んだのか。まず、注目すべきは、IWC のルールに従って各国が書面で提出するオープニング・ステートメントの内容である。習慣として、各国はオープニング・ステートメントには当該総会に臨む基本的対応方針を盛り込むこととなっている。

まず、オーストラリアのオープニング・ステートメントの ICJ 判決関係部分は以下のように述べる。

2014年3月31日に国際司法裁判所によって行われた判決を受けて、今回の総会は判決の原則を IWC の機能に取り込む機会を提供している。

64ページの判決全文と12ページの判決要約は ICJ のホームページに掲載されている。オーストラリアとしてはすべての政府代表が判決を読むことを促したい。なぜならば、（判決を理解するための）最良のアプローチは権威ある判決そのものによることである。

ICJ は、JARPAII が条約第 8 条に従った科学調査を目的とするプログラムではないと結論した。オーストラリアは、日本は「JARPAII に関連して付与した、鯨類を殺し、捕獲し、処理するいかなる現存の認可、許可又は免許も撤回し、当該プログラムを続行するための条約第 8 条第 1 項のもとでの、いかなる許可書のさらなる付与も差し控えることを決定する」との ICJ の決定を歓迎する。国際法の最高府である ICJ の言葉は自明である。我々の行うべきことは、責任ある国際機関として、IWC が ICJ からの指針を検討し、その判決を委員会の行動に組み込むことのみである。したがって、オーストラリアはニュージーランドの提案による決議が採択されることを推奨する。

ニュージーランドのオープニング・ステートメントはより簡潔である。

第64回 IWC 総会以来の最も重要な問題は、南極における捕鯨訴訟についての国際司法裁判所の決定である。ICJ 判決に含まれる理由付け及び結論が、将来の IWC による特別許可プログラム（鯨類捕獲調査）の検討において完全に考慮されることを確保することが不可欠である。ニュージーランドは、これを達成するための IWC での議論を可能とするために、決議案を提出した。

両国が、ICJ 判決を受けて高らかに勝利宣言を行い、IWC に対して捕鯨の完全禁止を求めることを期待した NGO やマスコミは少なくないはずである。その期待に反したともいえる両国のオープニング・ステートメントについては、下記に考察する。

すでに第65回総会の時点で新調査計画の策定を宣言していた日本のオープニング・ステートメントは、より具体的かつ、主張が明確である。

2014年 3 月31日、国際司法裁判所は、捕鯨訴訟（南極海における捕鯨（オーストラリア対日本：ニュージーランド訴訟参加）について判決を下し、「日本が、JARPAII に関連して付与した、いかなる現存の認可、許可又は免許も撤回し、当該プログラムを続行するための、いかなる許可書のさらなる付与も差し控えること」を決定した。同時に、判決は、国際捕鯨取締条約の目的は、「鯨族の適当な保存を図って捕鯨産業の秩序のある発展を可能にする」ことを含むこと、および「附表の修正及び IWC の

勧告が条約により追求される目的のいずれか一方を強調することはあっても、条約の趣旨及び目的を変更することはできない」ことを確認した。さらに判決は、「日本は条約第8条第1項のもとでのいかなる将来的な許可書を与える可能性を検討する際にも、この判決に含まれる理由付け及び結論を考慮することが期待される」と述べるとともに、「裁判所は、致死的手法の利用自体は、JARPAII の調査目的との関連で不合理ではないと認める」と述べている。他方、ICJ は、「JARPAII に関連して日本によって与えられた特別許可書は、国際捕鯨取締条約の第8条第1項の規定の範囲に収まらない」と認定した「理由付け及び結論」を提示した。

本件判決を考慮し、日本は2014年4月18日、農林水産大臣談話を通じて対応方針を表明した。日本としては、本年（2014年）の秋までに、ICJ 判決に言及された基準を反映し、国際法と科学的根拠に基づいた新調査計画を IWC 科学委員会に提出する。日本は、今回の第65回 IWC 総会の場において、ICJ 判決と、関連する特別許可（鯨類捕獲調査）問題について、その方針を説明し、情報を共有する意向である。

第65回 IWC 総会に臨むにあたり、日本、オーストラリア、ニュージーランドの間には一つの共通認識があったと言える。すなわち、IWC 総会の場において、ICJ における議論を繰り返したり、判決の内容に関する解釈の違いについて議論を行うことには、何らメリットはなく、生産的でもないという点である。オーストラリアとニュージーランドのオープニング・ステートメントの内容は、この認識に基づいており、したがって、ICJ 判決の勝利宣言を前面に出すのではなく、ニュージーランド決議案の採択を通じて、「ICJ 判決に含まれる理由付け及び結論が、将来の IWC による特別許可プログラム（鯨類捕獲調査）の検討において完全に考慮されることを確保すること」で「判決の原則を IWC の機能に取り込む」ことを求めたのである。

また、オーストラリアとニュージーランドには、ICJ 判決の解釈論争が始まれば、前述したように、同判決が、鯨類の持続的利用が依然として ICRW の目的のひとつであることを認定したことなど、両国にとって望ましくない事実が IWC 総会という場で議論されることへの懸念があったのではないかと思われる。

他方、日本のオープニング・ステートメントの関心と意図は、ICJ 判決について、商業捕鯨モラトリアムのケースと同様に、誤ったパーセプションが定着することを阻止し、さらに、IWC 科学委員会に対し南極海における新調査計画を提出することの法的な正当性を確実に伝えることにあった。そのため、ICJ 判決の関係するパラグラフに具体的に言及し、ICJ 判決が鯨類資源の持続的利用を認め、新たな南極海での鯨類科学調査が行われることを想定している（禁止していない）ことを示したのである。

第65回 IWC 総会において ICJ 判決を巡って議論が紛糾することを回避するため、IWC の「内閣」であるビューローは、総会に先立つ2014年 6 月、次のような決定を行っている。

オーストラリアと日本は（ニュージーランドとも協力して）ICJ 判決の IWC への影響を概説した共同文書を IWC に提出することを提案した。

すなわち、ICJ 判決の当事国である日本、オーストラリア、ニュージーランドで、ICJ 判決の意味するところについて共同でプレゼンテーションを行うことで、判決に関する不必要な論争を回避するとともに、三か国が、判決を受けて、協力的な関係を構築しつつあることを示す狙いがあったわけである。

しかしオーストラリアは、後日になってビューロー会合の決定を覆し、共同プレゼンテーションを行わないと通告した。その理由は、オーストラリアのオープニング・ステートメントにある通り、「64ページの判決全文と12ページの判決要約は ICJ のホームページに掲載されて」おり、日本、オーストラリア、ニュージーランドが作成する共同プレゼンテーション（その作成の過程では、IWC 総会の場で判決全文を説明するわけにはいかないことから、何らかの取捨選択が行われざるを得ない）ではなく、「オーストラリアとしてはすべての政府代表が判決を読むことを促したい。なぜならば、（判決を理解するための）最良のアプローチは権威ある判決そのものによることである。」からである。

結局のところ、第65回 IWC 総会では日本ができる限りバランスのとれた観点からプレゼンテーションを行った。オーストラリアとニュージーランドは、日本のプレゼンテーションに修正、補足、反論の必要性を見出す場合には、彼らも独自のプレゼンテーションを行うことができるという理解のもとである。日本としては、オーストラリアの求めるように、各国政府代表が判決全文を読むことは期待できず、したがって、反捕鯨 NGO やメディアが流す「ICJ 判決は将来の南極海での調査を含めすべての捕鯨を禁止した」というパーセプションをうのみにする可能性が高いと判断し、単独でもプレゼンテーションを行うこととしたわけである。

オーストラリアとニュージーランドは日本のプレゼンテーションに続いて、それぞれ短い発言を行ったが、日本のプレゼンテーションに反対したり、その内容に強く反論したりするようなものではなかった。また、他の政府代表からもほとんど質問や発言は行われなかった。

このように第65回 IWC 総会における ICJ 判決そのものに関する議論が、いくらか拍子抜けするものであった理由としては、いくつか考えられる。一つには共同プレゼンテーションは行われなかったものの、日本から ICJ 判決の主要な内容について事実に基づいたプレゼンテーションが行われたことから、誤ったパーセプションを前提とした主張ができなかったことが挙げられる。捕鯨に反対する立場からすれば、誤ったパーセプションを広げる動機があるが、判決文を引いたプレゼンテーションが行われては、少なくとも IWC 総会の場では「すべての捕鯨が禁止された」等の誤った主張はできない。もう一つの理由としては、前述したように、ICJ 判決は、ICRW の目的が依然として鯨類資源の持続的利用を含むことを確認し、また科学調査手法としての致死的調査を認めるなど、反捕鯨の立場からすると都合の悪い内容を多く含むものであったこともあろう。判決がこのような内容を含んでいなかったとすれば、鬼の首を取ったような捕鯨反対の主張が行われ、日本を含む捕鯨支持国への政治的圧力が高まっていたことは想像に難くない。

さらに、次に述べるように、ニュージーランドが提案し、オーストラリアのオープニング・ステートメントにも言及された、「ICJ 判決に含まれる理由付け及び結論が、将来の IWC による特別許可プログラム（鯨類捕獲調査）の検討において完全に考慮されることを確保すること」を目的とする決議案に、すでに IWC 総会の関心が移っていたことも、ICJ 判決そのものに関する議論が低調であったことの背景にある。

事実、第65回 IWC 総会の多くの時間がニュージーランド決議提案の議論に費やされた。各国は、日本とニュージーランドを中心に、決議案の文言についてコンセンサスを達成すべく一般的には建設的な議論を行った。IWC 総会での議論は、時には感情的で、各国の理解を得ることよりはマスコミや NGO 受けのする発言が多い。それが国際機関としての機能不全につながり、これに危機感を抱いた関係者による「IWC の将来」プロジェクトへと展開したのであるが、本件決議をめぐる議論には従来の IWC での典型的な対立構図とはやや異なる雰囲気があったことが注目される。しかし、結果としてニュージーランド決議案は持続的利用支持国と反捕鯨国の双方から批判的なコメントにさらされることとなったのである。

日本の主張は、同決議案は、鯨類捕獲調査の実施にあたって IWC 総会の許可を求める内容となっており、これは調査実施における締約国の権利を規定した ICRW 第８条に反しており、さらに、ICJ 判決の内容をも越えているというものである。他方、近年いわゆるブエノスアイレス・グループを形成し、強硬な反捕鯨方針をとる南アメリカ諸国は、同決議は鯨類捕獲調査の実施を正当化するものであり、いかなる条件下でも鯨類捕獲調査を認めないとする彼らの立場とは相容れないとして、反対の立場を取った。

連日にわたり、双方が受け入れることができる案文の模索が行われたが、溝を埋めることはできず、最終的には基本的にニュージーランド提案の原文を踏襲した決議案が投票にかけられた。IWC における決議は法的拘束力を持たず、その採択には単純過半数の得票が求められる。なお、法的拘束力を有する鯨類の捕獲枠の設定などは条約附表の修正をもって行われ、採択には４分の３の得票が求められる。

投票の結果、決議案は賛成35票、反対20票、棄権５票で採択された。特筆すべきは、反対票には日本などの持続的利用支持国とブエノスアイレス・グループの反捕鯨国の双方が含まれていたということである。これについては、従来一枚岩であった反捕鯨国の中に、捕鯨反対の立場は維持しながらも、交渉アプローチを異にする勢力が現れてきていることを示すものであろう。この兆候は、「IWC の将来」プロジェクトの過程でも見られたものであり、今後の捕鯨問題の帰趨を見るうえで重要な視点のひとつである。

最終的に採択された決議2014-５の主文パラグラフ３が、日本が指摘した問題のパラグラフである。

３．以下を満たすまでは、既存の調査プログラム、あるいは全ての新たな鯨類調査プログラムのもとにおいて、鯨類を捕獲するためのさらなる特別許可を発給しないことを（締約国に）求める。

(a) 上記パラグラフの指示に従い科学委員会が調査プログラムを検討し、IWC 総会に助言を提供すること、および

(b) IWC 総会が科学委員会の報告書を検討し、特別許可プログラムの提案者が上記のレビュー手続きに従って行動したか否かを評価すること、および

(c) IWC 総会が、適切と判断した場合、国際捕鯨取締条約第６条に従って、当該特別許可プログラムの可否について勧告を行うこと

特に、３.(c) は、IWC 総会の勧告が鯨類捕獲調査実施の条件として規定されており、日本の見解ではこれが締約国の裁量権を広く認めている ICRW 第８条と相容れない。他方、決議案の提案者であるニュージーランドは、この規定はあくまで法的拘束力のない勧告であり、ICRW には反していないとの立場である。もちろん、法的拘束力のない勧告とはいえ、将来の IWC 総会が決議2014-５の主文パラグラフ３のもとで鯨類捕獲調査の実施に否定的な勧告を採択すれば、その調査に関する国際的なイメージにはマイナスの影響を与える。当然、反捕鯨 NGO やメディアは、勧告に法的拘束力はないことには言及せず、「国際ルールに反した調査」とのレッテルを張り、喧伝するであろう。国際的なイメージ合戦という観点からは、たとえ法的拘束力のない勧告でも十分な威力を有するのである。

このニュージーランド決議の採択を受けて、日本は、ICJ 判決に則り、その

提示した諸条件に対応した南極海での新たな調査計画を提出する意向であること、そして、2015・16年の南半球の夏季からその調査を実施に移す意向であることを表明した。

他方、ニュージーランド決議をめぐる議論の過程では、主文パラグラフ3.(c) を除いては、持続的利用支持国とブエノスアイレス・グループ以外の反捕鯨国との間に大きな意見の相違はなく、また、決議案に含まれる特別許可調査計画案の科学委員会における検討の指針についても、従来科学委員会が行ってきた検討指針を大きく変えるものとはならないという一般的な理解があった。したがって、科学委員会における議論に関する限り、ニュージーランド決議は大きな影響を及ぼさないのではないかと予想された。

もちろんこれは科学委員会が特別許可調査計画案について一致した見解や合意を達成するということを意味しない。従来通り意見は一致せず、賛否両論が表明されるということとなる。

IWC 総会は2012年以降、毎年の開催から隔年開催に移行した。したがって、次回の第66回総会の前までに2回の科学委員会が開催され、採択されたニュージーランド決議にそった議論が行われた。なお、毎年不毛な議論を繰り返し、何ら生産的な成果が期待できないことで、行政経費を浪費しているという感覚が持続的利用支持国と反捕鯨国の双方に多かれ少なかれあったことから、隔年開催に関する合意が成立したのである。余談になるが、この隔年開催に最も反対したのは、活動の機会をそがれると感じた反捕鯨 NGO であった。

3－8　第66回 IWC 総会での議論

第66回 IWC 総会は2016年10月に、再びスロベニアのポルトロシュにおいて開催された。この総会においては、当然反捕鯨国からは、日本が提案した新南極海鯨類科学調査の実施を一年延期し、第65回総会で採択されたニュージーランド決議に従い、2016年の総会での議論を経るべきであった（新南極海鯨類科学調査は2016年総会の時点ですでに実施されていた）という主張が予想された。延期したうえで、総会において「当該特別許可プログラムの可否について勧告」を受けるべきであったということである。この勧告の採択には単純過半数の得票が必要であるが、現在のIWC総会では、反捕鯨国が過半数を占めており、日本の新南極海鯨類科学調査に好意的な勧告が採択されることを期待するのは現実的ではない。すなわち、日本にとっては、ニュージーランド決議採択時の立場表明に照らせば、1年間調査開始を延期するメリットは、ほとんどなかったと言えるのである。

予想に違わず、オーストラリアやニュージーランドなどの反捕鯨国は、日本が2014年の第65回総会での決議（総会による調査計画の評価の前に調査を開始しないよう要請）に従わずに新南極海鯨類科学調査を開始したことを非難した。さらに、オーストラリアとニュージーランドから鯨類科学調査に関する新たな決議案が提案された。IWC総会のもとに、新たな組織である作業部会を設立し、鯨類科学調査計画について科学委員会からの報告を総会のために解釈し、総会に意見表明のための助言をするという提案である。日本は、この決議案は、鯨類科学調査の実施に対する新たで不当なハードルであること、作業部会での検討が科学委員会による評価の公平性や客観性に悪影響を与える可能性があることを指摘したが、投票の結果賛成34票、反対17票、棄権10票で採択された。棄権票の多さが注目されるが、これもICJ判決がもたらしたIWCメンバー国の立場の「揺らぎ」の表れかもしれない。

なお、IWCの歴史を振り返ると、今までも日本の鯨類捕獲調査に反対するIWC総会決議が数多く採択されてきた。これらの過去の決議はすべて法的拘束力はなく、日本は鯨類捕獲調査を継続してきている。決議2014-5が採択された2014年9月19日の官房長官記者会見においても、日本は、ICJの判決を踏まえた新たな南極海鯨類捕獲調査を2015年度から実施すべく、そのための取り組みを着実に進めていく旨表明している。

ICJ判決はJARPAIIを対象としたものであり、ICRW第8条に規定された締約国が鯨類捕獲調査を行う特別許可を発給する権利を制限したものでもなければ、ICJ判決の提示した諸条件に従えば、将来の鯨類捕獲調査を禁止したものでもない。しかし、反捕鯨勢力が、ICJ 判決を契機としてさらに強硬な反捕鯨運動を展開することは容易に想像できる。事実、日本の新南極海鯨類科学調査計画は過去の JARPAII と何ら変わらない、したがって ICJ 判決に反するものであるとの主張もおこなわれた。この場合 ICJ 判決は IWC における更なる対立を促すことになる。

他方、2014年の第65回 IWC 総会での議論を見ると、ICJ 判決は単純な対立の継続だけではなく、より複雑な議論の構造を生んだ可能性もある。

そう考え得るいくつかの理由がある。まず、ICJ 判決に対し、日本は判決に従うコミットメントを表明し、実際、JARPAII を終了させた。また、判決当事国であるオーストラリアとニュージーランドは、ICRW の目的は引続き鯨類資源の持続的利用であるとの ICJ の判断も含め、判決に縛られることになる。これが ICJ 判決そのものの解釈に関する議論に両国が消極的であった理由とも解釈できる。ICJ 判決の当事国ではない米国や一部の EU 諸国にも、判決を契機に、反捕鯨政策は不変としつつも、従来の不毛な議論から脱したいとの希望があることも窺える。すなわち、ICJ 判決は捕鯨問題をめぐる法的な問題について、一定の区切りを提供し、これが関係諸国の行動に影響を与え始めているのではないかと思える。

言い換えれば、従来は捕鯨支持と反捕鯨の二極構造で有った議論が、ICJ 判決に拘束される捕鯨支持、拘束されない捕鯨支持、拘束される反捕鯨、拘束されないがこれを対話の機会ととらえる反捕鯨、拘束されないがこれを更なる強硬な反捕鯨政策の推進につなげる立場など、より複雑で多様な様相を呈し始めた。日本の IWC からの脱退という事態を受けて、この多様化がいかに展開するのか。日本との真剣な対話を模索する反捕鯨国が出現するのか。あるいは日本の脱退を捕鯨問題の終焉ととらえて、IWC のクジラ保護機関としての活動を本格化する動きにつながるのか。

3－9　新南極海鯨類捕獲調査計画（NEWREP-A）

2014年11月18日、日本政府は、ICJ 判決で提示された諸条件に対応して作成された新南極海鯨類科学調査（New Scientific Whale Research Program in the Antarctic Ocean（NEWREP-A）、以下「NEWREP-A」）計画案を、IWC 科学委員会議長と IWC 事務局に提出した。

調査計画案は全文が水産庁のホームページに公開されている。調査の目的は、RMP をクロミンククジラに適用し捕獲枠を算出するための科学的情報の充実と、南極海海洋生態系の研究のための生態系モデルの構築の、二つの大目的からなる。前者は主に南極海における鯨類資源の持続可能な利用に向けての貢献であり、後者は南極海の生態系解明に向けた科学全般に対する貢献を意図している。

また、調査計画案では ICJ 判決で提示された諸条件に対応するために、様々な措置が組み込まれた。例えば、ICJ 判決は、JARPAII においてクジラを捕獲しない非致死的調査手法（バイオプシー調査、目視調査等）の実行可能性について十分な実証試験を行わず、捕獲調査を行っているとの点が問題とされたため、新調査計画では、非致死的調査手法の実行可能性の検証を強化した。検証のためには、バイオプシー調査などにより、実際に組織標本が取得可能か、可能であればそれは十分費用対効果があるか、得られた組織標本は致死的調査手法から得られるサンプル（内臓など）から得られるものと同等の科学的な情報を提供できるかなどの項目に照らして検討が行われる。

この他 ICJ 判決では、JARPAII の調査期間が無期限であること、捕獲頭数が目標サンプル数に達しなかった場合にも調査に何ら変更が加えられなかったこと、調査の科学的成果が限定的であること、調査の実施と結果の分析において他の研究機関との連携や協力が限定的であったことなどが、JARPAII の科学的目的に関する疑問の表明の根拠となった。新調査計画案では、これらの問題指摘に対しても、それぞれ丁寧に対応した。

新調査計画案の科学委員会への提出により、IWCによる一連の調査計画案の検討プロセスが開始された。検討プロセスは科学委員会報告書に添付されたAnnex Pと呼ばれる文書に規定されている。

なお、IWC科学委員会には新調査計画案を承認したり拒否する権限はなく、ICRW附表第30項に従い、計画案を「検討し、コメントする」ことが求められている。この点についてもメディアやNGOは、「科学委員会が日本の調査計画を拒否した」などと言った報道や主張を行い、誤ったパーセプションの形成につながっている。

Annex Pの手続きに従い、2015年2月には少人数の各分野（資源解析、生物学、遺伝学など）の専門家による作業部会が開催され、新調査計画案の内容を詳細に検討し、報告書を作成した。この作業部会は科学論文の査読手続きに準ずるもので、報告書の作成については新調査計画案提案国である日本の科学者やオブザーバーとして参加した他の国の科学者の関与を排除し、専門家のみの秘密会合で行われた。このようにして作成された報告書は、ルールに従い同年4月に公表された。

検討の焦点は、致死的調査手法の採用根拠、捕獲サンプル数（ミンククジラ333頭を提案）の科学的妥当性、生態系モデルの構築に関連した鯨類以外の生物、特にオキアミの調査計画の妥当性などであった。また、新調査計画の鯨類資源の保存管理への貢献などについても検討が行われた。報告書の内容は、全体的には客観的に新調査計画案を評価しており、詳細に科学的、技術的検討が行われたと評価できる。他方、捕鯨問題をめぐる国際政治の現実を背景に、専門家作業部会は、新調査計画案を前向きに評価することもできず、また、完全にその科学性を否定することもできないことから、評価を完了するためには更なる情報と分析が必要であるとの態度を表明し、センシティブな決断を回避した。ICJ判決同様、科学も国際政治の現実を考慮せざるを得ないということではないであろうか。

具体的には、報告書では、新調査計画の調査目的は鯨類の保存管理と南極海生態系に関する研究等にとって重要であると評価した。一方では、その調査目的を達成するために致死的調査が必要であることが立証されていないとして、追加的な分析作業を行ったうえで、致死的調査手法とミンククジラのサンプル数の科学的な妥当性を評価するように勧告した。専門家作業部会は、報告書の中で29項目に達する勧告を行ったが、生態系モデルの構築に関連するオキアミ調査に関する勧告も多数含まれ、その意味では、致死的調査と捕獲サンプル数のみに政治的関心が集中する状況からは一線を画したアプローチであるとも理解できる。いずれにしても、評価に参加した専門家の、捕鯨をめぐる国際情勢と科学者としての新調査計画に対する関心との狭間での葛藤が反映された報告書と言えよう。

４月の報告書の公表と併せて、日本は、専門家の報告書の内容とそのすべての勧告に対して真摯に対応するという態度を表明し、それぞれの勧告に対する日本の暫定的な見解と、追加的な分析に基づいた新調査計画案の補足文書を科学委員会に提出した。特に、致死的調査と捕獲サンプル数の科学的な妥当性に関する勧告については、追加的分析と評価のための具体的な作業計画を提示した。

上記の専門家作業部会の報告書、日本の追加的補足文書、他の国の科学者からの分析文書、そして新調査計画案本体が、2015年５月22日から６月３日にかけて米国カリフォルニア州サンディエゴにおいて開催された IWC 科学委員会に提出され、議論が行われた。2015年の科学委員会の参加者は250名を超えたが、その内訳は、各国の代表団、個人の資格で参加する招待科学者、国際機関のオブザーバーなど多様であり、建前は各参加者は個人として議論に参加することとなってはいるものの、実際は、各国の捕鯨政策を受けて、政治色の強い議論も行われる。

科学委員会では新調査計画案について詳細な議論が行われたが、結論的には、ほぼすべての項目について科学委員会報告書は両論併記となった。例えば、報告書では日本の科学者が行った追加的な分析作業が意義あるものであったことに合意し、その暫定的な結果は、致死的調査手法により収集される年齢データなどが、将来のミンククジラ資源の加入率推定における科学的不確実性の減少に貢献することを認めた。他方では、分析結果は不完全であり完全なレビューはできないとし、新調査計画が鯨類の保存管理に関して実質的な改善をもたらすか否かを立証していないという意見が表明された。その結果、2015・16年の南半球夏季からの調査開始は正当化されないという意見と、調査開始を延期する理由はないという意見が報告書に記され、意見は一致には至らなかった。

「完全なレビュー」について留意しなければならないことは、何をもって「完全」とするかが示されていないことである。追加的な分析を進めるほど新たな課題が生まれるのは科学の常である。実際、IWC 科学委員会では、クロミンククジラの資源評価や北西太平洋ミンククジラへの RMP 試行試験の適応などにおいて、次々に課題が提示され、10年以上の月日をかけてようやく意見がまとまる、あるいは結局両論併記となるという事態が生じた。また、「実質的な改善」についても、どれほどの改善をもって「実質的」とするかについては合意された基準がない。例えば100点満点のテストで、50点をとっていた生徒が70点をとれれば実質的な改善であるのか。90点でなければならないのか。恐らく捕鯨問題に関する限りは100点満点でも反対する科学者が存在する。スタンスとして致死的調査には反対するのである。

科学委員会報告書は、委員会の一致した見解としていくつかの追加的対応事項を指摘した。これらについては、日本は必要な作業を継続し、IWC 脱退後もその結果と科学的分析の成果を IWC 科学委員会に提供していくこととしている。

3-10 ICJ 判決の意味するところ

2014年3月31日に、ICJ は日本の第二期南極海鯨類捕獲調査（JARPAII）を ICRW 第8条に違反するとの判決を下し、その停止を命じた。この訴訟は、鯨類に関する科学的問題と捕鯨問題をめぐる国際政治のセンシティビティーが、国際裁判の場でいかに扱われたかという観点において、多くの示唆に富む。

同判決については、全ての調査捕鯨あるいは捕鯨そのものを禁止したものであるというパーセプションが、メディアや反捕鯨 NGO などにより広められている。しかし実際は、判決の対象は JARPAII のみである。そればかりではなく、ICJ 判決は原告であるオーストラリアの多くの主張を退け、捕鯨問題の将来の帰趨にとって重要ないくつもの判断を下している。

例えば、オーストラリアは、ICRW の目的は時代とともに変化し、今や鯨類の保護が主目的である旨の主張を行ったが、判決は、条約の目的は不変であり、鯨類資源の持続可能な利用であると結論した。判決は鯨類を捕獲する致死的調査についても否定せず、調査目的に照らせば合理的である場合を認めた。また、反捕鯨団体が日本の鯨類捕獲調査を疑似商業捕鯨であるとする根拠として挙げる、調査後の鯨肉の販売についても、ICJ は、ICRW が販売を認めていることを指摘した。これらは IWC における議論でも争点となってきており、ICJ が、基本的に日本の主張に沿った判断を行ったことは、今後の捕鯨問題の展開にとって極めて重要である。

さらに、ICJ 判決は、日本が将来鯨類捕獲調査を計画する場合には、本件判決で ICJ が提示した論理と結論を考慮することを期待するという見解を表明した。すなわち ICJ 判決は、ICRW の基本的な枠組みや解釈を変えることなく、一定の条件のもとで将来鯨類捕獲調査を実施することを認めている。

他方、ICJ 判決は、JARPAII を違法であると判断した根拠として、「JARPAII は概ね科学調査として性格付けられるが、科学的調査の目的のためのものではない」という不可解で逆説的な結論を導き出した。このような結論に至った理由として、ICJ は、鯨類を捕獲することのない非致死的調査手法の実施に関する検討が不十分であったこと、目標捕獲サンプル数の設定に関する検討が不透明・不明確であり不合理であること、調査に終期のない時間的枠組であること、科学的成果が不十分であること、調査の実施にあたって他の国際機関との連携が不十分であることなどを挙げている。

この判決については多くの問題点が指摘されている。まず、判決の根拠となった理由が、捕獲サンプル数の科学的合理性など、科学的な観点に関するものが多い点である。すなわち、司法が、法律ではなく科学的事項が重要な紛争に関して決定を行うことの是非の問題である。また、ICJ 判決は鯨類捕獲調査の禁止を目指す原告ではなく、その継続を望む被告側に挙証責任を負わせた。言い換えれば、日本が JARPAII が疑似商業捕鯨であるとの疑いを完全に晴らさない限りは、違法とされることになり、通常の裁判とは挙証責任が転換されていると言える。

この判決を受けて、日本政府は2014年４月18日付の農林水産大臣談話を発出し、鯨類捕獲調査を実施し、商業捕鯨の再開を目指すという基本方針を堅持することを表明した。これに基づき、日本政府は、ICJ が判決理由とした、捕獲サンプル数の科学的根拠の強化など、ICJ が提示した全ての論理と結論への対応を盛り込んだ新たな調査計画である NEWREP-A を、11月18日、IWC に提出した。

しかし、一般のパーセプションに反し、ICJ 判決が一方的に鯨類捕獲調査や捕鯨を否定したものではなかったことから、IWC 加盟の反捕鯨国政府は ICJ 判決を盾とした議論を活発に行うことはしていない。また、新調査計画案をめぐる IWC 科学委員会における議論も、さらなる分析を求めて最終結論を避けるなど、IWC を特徴づけてきた極端な対決姿勢だけではない動きが起こっていることも感じられる。

ICJ はなぜこのような判決を行ったのか。ここからは筆者の想像に過ぎないが、ICJ は捕鯨問題の政治性とセンシティビティーを勘案し、JARPAII には停止を命じたが、法的議論については日本の主張を多く認めるという形でバランスをとったのではないだろうか。マスコミや反捕鯨 NGO は前者の JARPAII 停止のみを取り上げ、強調したが、IWC での議論を見ると反捕鯨国側には ICJ 判決の詳細な解釈を深追いしたくないというニュアンスが見え隠れした。法的な本質の議論については反捕鯨国が望む結果を ICJ 判決が提供しなかったということであろう。しかし、日本を含む持続的利用支持国は IWC での議論の中、あるいは広報面でこの点を十分に利用しきれているとは言えない。むしろ、IWC での議論はさらに科学や法律から解離し、クジラと捕鯨に関する本質的な立場の違いだけが残る状況に至ったと言える。

第４章
脱退から商業捕鯨再開への道のり

過去の鯨類資源の乱獲への対応として、捕鯨論争は当初は鯨類資源の科学が中心であったが、商業捕鯨モラトリアムの採択により、商業的な捕鯨活動への反対へと移行していった。さらに、近年では、代表的カリスマ動物であるクジラを保護することが反捕鯨運動、政策の目的となっているように思われる。言い換えれば、捕鯨論争は、鯨を持続可能な利用ができる資源と見るか、いかなる条件下でも捕獲すべきではない環境保護のシンボルとしてみるかの論争である。

これは根本的に異なる考え方であり、容易に一方が他方の考えを受け入れることは難しい。しかし、このような問題の本質について正面から議論せず、表面上の科学的、法的議論を繰り返してみても、やはり出口は見えない。

少なくとも論争の双方がこの本質問題を議論することに一歩踏み出すことが必要であろう。

4－1　なぜ商業捕鯨再開をめざすのか

なぜIWCから脱退までして商業捕鯨再開をめざすのかという問いへの回答は、捕鯨関係者と言われる元捕鯨業界、捕鯨が行われてきた地方自治体などにとっては自明と映るかもしれないが、「もう鯨肉に対する需要は微々たるものであるのに、膨大な政治的行政的コスト（あるいは犠牲）をかけて、ごく一部の関係者の要望に応えて商業捕鯨の再開をめざす必要はどこにあるのか」という問いへの答えは、単純明快で万人が納得できるものとは言い難いのではないか。逆に、誤解や歪曲があるとはいえ、「クジラは絶滅に瀕しており、保護されるべきである」という主張は単純明快であり、現実として反捕鯨国では多く市民が疑問もなく受け入れている主張である。

捕鯨問題はこれほど単純ではないわけではあるが、少なくとも捕鯨関係者以外の一般市民の多くが納得し、支持できる答えを提示することは必要であろう。

IWCやそのほかの国際会議の場で捕鯨の実施、言い換えれば鯨類資源の持続可能な利用を支持する国やNGOは、いくつかの視点からその支持の立場をとっている。捕鯨国でもあるノルウェーやアイスランドは、クジラは他の生物資源と同様に持続可能な形で利用されるべきというものである。逆の言い方をすれば、クジラを他の生物資源と異なり完全に保護するという理由がないという考え方とも言えよう。両国の捕鯨産業の規模と産業としての重要性は日本と比較しても、決して大きいわけではなく、また商業捕鯨モラトリアムに対する異議申し立てや留保を通じて商業捕鯨を現に実施していることから、日本のように、商業捕鯨の再開に向けての諸活動の正当性を問われる場面は多くはない。

西アフリカ諸国、カリブ海諸国、南太平洋やアジア諸国もIWCにおいて鯨類資源の持続可能な利用を支持する立場にある。彼らの視点は開発途上国としての生物資源の持続可能な利用や食料安全保障の視点であり、また、IWCにおける議論が他の国際資源保存管理の場へ波及することへの懸念である。巨大な官僚組織を持ち、様々な国際問題に縦割りで対応する日本などの先進国と比較して、開発途上国では限られたキャパシティーのもとで少人数の政府関係者が多くの国際機関における議論を横断的に見て対応していることから、むしろ国際的諸問題の関連性や、捕鯨問題などの他の問題への波及の可能性を鋭敏に看取できる場合が多い。彼らにとっては、少なくとも短期的には商業捕鯨の再開から得られるメリットはないかもしれないが、捕鯨問題における議論を誤れば、それが彼らに関係する資源保存管理の問題に直接に、長期的に悪影響を及ぼすことを理解し、それを阻止する観点からIWCに参加し、鯨類資源の持続可能な利用を支持してきているのである。

かつて反捕鯨団体は、これらの開発途上国は日本の海外援助をあてにしてIWCで日本の言いなりになっている、日本は票を援助で買っていると非難してきた。しかし、反捕鯨の方針をとる多くの反捕鯨開発途上国も日本の援助を大量に受けていること、捕鯨を支持する開発途上国の経済はしばしば反捕鯨の方針をとる旧宗主国に依存しており、日本からの援助とは比較にならないほど高い経済的依存度であることを指摘したい。例えば、持続的利用を支持するカリブ海諸国は、その経済において観光産業と商品作物であるバナナの輸出に頼っているが、観光客の多くは反捕鯨国でもある欧米諸国からであり、商品作物も旧宗主国から特恵関税の恩恵を受けて輸出している。これらの経済的利益は日本からの援助とは比べ物にならない。もしカリブ海諸国が日本からの経済援助と欧米諸国への経済的依存をはかりにかけてクジラの持続的利用を支持しているならば、大きな計算違いであろう。カリブ海諸国が持続的利用を支持する大きな理由は「捕鯨問題のもうひとつの柱」である。援助による日本の票買いという非難が理不尽で、かつ、非難の対象とされた国の主権をないがしろにするものであることから、近年はそのような誹謗中傷は鳴りを潜めている。

それでは日本の場合はどうか。たとえ小規模であっても捕鯨を再開したい関係者が存在し、クジラの食文化を継続したい人たちがおり、持続可能な形で利用できる鯨類資源が存在し、国際法のうえでも鯨類を利用することが認められているとすれば、日本政府としては商業捕鯨再開を目指すことが筋であろう。商業捕鯨の再開という国の方針は、この観点からだけでも説明ができよう。さらに、捕鯨問題は捕鯨に限定されない広範な問題、すなわち「もう一つの柱」を包含している。捕鯨問題への対応を誤れば、漁業のみならず他の多くの分野に悪影響を及ぼすという認識が関係者に広く共有されている。捕鯨問題への対応が、すべての資源の持続可能な利用の問題と密接に関連し、捕鯨問題における対応が、持続可能な利用の原則を護るための橋頭堡、防波堤であるという認識でもある。

また、食料安全保障のコンテクストの中で捕鯨問題が象徴するものも重要である。

しかし、商業捕鯨が再開できれば、日本や世界の動物タンパク質供給が安泰となる、あるいは畜肉生産に頼る必要がなくなると言った問題でもない。日本で鯨肉の供給量（純食料）が最大であったのは1962年であり23万3千トンである（食料需給表）。2015年の日本国民一人一年あたりの食用魚介類の純食料ベース消費量は25.8キログラムであるので、日本全体では約320万トンとなる。かなり大雑把な比較ではあるし、正確性には欠けるが、仮に日本の1962年の鯨肉消費が今実現するとすれば、それは食用魚介類の約7％ということになる。世界の食料供給における鯨肉の潜在力ということになると、推定はさらに困難であるが、クロミンククジラ資源量の1％を食料として利用できるとすれば、鯨肉の量は年間約2万トンである。2012年の世界の食肉消費量は約2億5千万トン（米国農務省）となっている。もちろん国や地域により利用できる鯨類資源は異なり、その潜在的な供給力の食肉全体における比重も大きく異なる。ただ、鯨肉の食肉としての量的な潜在力についての感触は示されているのではないかと思える。むしろ捕鯨は、量的な食料安全保障の観点ではなく、地理的・文化的・歴史的・社会経済的背景を異にする世界の国々が、様々な食料資源を持続可能な形で、自らの意志で利用する権利への侵害という問題の、シンボル的存在ではないだろうか。食料安全保障の関連では、しばしば量の問題が注目されるが、もし仮想の事態として、米国やオーストラリアなど一握りの国が、世界中の小麦、トウモロコシ、牛肉の供給を満たし、世界中の人々がこの3種類の食材だけで栄養を満たすことができれば、世界の食料安全保障は確保されているのであろうか。このような世界で、米国で大干ばつが起こればどうなるか。BSE（牛海綿状脳症）などの病気が流行すればどうなるか。一握りの食料供給国が何らかの国際政治問題解決の道具として食料供給を操作・停止すればどうなるか。エネルギーベース

表4.1 先進国の食料自給率（%、カロリーベース）

	2011年		1961年
米国	127		
ドイツ	92	⇐	67
フランス	129		
英国	72	⇐	42
オーストラリア	205		
カナダ	258	⇐	102
日本	39	⇐	78

の食料自給率が39%の日本にとっては（表4.1）、これは仮想現実ではなく、かなり現実に近いことが想定できるシナリオである。ちなみに、表4.1にあるように先進諸国は過去50年の間に食料自給率を増加させてきたが、日本の食料自給率はこの間に半減している。

自国EEZの中でクジラや魚介類を持続可能な形で利用できる仕組みと能力や、穀物や野菜を自国の国土で生産できる能力を維持すること、すなわち食料供給の自給力と多様性を実現することが、食料安全保障の本当の目標であろう。食料は比較優位の原則に立った国際分業が適用されるべき産品ではない。クジラは特別な動物であり食料資源として食べるべきではないという主張や「国際世論」に屈することと、コストの高い国産農産物よりは輸入農産物に依存する道を選ぶことは同じではないかもしれない。しかし、外圧や経済的理由から食料を生産する能力（自給力）を失うという危うさと恐ろしさは共通する。IWCで日本を支持する開発途上国は、捕鯨は国家主権の問題であるとしばしば発言するが、食料自給力が乏しい国が国際社会で国家主権を守ることは難しいという考え方であるとすれば納得できる。その意味から捕鯨問題は食料安全保障問題の一つの象徴であり、普遍性を持つ問題であると言える。

4－2 IWCからの脱退と国際法

いかなる状況下でも、資源が豊富な鯨種を対象としても、捕鯨は一切認めないとの強硬反捕鯨国の態度と、その結果として対話や交渉が成立しないIWCの機能不全を受けて、従来からIWC脱退論が幾度となく議論されてきた。過去のIWCにおいても、日本代表団は一度ならず脱退の可能性について言及してきた。

そしてついに日本は脱退の道を選んだわけであるが、ここで、IWCを脱退した日本は国際法上どのような立場に立つこととなるかを整理する。まず、IWCを脱退すれば、自由に商業捕鯨を再開することができるということにはならないということを認識する必要がある。日本は国連海洋法条約、南極条

約、南極条約環境議定書、南極海洋生物資源保存条約等の締約国であり、たとえIWCを脱退したとしても、これらの国際法の規定に縛られることになり、自由に商業捕鯨を行うことはできない。具体的には、国連海洋法条約では、鯨類の保存管理は適当な国際機関を通じて行うと規定されており（65条）、これはEEZの内外を問わず、公海についても適用される（120条）。いわゆる公海漁業の自由（116条）も、無制限の自由ではなく、65条や120条に従うことが条件であると理解される。

第65条　海産哺乳動物

この部のいかなる規定も、沿岸国又は適当な場合には国際機関が海産哺乳動物の開発についてこの部に定めるよりも厳しく禁止し、制限し又は規制する権利又は権限を制限するものではない。いずれの国も、海産哺乳動物の保存のために協力するものとし、特に、鯨類については、その保存、管理及び研究のために適当な国際機関を通じて活動する。

第120条 海産哺乳動物

第65条の規定は、公海における海産哺乳動物の保存及び管理についても適用する。

南極条約環境議定書と南極海洋生物資源保存条約では、その規定が、ICRWの締約国の権利を害したり義務を免除したりするものではないとされている。すなわちIWCにとどまる（ICRWの締約国にとどまる）限りは、ICRW第8条のもとで鯨類捕獲調査を行う権利を持ち、他方、商業捕鯨モラトリアムに従う義務を負うが、脱退すると、かわりに南極条約環境議定書や南極海洋生物資源保存条約に縛られることとなる。なお、この権利と義務に関する規定は、ICRWを特定しており、仮に、南極海を対象に含む捕鯨のための新たな国際条約を作ったとしても、その権利と義務は認められず、南極条約環境議定書と南極海洋生物資源保存条約の規定の適用を受け続けることになる。すなわち、新条約の下で南極海で捕鯨を行うとすれば、日本は南極条約議定書等の違反を問われることとなる。

それでは南極条約環境議定書と南極海洋生物資源保存条約は、捕鯨に関しては何を規定しているのか。南極条約環境議定書では、科学研究の場合を除いては動植物の採捕が禁止されている。また、この科学研究の範囲は主に博物館などの標本採集を想定しており、日本の鯨類捕獲調査をここで行うことは至難の業であろうし、もちろん商業捕鯨は実現できない。南極海洋生物資源保存条約では、オキアミやメロの漁業が認められているが、意思決定が基本的にコンセンサスであることから、科学目的であれ商業目的であれ、多くの反捕鯨国もメンバーとなっている南極海洋生物資源保存委員会でクジラの捕獲が認められるとは想像しがたい。したがって、IWCを脱退して捕鯨を行うためには、国連海洋法条約の規定に合致した国際機関の設立が必要であるが、特に南極海では新国際機関を作っても自由に捕鯨はできないこととなる。

南極条約環境議定書　付属書II　南極の動物相及び植物相の保存

第3条　在来の動物相及び植物相の保護

1　採捕又は有害な干渉は、許可証による場合を除くほか、禁止する。

第7条　南極条約体制の範囲外の他の合意との関係

この附属書のいかなる規定も、締約国が国際捕鯨取締条約に基づき有する権利を害し及び同条約に基づき負う義務を免れさせるものではない。

南極海洋生物資源保存条約

第6条

この条約のいかなる規定も、この条約の締約国が国際捕鯨取締条約及び南極のあざらしの保存に関する条約に基づき有する権利を害し及びこれらの条約に基づき負う義務を免れさせるものではない。

なお、過去には第二IWCや北西太平洋に鯨類保存管理機関を設立する試みもあったが、他の持続可能な利用支持国の賛同が得られず、実現していない。

法的な観点からは、IWCから脱退して商業捕鯨を再開することは相当困難であるとの印象を持つかもしれない。しかし、南極海での捕鯨再開をあきらめることを覚悟すれば、日本のEEZを中心とした商業捕鯨の再開は、法的には不可能ではない。国連海洋法条約第65条の規定では、鯨類の保存管理は適切な国際機関を通じて行うとされている。理想的には北西太平洋に鯨類の保存管理のための新たな国際機関を設立し、それを通じて商業捕鯨を再開することが望ましい。他方「国際機関を通じて」の部分の解釈に関連して、カナダの例が興味深い。カナダはかつてIWCのメンバー国であったが、現在は脱退し自国EEZ内での先住民によるホッキョククジラの捕獲を行っている。カナダは脱退後IWC科学委員会にオブザーバー参加してきており、これで国連海洋法条約第65条の「国際機関を通じて」という要求を満たしているとしている。他方カナダのホッキョククジラ捕獲は平均2年に一頭程度であり、カナダの解釈に法的に挑戦する動機も高くはないことは留意すべきであろう。日本がカナダと同様の方法で国連海洋法条約第65条の規定を満たすことが可能であるか否かは、法的問題よりはむしろ政治的問題であると思われる。

さらに、多くの国が多くの鯨類を国際機関を通じずに現に捕獲しているという事実も忘れてはならない。その多くは小型鯨類（イルカ類）であり、自国EEZ水域内であるが、米国やロシアをはじめ、日本の小型鯨類の捕獲もこのカテゴリーに含まれる。例えば、あまり知られていないが米国のアラスカ州では先住民によるベルーガ（シロイルカ）の捕獲が行われてきている。米国がIWCに提出したデータによれば、データの無い年なども多いが、2007年に562頭、2008年に261頭、2012年に144頭（おそらくこれは一部の地域しか含んでいない)、2014年に348頭がビューフォート海、チュクチ海、ベーリング海、アラスカ湾などで捕獲された。

厳密にいえばこれらの捕獲はすべて国連海洋法条約第65条を満たしていないといえようが、現実問題としてこの状況に関して国際法上の問題指摘や係争は行われてきていない。仮に、日本だけを対象として65条違反が提起されるとすれば、極めて不平等な状況が生まれる。これももっぱら政治的問題であるといえよう。

EEZ内での鯨類の捕獲に関し、国連海洋法条約第65条がどこまでの「国際機関を通じて」の「協力」を求めているかについても分析が必要であろう。また、鯨類が国連海洋法条約第64条に規定される高度回遊性生物であることも考慮しなければならない。ICRWは国連海洋法条約によりEEZの概念が導入される以前のものであるために、メンバー国のEEZ内にまでその管轄権が及ぶ規定となっているが、国連海洋法条約によるEEZ内の沿岸国の主権的権利の導入により、現在では沿岸国の権限が強化されていることも、「国際機関を通じて」の規定を解釈する際には考慮されるべきと思われる。少なくとも国際機関が沿岸国の主権的権利を無視して一方的にEEZの鯨類の捕獲を規制することまでは、国連海洋法条約第65条は求めていないと考えることができよう。

国連海洋法条約

第六十四条　高度回遊性の種

1　沿岸国その他その国民がある地域において附属書1に掲げる高度回遊性の種を漁獲する国は、排他的経済水域の内外を問わず当該地域全体において当該種の保存を確保しかつ最適利用の目的を促進するため、直接に又は適当な国際機関を通じて協力する。適当な国際機関が存在しない地域においては、沿岸国その他その国民が当該地域において高度回遊性の種を漁獲する国は、そのような機関を設立し及びその活動に参加するため、協力する。

2　1の規定は、この部の他の規定に加えて適用する。

したがって、IWCを脱退しても、自国EEZに関しては、依然として国連海洋法条約第64条と第65条の規定に従い、国際機関との協力（科学的根拠に基づく鯨類の保存と管理、EEZ内外を通じての保存管理の一貫性確保など）を行うことが求められる。そのうえで自国の主権的権利のもとで、鯨類の持続可能な捕獲を行うということになろう。

4－3 IWCでの議論の限界

捕鯨問題については、IWCでの逆転ホームランは考えにくい。IWCからの脱退も、商業捕鯨を再開するという観点からは南極海での捕鯨という犠牲を伴うものであるし、捕鯨問題が包含し、捕鯨が防波堤としての役割を担うより広範な生物資源の持続可能な利用の原則の擁護という観点、すなわち「捕鯨問題のもう一つの柱」の観点からは、状況を大きく変えるものではない。

他方、捕鯨問題と持続可能な利用の原則の擁護において前進を図るためにすべきこと、できることは決して少なくない。また、近年の国際情勢の変化を見ると、気候変動に伴う食料安全保障の意識の高まり、国際的な議論の場における開発途上国の発言力の増大など、捕鯨問題と持続的利用の原則の促進に追い風となりうる要素も少なくない。捕鯨問題を構成し、取り囲む状況を正確に見極めたうえで、実行可能な方策をひとつひとつ着実に実行に移していくことが肝要であろう。

まずは、改めてIWCの中での商業捕鯨の再開に向けての問題点を整理する。

IWCの場で、合法的に商業捕鯨の再開を実現するためには、ICRW附表の規定を修正し、鯨種毎に商業捕鯨の捕獲枠を設定する必要がある。捕獲枠設定提案を採択するためには４分の３の得票が必要である。2018年10月時点でのIWC加盟国は89か国、そのうち反捕鯨国と分類される国は水産庁資料によれば48か国とされている。投票権停止国の存在や、投票棄権など複雑なことは無視するとすれば、捕獲枠を設定するには、持続的利用支持国全ての賛成に加え、反捕鯨国から26か国以上の賛成を取り付ける必要がある。また、反捕鯨国数が変わらないとすれば、144か国以上の持続的利用支持国を集めなければ、４分の３の賛成を得て捕獲枠は設定できない。現在の持続的利用支持国は41か国であるので、あと103か国以上の新規加盟が必要であるが、こうなると全世界の国にIWCに加盟してもらわなければならない。IWCにおいて４分の３の得票を得ることは極めて困難である。しかし、持続的利用支持国の仲間作りは非常に大切で、IWCでの議論の方向性も持続的利用支持国の勢力規模次第で大きく変わる。持続的利用支持国が単純過半数を制した2006年のIWCセントキッツ会合では、商業捕鯨モラトリアムはもはやその役割を終え、不要である、としたセントキッツ宣言の採択に成功した。高い優先度で仲間作りの努力を続ける必要がある。条約附表の修正を経ず、一方的に商業捕鯨を再開してはいけないのかとの声も聞く。しかし、いくらIWCが理不尽としても、一方的捕鯨再開は国際法違反であり、反捕鯨国にICJや国連海洋法条約に基づく仲裁裁判所などの手続きに提訴され、敗訴するのは確実であろう。そうなれば商業捕鯨再開の可能性は実質的に閉ざされることになる。

しかし、IWCを脱退すれば自由に商業捕鯨が行えるわけではなく、日本は国連海洋法条約や南極条約環境議定書、南極海洋生物資源保存条約の規定に縛られ、南極海では合法的には商業捕鯨は再開できない。北西太平洋の場合には、新たな国際機関を設立すれば合法的に捕鯨を行う可能性があるが、過去の新国際機関設立の試みは関係国の賛同が得られず、実現していない。しかし、北西太平洋新国際機関の設立の可能性について、あきらめずに模索していく価値があると考える。北西太平洋周辺の関係国との全般的な国際関係など、不確定要素も多いことは事実であるが、まず、調査研究活動における協力の維持と強化から、関係国との対話を深めていきたいと考えている。

商業捕鯨再開のためには国の内外における広い関心と支持が必要であるが、他方、日本国内での捕鯨問題に関する無関心の広がりには強い危機感を感じる。「商業捕鯨再開」という目標は、関係者にとっては自明であり悲願であるが、一般日本国民、特に若い世代にとっては、自分の生活とのつながりが薄く、強い必要性を実感できない目標であることは想像に難くない。学校給食やイベントを通じて鯨肉を食べる機会を増やしていくことは重要であり、継続すべきである。しかし、これだけでは、「鯨肉は美味しいかもしれないが、食べられなくなっても困るわけではないし、世界の批判に抵抗してまで商業捕鯨再開を目指す必要はないのではないか」という意見には対応できていない。さらにうがった見方に立てば、商業捕鯨の再開は一部の関係者を利するだけであるのに、どうしてこれほどの労力をかけなければいけないのかという疑問があり、これにも対応できていない。また、IWCで捕鯨を支持する国々も、日本の商業捕鯨再開だけのために、利他的な理由だけで、反捕鯨国や反捕鯨団体からの厳しいプレッシャーに耐えて頑張っているわけではないはずである。これらの課題に対応していくためには「捕鯨問題のもう一つの柱」に関する理解が必要である。

いかにすれば、どのようなメッセージを伝えれば、捕鯨問題について、広く一般国民や捕鯨を行っていない国々の理解と支持を得ることができるのか。カギは海洋生物資源の持続可能な利用と食料安全保障というポイントではないかと考える。もちろんこれらの観点は何ら新しいものではないが、捕鯨問題とこれらのコンセプトの関係を十分説明しきれていないのではないか。あるいは、その関係をアピールし切れていないのではないか。捕鯨に反対する議論は、世界的に受け入れられている持続可能な開発や食料安全保障の考えに真っ向から反するものであり、反捕鯨の議論がまかり通れば、捕鯨をこえた大きな問題を生むことになり、現にそうなっている。十分な科学的根拠のないままに、生物種を絶滅危惧種とする提案や、その利用を厳しく制限するような提案は枚挙にいとまがない。捕鯨問題は、このような持続可能な資源利用という重要な問題の象徴であり、科学的にも、法的にも、政治的にも共通する問題を包含する。捕鯨問題の悪しき前例が、他の国際的な漁業問題やCITESなどにおける野生動物の保存管理に影響を与えてきたことを改めて認識する必要がある。

捕鯨問題への対応について、批判を承知の上で単純化すると、交渉アプローチについてはふたつの考え方が存在するように思える。ひとつは、以前からその考え方はあったものの、ICJ判決を受けてさらに強まってきた、「南極海での捕鯨を譲って日本周辺水域での商業捕鯨再開を確保する」というものである。もうひとつは、「交渉で一歩も譲らずに戦い続ける」というものである。

前者のアプローチは、一時的には反捕鯨国に歓迎されることが予想されるが、まず、IWCの中においては、南極海をあきらめることで日本周辺での商業捕鯨再開が簡単に受け入れられるとは考えにくい。沿岸小型捕鯨に対する捕獲枠提案を巡る議論でも、強硬な反捕鯨国は商業捕鯨モラトリアムを捕鯨の永久禁止と捉え、いかなる条件下でも商業捕鯨再開には反対することを明確に表明している。加えて、日本周辺水域のミンククジラの資源状態についても懸念を表明しており、これも科学的には簡単に解決できない問題である。さらに、太地町でのシーシェパードの反捕鯨活動にみられるように、反捕鯨団体は日本に乗り込んで活動を行うようになってきている。

日本が南極海で使っているエネルギーをすべて日本周辺水域での商業捕鯨再開につぎ込むべきという主張には一定のアピールがあるかもしれないが、捕鯨問題の本質が国際法や科学に基づく鯨類の持続可能な利用の考え方と、クジラに関する感情論や他の文化や考え方を認めない「文化帝国主義」的思想の衝突であるとすれば、南極海では譲って日本周辺水域に集中するという考えは、日本の交渉方針の土台を危うくするリスクも存在する。脱退という形でこの方向を選択することになった今、いかに今までの交渉がよって立ってきた原則の一貫性を引き続き確保し、さらに、その選択の背景と論理を明確に説明していく責任も忘れてはならない。

後者の一歩も譲らないアプローチにも問題が多い。最大の問題は、IWCの現状と国際法の枠組みからすれば、IWCの中で短期間に商業捕鯨再開を実現することは、不可能ではないにせよ極めて困難であるということであろう。現実的には長期戦を覚悟した体制と取組の強化が必要であり、そのためには国内外での広い支持と関心が不可欠である。多くの国民にとって捕鯨問題が、なじみの少ない、より関心の薄い問題となる傾向が強まれば、長期戦は維持困難となる。また、伝統的な捕鯨地域で行われている沿岸小型捕鯨の経営状況は年々悪化してきており、すでに存続の危機に直面している。この面でも終わりの見えない長期戦を続けることは得策とは思えない。

捕鯨問題への対応の重要性について一人でも多くの理解を得るためには、その重要性を伝えることができる効果的なメッセージを組み立て、広げること、イベントなどを通じて捕鯨について考える機会を増やすこと、科学的分析と成果を積み上げていくことと言った地道な活動をコツコツと継続・強化し、アピール力を鍛えていくことが、引き続き重要であろう。他方、IWCにおいて商業捕鯨の再開を勝ち取ることが非現実的となったことを直視し、今までの延長線上ではない対応を早期に行う時期にも来ている。それを実現するためには、将来どのような捕鯨活動を実現していくことを目指すのかという捕鯨の将来像を明確に確立することが肝要である。商業捕鯨を再開するとは一体どういうことなのか。それは単純に過去の捕鯨を復活させるということではないはずである。鯨類資源の状況に関する科学的知見の進歩、RMPなどの保存管理手法の進歩、海洋生物資源の保存と管理に関する様々な議論の展開、関係地方自治体と関係業界の現状と目標、そして日本社会における捕鯨と捕鯨問題の関心や位置づけなどを総合的に勘案して、早急に目指すべき捕鯨の姿を構築し、関係者が共有することが求められている。

4-4　捕鯨問題のもう一つの柱

捕鯨問題は日本の商業捕鯨が再開できるかどうかのみが話題と関心の対象となってきた。そのために、もはや経済的にはほとんど重要性のない商業捕鯨の再開のためになぜここまで頑張るのか、固執するのか、もう諦めるべきではないか、といった意見も聞かれた。しかし、実際は商業捕鯨の再開は捕鯨問題の一部分に過ぎない。捕鯨問題への対応には、実はもう一つの柱、それも非常に大きな柱が存在する。それは捕鯨問題が象徴するもの、捕鯨問題が厳しい対立を生んできた背景にあるものへの対応である。

捕鯨問題は環境問題の象徴であると言われ、IWC に参加する反捕鯨国の代表団の多くは環境省など環境保全担当部局の職員から構成されている。しかし捕鯨問題は本当に環境問題というカテゴリーに分類されるべき問題であろうか。捕鯨問題が象徴し、関連する問題は別のところにあるのではないか。日本は、商業捕鯨の再開だけのために捕鯨問題にこだわり、頑張ってきたわけではなく、もう一つの重要な柱となる諸問題に対峙するために頑張ってきたことを説明してみたい。

マスコミが街角で捕鯨問題について聞くと、捕鯨に関する賛否両論の中で、「牛や豚を食べておいてクジラを食べるなというのはけしからん」という意見が出てくる。これは実は極めて重要な多くの問題を含む、捕鯨問題に限定されない問題提起である。

何（どの動物）を食べていいのか、いけないのかは誰が決めるのか。どのような基準やルールに基づいて決まるのか。そのような基準や決定はグローバルなものか。特に食料に関して多数国の基準を少数国に強いることは許されるのか。資源量が豊富であることが科学的に証明されても使えない資源というものがあるのはなぜか、それは許されるのか。ローカルな（例えば極北の先住民、太地などの日本の沿岸小型捕鯨地域）資源利用や食の問題を国際機関が決めることは正しいのか、クジラなど特定の動物（カリスマ動物）を国連や国際社会が認めた持続利用の原則から例外とすることは許されるのか。

IWCでは持続的利用の原則に従って捕鯨を支持する国が加盟国89か国のうち40か国あまりを占める。日本を含むそのグループは自らを持続的利用支持派と称し、クジラについても他の海洋生物資源と同様に、科学的資源評価と国連海洋法条約などの国際法に基づいて、資源状態が悪いものについては回復を図り、豊かな資源を有するものについては捕獲枠の遵守などしっかりしたルールの元で、持続可能な利用が許されるべきという立場である。持続的利用支持派の問題意識は、国連や様々な国際機関において支持されている持続可能な利用の原則の適用からクジラなど特定の動物が除外される主張や、これらの特定生物の保護のために人間の生活権が犠牲にされることに対する懸念と危機感である。日本、ノルウェー、アイスランド、ロシアなど実際に捕鯨を行っている国以外にも、多くの開発途上国がIWCに参加し持続的利用支持派に属する理由はここにあり、彼らはクジラをめぐる議論の中に自分の国での生物資源の利用と、環境問題に名を借りた持続的利用否定のプレッシャーとの明確な関連性を理解している。

捕鯨問題は食糧安全保障の問題とも密接に関連している。ただし、捕鯨をすれば動物タンパクの供給が確保できると主張するつもりではない。食糧安全保障の鍵は食の多様性の確保にあるという観点であり、捕鯨問題はこの観点の象徴となっている。

2006年の講演の中で、当時の国連食糧農業機関（FAO）の事務局長であったジャック・ディウフは以下のような警鐘を鳴らしている。

1万2,000年前に農業が始まって以来、約7,000種の植物が人類によって栽培され、また採取されてきました。今日では、たった15種類の植物と8種類の動物が我々の食料の90％を供給しているのです。

そのような限られた食料カゴの中から食料を得ることは、無謀で危険なことです。

（ジャック・ディウフ FAO 事務局長の World Affairs Council of Northern California の会合での演説（FAO News 世界の農林水産　2006年秋号から））

BSE、口蹄疫、鳥インフルエンザなどが発生する場合、グルーバル化の進展、食料品貿易の拡大の中で急速に感染が拡大し、これらの動物タンパクの供給が逼迫し、価格も高騰するという事態は実際に何度も発生してきているし、これからも発生するであろう。たった8種類の動物が90パーセントの食料を提供している状態の中で、その一角が崩れることの重大さはしっかりと認識するべきである。コメや小麦などの穀物や野菜、果物を含む植物についても、その生産基盤は決して盤石ではない。過去の人口増加に対して穀物生産などの農業生産も増加してきたが、耕地面積は増えておらず単収の増加に頼ってきている。農耕適地はすでにほとんど利用尽くされており、単収の増加には自ずと限界がある。さらに気候変動は高温、干ばつなどをもたらしてきており、農業生産の未来も楽観できない。

このような状況にもかかわらず、特定の価値観や動物観に基づいて、クジラや象などを食料資源として持続可能な形で利用することに反対し、否定することは許されるのであろうか。このようなカリスマ性があると言われる動物の利用を野蛮とする態度にはおごりや差別が背景にあるのではないか。これは本当に環境の保護と言えるのであろうか。これを価値観や欧米の世界観の押し付けという意味合いから、環境帝国主義、環境植民地主義という名で呼ぶことがあり、特にIWCでクジラの持続可能な利用を支持している開発途上国がよく使う言葉である。

持続的利用支持派の開発途上国は、その周辺海域や国土に食糧生産の潜在力がありながら、極めて低い食料自給率となっている。これは日本の状況と非常に似通っている。日本は国土が狭く人口が多いため食料自給は困難であると言われるが、1961年の日本の食料自給率は80パーセント近く、漁業に至っては120%を越える生産を達成し、水産缶詰が主要輸出品であった時代もあったのである。持続的利用支持派の開発途上国は捕鯨に対する反対を持続可能な利用の原則への脅威と捉えている。この認識は彼らの食糧安全保障への関心に根ざしており、似通った状況にある日本の関係者もこの認識を共有している、あるいはすべきであろう。

捕鯨問題は上記のような広範かつ重大な問題が凝縮されたものであり、その象徴であるとみなされている。この観点を見過ごし、捕鯨問題を単なる日本の商業捕鯨の再開の可否の問題としてのみ捉えているならば、捕鯨問題の半分も理解したことにならない。捕鯨問題ごときでなぜこんなに騒ぎ、頑張るのかといった意見も聞かれるが、おそらくその意見には捕鯨問題のもう一つの柱に関する認識が欠如している。

4－5　商業捕鯨はバイアブル（経済的に成り立つ）か？

商業捕鯨を再開したとしても、それは経済的に成り立たない、したがって再開は諦めるべきであるという主張もよく聞かれる。他方筆者は日本近海での商業捕鯨は経済的に十分成立すると考える。これについても説明が必要であろう。

商業捕鯨は成り立たないとの主張は、おそらく次の二点をその根拠としている。一点目は調査捕鯨には補助金がつぎ込まれており、補助金なしでは捕鯨はコストがかかりすぎて成り立たない、あるいは多額の補助金をつぎ込んでまで捕鯨を行うべきであるのかという意見である。二点目は、すでに鯨肉の需要はほとんどなく、在庫もたまっており、商業捕鯨を再開しても鯨肉は売れないという意見である。

それぞれに反論してみたい。

まず捕鯨はコストがかかりすぎて補助金なしには成立しないという主張であるが、これは調査捕鯨と商業捕鯨のコスト構造の大きな違いを無視した主張である。調査捕鯨では、統計学的分析を意味のある、バイアスのないものとするためにランダムな（無作為な）サンプリングを行えるように設計する。具体的には調査海域に予め決められた航行ルート（トランセクトライン、例えば等間隔のジグザグルート）を設定し、調査船はこれに沿って走り、サンプルであるクジラを捕獲する。海の中ではクジラは均等に満遍なく分布しているわけではなく、高密度分布海域もあれば低密度でしか分布しない海域もある。調査捕鯨のトランセクトラインはクジラの分布密度にかかわりなくランダムに引かれる。クジラがいない海域も調査し、その海域は鯨がいない、少ないというデータが取れるわけである。これとは対照的に、商業捕鯨ではクジラの高密度海域に直行して捕獲を行い、捕獲枠を消化すれば港へと帰っていく（図4.1）。燃料費の差は歴然であろう。さらに、調査捕鯨では、群れに遭遇した場合には乱数表を用いてランダムに捕獲対象のクジラを決める。それが痩せて小さな鯨であって、隣には太った大きなクジラがいても、乱数表の決定に従い、無作為抽出を行うのである。他方、商業捕鯨では、群れに遭遇すれば大型で太ったクジラを捕獲しようと務める。同じ数のクジラを捕獲しても、調査捕鯨の場合は大小様々なクジラを捕獲することになるが、商業捕鯨では大型で太ったクジラが中心となる。ここでもコストの差は歴然としている。

上記の反論を裏付けるデータがある（図4.2）。商業捕鯨モラトリアムが導入される以前の南極海での商業捕鯨による捕獲の体長組成を見ると、小型のクジラが少なく、成熟した11〜19歳、体長8〜9メートル程の捕獲にピークが見られる。他方、調査捕鯨による同じクロミンククジラの捕獲について同様のグラフを作成すると、小型の、すなわち若いクジラが多く、大きくなるにつれて減少しているグラフとなる。資源評価の観点からこれらのグラフをみると、商業捕鯨のデータは将来資源が減少する「少子高齢化」を示しているが、調査捕鯨のデータは若いクジラが多く順調に増加が予想される資源状態を示している。調査捕鯨では科学的に設計されたランダムなサンプリングが行われたのに対し、商業捕鯨は経済的に効率のいい操業が行われたことになる。このデータは少なくとも二つのことを示している。すなわち、バイアスのない資源評価を行うためには科学的に設計された調査が必要であること、そして商業捕鯨の捕獲戦略は調査捕鯨のそれとは大きく異なり、経済的な効率が高いということである。

さらに調査捕鯨と商業捕鯨ではコスト構造が大きく異なることを示す逸話が

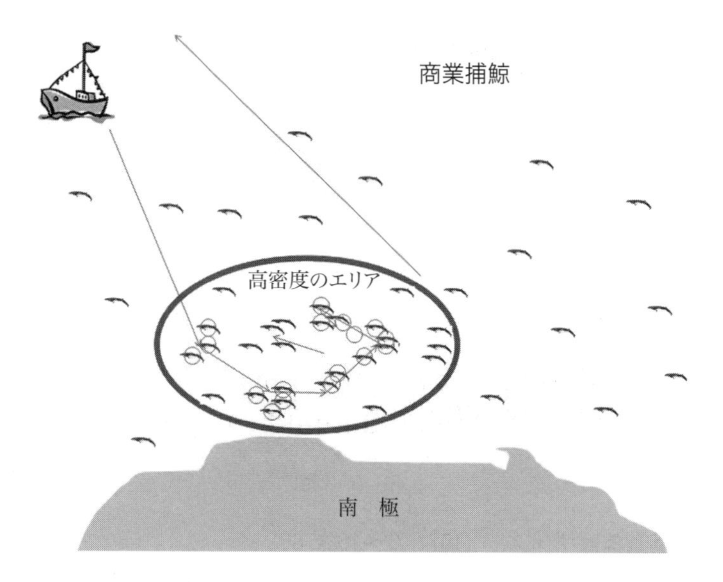

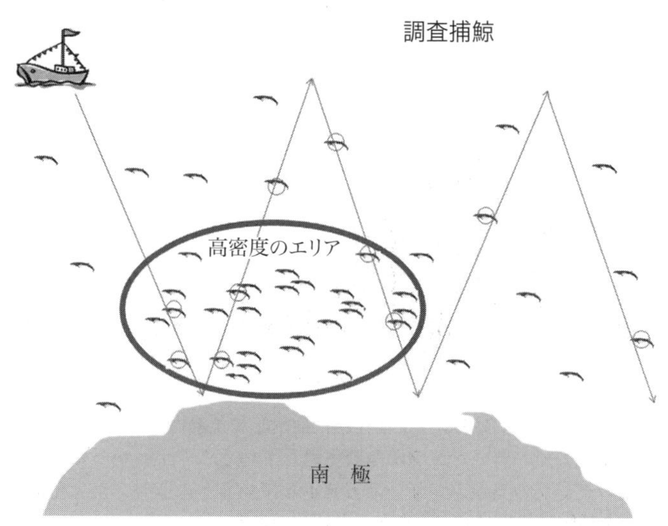

図4.1 商業捕鯨と調査捕鯨の操業形態の違い

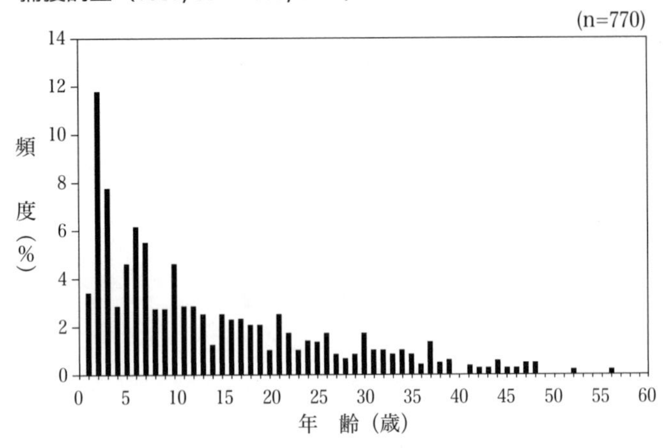

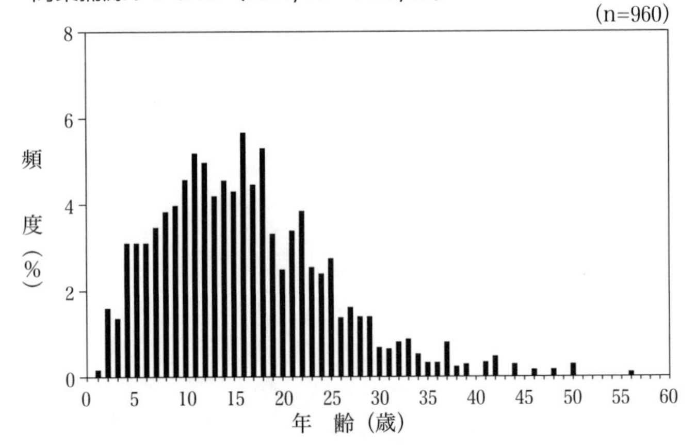

南極海のクロミンククジラを無作為に抽出して年齢構成を調べた結果、2〜10歳までの若いクジラが多数生息していることがわかった。これはこのクジラの繁殖力が強いことを示している。大型のクジラを狙った商業捕鯨時代にはわからなかった情報である。

図4.2　商業捕鯨と調査捕鯨で得られた体長組成データの年齢組成の比較（Ⅳ区）

（出典：日本捕鯨協会）

ある。調査捕鯨ではクジラが捕獲される度ごとに、一頭一頭から膨大なデータや血液、内臓、組織サンプルなどが収集される。その作業が終わったところで、鯨肉を無駄にしないために解体が行われる。この調査の副産物としての鯨肉の利用と販売はICRW第8条のもとでの義務であり、ICJの捕鯨裁判の判決でも、「鯨肉を販売することのみをもって商業捕鯨であるとは言えない」と判断している。このような作業が行われるために、一頭のクジラを処理するためには、商業捕鯨と比較して長い時間がかかる。調査捕鯨では1日に処理できる頭数は十数頭であり、クジラの高密度海域に調査が遭遇しても捕獲数には限度が設けられ、ライントランセクトに沿った捕獲活動が一時停止されることもある。他方、過去の商業捕鯨では母船一隻あたりで1日あたり百頭をこえる捕獲と解体を行なっていたそうである。近年の調査捕鯨とは母船の大きさも捕獲を行う船（キャッチャーボート）の数も異なるため、単純な比較はできないが、商業捕鯨における鯨体処理能力が調査捕鯨より相当高いこと、したがってコストもかなり低いであろうこと示す逸話であると思われる。

第8条

1．この条約の規定にかかわらず、締約政府は、同政府が適当と認める数の制限及び他の条件に従って自国民のいずれかが科学的研究のために鯨を捕獲し、殺し、及び処理することを認可する特別許可書をこれに与えることができる。また、この条の規定による鯨の捕獲、殺害及び処理は、この条約の適用から除外する。各締約政府は、その与えたすべての前記の認可を直ちに委員会に報告しなければならない。各締約政府は、その与えた前記の特別許可書をいつでも取り消すことができる。

2．前記の特別許可書に基いて捕獲した鯨は、実行可能な限り加工し、また、取得金は、許可を与えた政府の発給した指令書に従って処分しなければならない。

2点目の、鯨肉の需要はすでにほとんどなく、商業捕鯨を再開する意味は乏しいという趣旨の意見についても論じてみる。鯨肉の需要、供給、流通を巡っては様々な声が聞かれる。例えば、もう鯨肉の需要は極めて少なく在庫がたまっているという意見がある一方で、鯨肉を買いたいがどこにも売っていないという声もある。また、商業捕鯨が再開されればクジラが乱獲されるという懸

念が表明される一方で、需要が少ないのに一体誰が商業捕鯨をするのかという批判もある。一体なぜこのように一見矛盾した意見や主張が行われるのか。需要はあるのか、ないのか。

この背景には需要があるところに供給が十分行っていないというミスマッチの問題がある。需要があるところでは買いたいのに鯨肉が見つからないと感じ、供給する方では鯨肉を売ることに苦労しているわけである。また捕鯨に反対する勢力が反対に都合のいい情報や意見を、整合性を気にせず使っていることも一見した矛盾の背景にあるように思える。

現在の鯨肉の総供給量は、調査捕鯨の副産物、ノルウェーとアイスランドからの輸入、IWC の保存管理措置の管轄外の小型鯨類、定置網などに混獲されるクジラなどを合わせて年間4,000トンから5,000トンのレベルである。これを日本国民に平等に分配すると、一人当たり年間わずか40グラムほどにすぎない。オニギリひとつでも100〜120グラムである。一年のうち主に年末年始しか食べないカズノコでさえ、その供給量はおそらく年間２万トンに達する。

このような供給規模の鯨肉を日本全国で売ろうとすると何が起こるのか。おそらくスーパーなどではごく少量の商品しか棚に並ばない。シーチキンの缶詰が何百と置かれた隣に鯨肉の缶詰が一つ二つ置かれても、積極的に鯨肉を探す消費者でも見つけづらく、ましてそうではない消費者の目にはとまらない。料理店でクジラ料理を出すためには一定量の鯨肉をコンスタントに入手する必要があるだろうが、総供給量からすればこれができる料理店の数は自ずから限定されてしまう。例えば東京のような大都市全体でクジラ料理専門店は数える程しかない。マグロの刺身ならどこの料理店でも出せるが、クジラではそのようなわけにはいかない。

結果として、クジラを食べたいと思っている潜在的消費者からすれば、鯨肉が見つかりにくい、見つからない、したがって探すことをやめるということになる。当然販売は伸び悩み、供給側が苦労することになる。また供給側は販売が難しくなればなるほどなるべく大きなロットで鯨肉を売りたいだろうが、反対に販売が伸び悩めば小売業者は大量仕入れに躊躇する。鯨肉が手に入りにくいという声と鯨肉の販売に苦戦するという一見矛盾した状況が生まれる理由は他にもあるが、供給側が需要のかたちに対応し切れていないという点は否定し難いように思える。

他にも供給側からすれば、年々クジラを食べたことがない年齢層が増加していること、捕鯨をめぐる国際的な対立が、一般消費者に「クジラは食べていいの？」という不安や疑問を与えていること、クジラを含む水産物全体の消費が低迷し減少していること、従来クジラの流通を担ってきた流通システムがいわゆる場外流通の増加などで縮小したり消滅したりしていることなどの問題がある。その結果、消費者側からすればますます鯨肉が見つからない、有っても高いということになり、さらに悪循環を生んでしまう。

注：2008年に共同船舶株式会社が行った調査では、調査副産物の都道府県別流通量第1位は福岡県の545.7トン、2位は大阪府の533.5トン、3位は東京都の473.6トン、4位は北海道の350トン、5位は宮城県の312トン、同じく調査副産物の県民1人当たり消費数量第1位は長崎県の197.5グラム、2位は佐賀県の168.1グラム、3位は宮城県の148.5グラム、4位は山口県の133.7グラム、5位は福岡県の120.7グラムであった。

4－6 南極を諦めて近海で再開

IWCを脱退したことで、日本はそのEEZでの商業捕鯨を再開することとなったが、他方では南極海での捕鯨を続けることができないという犠牲も払った。これについては、IWCを脱退しなくても、IWCの中で、南極での捕鯨を断念することを条件にEEZでの捕鯨を認めるように求める交渉をするべきであったという意見も根強い。過去の和平交渉の中でも南極を含む公海での捕鯨は禁止するものの近海での捕鯨は認める趣旨の妥協案が出たことも事実であるし、ICJの判決以降を中心に日本の主要新聞などもこの妥協案の方向で交渉を進めるべきとの社説を掲載した。

しかし、脱退して南極海での捕鯨という犠牲を払って近海での商業捕鯨を再開することと、同様の妥協案をIWCで模索することは、全く異なり、IWCにとどまっての妥協案の模索は捕鯨問題の歴史から何も学んでいないアプローチと言わざるを得ない。また国際交渉のダイナミクスを無視したアプローチでもあると言わざるを得ない。

なぜか？

第一に、IWC での交渉を通じて妥協案を模索する場合、近海での捕鯨を認めてもらう代償として、南極海での捕鯨は未来永劫行わないというコミットメントを求められることはまず間違い無いであろう。悪くすれば南極海のクジラは持続可能な利用ができる資源であるという立場の放棄も迫られることも十分予想できる。他方脱退すれば南極条約群の規定などから南極海での捕鯨は事実上できなくなるが、日本が今後は南極海での捕鯨は行わないと国際社会に約束する必要はない。50年後、100年後に南極海のクジラが食料資源として必要となるかもしれず、日本はその時も想定して、目視調査を含む非致死的調査を南極海で継続すればいいし、ぜひ継続するべきである。

さらに、脱退する場合には南極海のクジラは他の海洋生物資源と同様に持続可能な利用を図るべき資源であるという日本の基本方針は全く不変であることができるし、この立場は堅持するべきである。

第二に、仮に IWC の中で南極海での捕鯨は諦める代わりに日本近海での捕鯨は認めるという妥協が成立しても、その妥協の安定性は極めて脆弱であるということである。過去の和平交渉をみればこの妥協が成立することも極めて疑わしいが、いずれにせよ妥協案は IWC での合意を必要とする。言い換えれば、将来別の合意や決定を反捕鯨国側の数の力で採択され、近海の捕鯨さえ失う危険、可能性が常に現実として存在するということである。いちど認めた近海捕鯨を禁止に追い込む方法はいくらでもある。IWC にとどまり、その合意に縛られる限りは。

例えば、日本周辺のミンククジラには北西太平洋系群と日本海系群というグループが存在することが知られており、後者の日本海系群の資源量は NMP の元では保護が必要なレベルとされていた。反捕鯨国は従来からこの日本海系群について、より豊富な北西太平洋系群を捕獲する際に混獲されることや日本沿岸の定置網漁業に混獲されることを問題視してきており、これをテコとして近海での捕鯨を制限、禁止することを求めてくることは十分予想できる。また、気候変動など、海洋生態系の変化を理由に捕鯨活動の見直しや規制を求めることもあるだろう。これらの主張は南極海の捕鯨を諦めて日本近海の捕鯨を認める等政治的合意とは別物であるという主張を反捕鯨国が展開してくることは想像に難くない。

他方、脱退した上で、合意ではなく日本の意思で南極海での捕鯨を行わず、日本近海で商業捕鯨を再開する場合、IWC での合意には縛られることはない。さらに、IWC が新たな合意を通じて近海捕鯨を制限しようとする試みからも身を守ることが可能である。南極海についても、クジラは持続的利用が可能な海洋生物資源であるという日本の基本的立場を堅持し、さらに将来鯨類資源を利用する必要性がグローバルに認識され、これを南極海で可能とする国際法の枠組みが整備されることがあれば、捕鯨を再開する権利を留保しておくことが可能である。もちろん脱退して捕鯨を行うことには、その捕鯨が科学的に見て持続可能な利用であることを示し続ける国際的な義務が伴う。IWC 科学委員会にオブザーバーとして参加し続け、科学的データや分析を提供し、議論に対応していくことは、その意味で必須であろう。

したがって、脱退までして南極海での捕鯨を諦め日本近海での捕鯨を再開するよりは、IWC にとどまって南極からの撤退を高く売って近海捕鯨をすればいいという主張は、歴史的議論の分析や今後の展開の読みが足りない主張であろう。

4－7 RMP で計算される捕獲量

日本の EEZ の中での捕鯨再開にあたり、日本政府は IWC の科学委員会が1992年に開発した RMP を用いて捕獲枠を計算した。その捕獲枠の科学的観点からの多寡については様々な議論があるだろう。例えば、鯨類の資源量は本当に正確に把握されているのか、科学には多くの不確実性が有るのではないか、気候変動などがありRMPの捕獲枠は安全ではないのではないか、日本はRMPを使ったと言っているが何か操作して捕獲枠を過大に算出したのではないか、逆にかつてはもっと捕獲していたのになぜ捕獲枠が限定されたものになったのか、等々といったところであろうか。とにかくRMPというある意味多くの人間にとってはブラック・ボックスである手法について述べておく必要があろう。

RMPをなるべく専門用語を避けて散文的に説明すると、対象とする鯨の資源について資源量や過去の捕獲頭数、再生産率などについて様々な仮説をたて、それらの多数の組み合わせ（管理シナリオなどと呼ばれる）をコンピューター上でシミュレーションし、あらかじめ決められた資源量の目標値をクリアーできるかどうかを見るシステムである。この目標値をクリアーした組み合わせ（シナリオ、RMPではバリアンスと呼ぶ）を捕獲枠計算アルゴリズム（CLA）という計算式に入れることで捕獲枠が算出される。実際のシミュレーションのための作業や管理シナリオの作成には時間と高度の専門知識が求められるため、IWCの科学委員会の参加者の中でもRMPを正確に理解し動かすこ

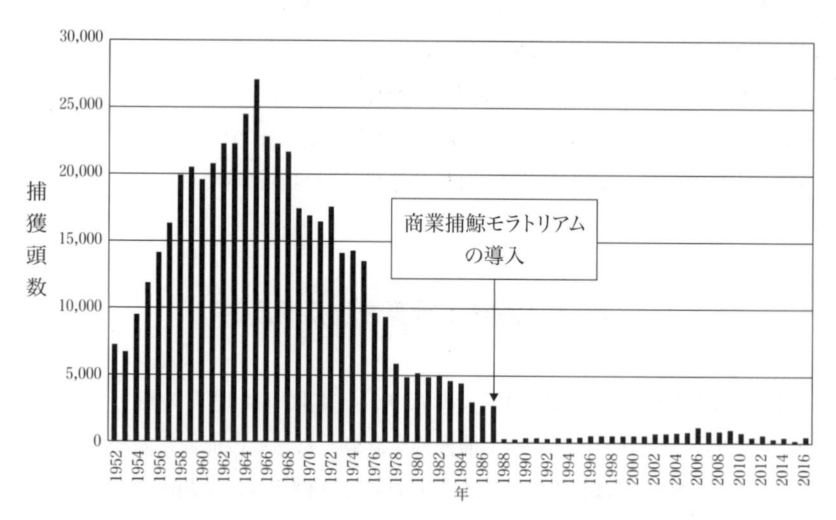

図4.3 日本の商業捕鯨時代からの捕獲頭数の推移（1952～2016年）

とができる人数は限られていると言われる。しかし、RMPの本来の開発目標は科学的なデータに不確実性が有っても、最低限のデータで、資源が枯渇しない安全な捕獲枠が算出できるというものであったし、実際最新の資源量推定値と過去の捕獲頭数の記録があれば捕獲枠の計算が可能であるとされる。ただ、RMPでは科学データの不確実性が高いほど捕獲枠が少なく計算されるという慎重なアプローチが採用されており、逆に科学調査を通じてより精度の高い各種の科学データが入手できれば、資源への悪影響は回避しながら、より安全に捕獲枠を拡大することができることになる。日本の鯨類捕獲調査の目的の一つはここにある。

RMPを適用すると、現在世界で行われている多くの漁業では捕獲枠がゼロとなると言われるほどにRMPの設定するハードルは高い。それほど厳しいハードルでも、科学委員会での今までの作業の結果、クロミンククジラ、北西太平洋のミンククジラ、北西太平洋のニタリクジラ、北大西洋のナガスクジラなど多くの鯨種について捕獲が認められ、捕獲枠も算出されることがわかっている。これは日本の主張ではなく、科学委員会の結果である。

RMPでは多くの安全弁が組み入れられている。例えば、環境の急激な変動などにより鯨類資源量がある時半減するような災害的な事態が起こっても資源が枯渇しないような捕獲枠を設定する。また報告された過去の捕獲頭数が大幅に間違っていたり虚偽の報告であったりする場合にも、やはり資源が枯渇しないような捕獲枠を設定する。反捕鯨国側は気候変動など、鯨類は様々な脅威に直面しているので捕鯨は許されるべきではないと主張するが、RMPはあらかじめそのような事態にも対応しているのである。しかしRMPの仕組みを深く理解していない一般人からすれば、「気候変動という不確実性が有るのであるから、クジラは捕獲するべきではない」という主張を聞けば、やはりそれに納得してしまう。気候変動の影響がないということを証明することは決して容易ではないために、安全弁が組み入れられているとわかってもにわかに全面信頼できないというのが人間の心理であろう。本来科学は、感情や印象に左右されずに物事の真実を見極めるためにあるはずであるが、やはり人間の感情や信念から完全に独立を保つことは難しいということであろうか。

RMPでは資源の管理目標が設定されており、これを達成できるような捕獲枠が設定される。具体的には、対象とする鯨類資源が100年後に未開発資源量（正確には同じではないが、処女資源量、環境収容力などとも表現される。後者は、捕獲が行われない場合にその鯨類資源が増加できる上限値。）の一定比率の資源量以上にあることが目標とされる。この目標を数値化したものがチューニングレベルと呼ばれており、科学委員会では0.60、0.66、0.72という数字が持続可能なレベルとして合意されている。これは、例えば高さ1,000メートルの山、高さ2,000メートルの山、高さ3,000メートルの山に登ることをそれぞれ目標にするというイメージで、同じ時間（100年間）でそれぞれの山に登ることを目指すとすれば、高い山の方が努力とスピードが必要になる。これを鯨類資源の管理に置き換えれば、資源回復目標が高ければ高いほど捕獲枠を小さくして回復を早めるということになる。科学委員会は三つのチューニングレベルを、すべて資源を枯渇させない持続可能な目標として認めたが、政策決定機関であるIWCの総会はそのうち最も高い目標値（最も捕獲枠が小さくなる）である0.72を採用することを決めた。ちなみに、商業捕鯨モラトリアムに対して留保を付して合法的に商業捕鯨を実施しているノルウェーはRMPを用いて捕獲枠を算出しているが、そのチューニングレベルは0.60である。

RMPを用いて捕獲枠を計算する際に、チューニングレベルに加えて捕獲枠を大きく左右する要因に対象鯨種、例えばミンククジラの系群構造の仮説をどう設定するかという点がある。系群とは、例えば人類はホモ・サピエンス１種であるが、日本人などのアジア系人種もいれば欧米系人種、アフリカ系人種などが存在する。人種は異なっていても生物学的には同じホモ・サピエンスであり、結婚して子どもも生まれ、次の世代へと問題なく続いていく。見かけなどは明らかに違うが生物の種としては同一である。

鯨類や他の生物も同様のことがいえ、日本周辺の北西太平洋のミンククジラについて例を挙げれば、太平洋側の系群（西太平洋オホーツク海系群）と日本海系群が存在することがわかっており、これには日本の科学者も合意している。太平洋系群と日本海系群は網走沖や太平洋側の沿岸部で混在しており、捕鯨を行う際には両方の系群がまじりあって捕獲される可能性が出て来る。ところが日本海系群は過去の研究では資源量が小さく保護すべき系群とされており(これには異論があるが、保護すべき系群というステータスは、IWC総会において4分の3以上の賛成が必要な附表の修正手続が必要なために、変えられていない)、混在する水域で捕鯨を行う際には日本海系群を獲り過ぎないようにする必要性が生じる。そのため混在する水域での捕獲枠を小さく設定することや、日本海系群と太平洋系群の回遊時期が異なることがわかれば、捕獲の時期を調整して日本海系群をとらないようにするといったことが行われる。

いずれにせよ、太平洋系群も日本海系群も資源が枯渇しないように持続可能な形で捕鯨を行うためには、ミンククジラが単一の系群である場合に比較して全体の捕獲枠が小さく設定される。科学委員会の議論では、反捕鯨国の科学者がこの仕組みを利用して、想定される系群の数をできるだけ増やす主張をしてきた。

もっとも最近の科学委員会での議論では、反捕鯨国の科学者の主張は、太平洋系群はさらに沿岸と沖合に分かれ、またさらに沖合の系群に二つ、沿岸の系群も二つに分かれる可能性が有るというものである。日本海側についてもさらにそれを細分化し、また黄海に第3の系群が存在する可能性が有るとしている。2014年の第65回総会で日本が行った沿岸小型捕鯨地域に対する捕獲枠の提案では、ミンククジラについて17頭という非常に小さな数を提案したが、これは反捕鯨国側の主張に基づいて計算した結果である。日本の科学者の見解に基づく計算を行えば、捕獲枠は大幅に増加する。しかし、反捕鯨国側の多くの系群が存在するかもしれないという主張を否定することは難しい。なぜならば、細分化された系群が存在しないということを証明することは、いわゆる「悪魔の証明」にあたるからである。地球外生物（宇宙人）や未確認生物（ネス湖のネッシーなど）が存在することを証明するためには、実際に宇宙人やネッシーを発見すればいいが、存在しないことを証明するには、いかに大規模な調査や分析を行っても必ず調査できないエリアや調査の漏れなどがある可能性があり、まず不可能である。これができない限り捕獲枠は増えないというのがIWCでのシステムとなっているのである。なぜこのようなシステムとなってしまったのか？

科学データには必ずと言っていいほど不確実性が存在する。特に生物資源の管理に必要なデータはこの傾向が強い。自然を相手に収集したデータは実験室やコンピューター上でのデータに比較すれば、その代表性に問題が生じる。言い換えれば、自然から完全に無作為で全体を代表するデータを得ることは極めて困難である。例えば東京都の住人の平均体重を推定する場合を考えよう。住人全員の体重を測れればそれに越したことはないが、現実的にはこれは極めて難しい。したがって、一部の住人の体重をサンプルとして測定し、そこから全住人の平均体重を推定するということになる。

分析する機関が大学であれば、このサンプルを得るとき、たまたま手に入れやすいといった理由から大学生から体重データをとるということになるかもしれない。そうすると測定対象の年齢が大学生の年齢層に偏ってしまい、より若い年齢やより高齢の住人の体重が代表されないことになる。

もっと多様な人間が集まるところで体重測定を行うとどうなるのか。例えば、東京駅で乗降する人全員の体重を測定できたとしよう。それでもこの方法では電車に乗らない住人が対象から外れる。また平日と休日では東京駅で乗降する人の構成は異なってくる。測定をする一日のうちの時間帯でも人の構成が変化する。さらに、自然界では様々な外的要因が、生物資源の状態に影響を与える。漁業資源の場合であれば、毎年の海水温の変化、海流の蛇行の変化、気候変動や海洋汚染など、その分布や増減に影響を与える要素は多数あり、これらすべてを把握し分析することも不可能ではないかもしれないが決して簡単ではなく、数学の計算のように単一の正解が出るわけでもない。同じデータを分析しても、科学者によりその結果や解釈に大きな差が出ることは、ある意味当然でさえある。

このように、生物資源に関する科学には不確実性が伴うため、「鯨については科学的には正確に把握できていない、鯨については何もわかっていない、だから捕鯨は許されるべきではない」と言う主張が正しいように聞こえてしまう。しかし、実際は多くの鯨種について膨大なデータや科学的知見が蓄積され、分析されて来ている。そのレベルは他の生物資源に関する科学的知見に引けを取るものではなく、むしろ鯨類資源研究は多くの科学分野で先進的な成果を上げて来ている。

また、科学的不確実性を克服するための手法も様々なアプローチが存在する。RMPもデータの不確実性や環境変動などの事態のもとで持続可能な捕獲枠を得ることができるシステムである。近年漁業管理の分野では管理戦略評価システム（MSE）が最先端の管理手法として注目されているが、MSEはRMPがベースとなっており、捕鯨の管理理論は1992年の時点で既にMSEのレベルに達していたことになる。

それでも鯨類資源量の把握はやはり正確にはできないのではないかという批判がある。鯨類資源量の推定には目視調査が行われる。これは調査の対象となる水域にあらかじめトラックラインと呼ばれる線を引き、この上を目視調査船が走っていく。そこで発見されたクジラの数から調査対象水域の資源密度や資源量を推定するのである。目視調査では見逃した鯨や潜水中の鯨がいることから、そこから得られる資源量推定値は過小評価となる。少なくともこの調査海域にはこの数の鯨がいるということが推定できるわけである。この手法は、密かに海中に潜むことが任務の潜水艦の数をその目撃情報から推定する軍事的な理論がベースとなっていると聞いた。目視調査から得られる資源量推定値は過小評価であることから、これを用いてRMPで捕獲枠を決めると、その捕獲枠はより慎重を期した、保守的（コンサーバティブ）なものとなる。ここにも乱獲を防止するための仕組みが組み込まれている。

RMPで得られる捕獲枠はどれぐらいになるのか？　RMPが科学委員会においてコンセンサスで採択された1992年の翌年1993年に、クロミンククジラ資源について試験的にRMPを適用して捕獲枠を計算したことがある。その結果は、今後100年間にわたって毎年2,000頭から5,000頭のクロミンククジラを捕獲しても資源に悪影響は及ぼさないという結果が算出された。

さらに、この計算は最新の科学情報からすれば過度に慎重な、コンサーバティブな仮定にもとづく計算である。例えば、この試験的な適用では南極大陸の周りの南極海を経度10度ごとに分割した海区わけを設定した。言い換えれば、南極海に最大36のクロミンククジラの系群が存在する可能性を想定したと言える。実際は、日本の鯨類捕獲調査の結果を科学委員会も受け入れているが、南極海の経度180度をカバーする海域にたった二つの系群しか存在しないことが判明している。この事実を用いて再度RMPの適用を行えば、おそらく万単位の捕獲枠が算出されると思われる。新南極海鯨類科学調査の計画サンプル数はクロミンククジラ333頭に過ぎない。1993年当時のクロンククジラ推定資源量は最新の資源量推定値より大きかった（点推定値は大きかったが、推定値の信頼限界、幅は重なっており、統計学的には推定値に変化はないとも解釈できる。）が、最新の資源量推定値を使っても、算出される捕獲枠は調査の計画サンプル数とは桁の違う大きさになることは十分に予想される。

この結果に慌てたのは反捕鯨国側である。少なくとも当時は鯨類資源への悪影響が捕鯨反対の理由の主流であり、表向きには、資源が豊富だろうが一切クジラはとらせないとまでは公言していなかった。この試験的適用の結果を受けて、翌年1994年には、総会が指示するまではRMPを適用しないという決議が採択されてしまったのである。決議に法的な拘束力はないが、総会の下部機関である科学委員会としては総会の指示なしに勝手に適用するわけにはいかない。これで、反捕鯨国が過半数を占める限りはRMPの適用による捕獲枠の計算は行われないこととなった。仮に、持続的利用支持国が過半数を制し、捕獲枠の算出が行われても、この捕獲枠が利用できるためにはさらに４分の３の賛成が求められる附表の修正が必要である。IWCでは現実的には捕獲枠が認められない仕組みが定着しているということだ。それにもかかわらず、科学委員会は鯨類の資源評価を行い、資源が豊富な種についてRMPの適用試験やそのレビューと最新化を続けている。上部の政策決定を行う総会は、まずその科学的成果を捕獲枠設定という形で利用しないことはほぼ明白であるにもかかわらず、仕事を続ける科学委員会には哀れささえ感じる。

4-8 脱退後

IWCからの脱退により、日本は南極条約群や国連海洋法条約の規定により南極海での捕獲調査や商業捕鯨が行えなくなる。脱退という決断により、南極海で続けてきた調査捕鯨ができなくなることから、この決断に対する批判もある。南極海での捕鯨は諦めたのかということである。これまでの努力や苦労は無駄になるのか。当然予想された批判である。しかし、脱退に際し、日本として南極海では未来永劫捕鯨は行わないと宣言する必要もなく、実際そう宣言してはいない。捕獲を伴わない目視調査は継続する。

50年、100年後には世界情勢が変化して、動物タンパクの確保のために食料資源としてのクジラが必要だという事態がやってくるかもしれない。そうではなくとも、クジラは南極の海洋生態系の重要な構成要素であり、南極の海洋生態系を知るためにはクジラに関する科学調査は不可欠である。その調査を継続することは、これまで長年鯨類捕獲調査を行ってきた、そしてその調査能力とノウハウを持っている日本の責任であり、義務ではないであろうか。国際法に従うという日本の基本的立場に則って、IWCから脱退後は鯨の捕獲を伴う科学調査は実施しないが、目視調査などの非致死的調査は引き続き行っていく。また、その調査結果はIWC科学委員会などを通じて国際社会に提供していくことになる。捕獲調査の停止により、クジラの年齢（年齢構成は資源の動向を探る上で重要な情報）や食性（海洋生態系の中でのクジラの位置付けや捕食を通じての生態系バランスにおける役割などを解明するために重要）など、多くの科学的データが入手できなくなることは避けられない。しかし、南極海のクジラに関する科学データのブラックホールを作るわけにはいかない。捕獲調査と比較して入手可能なデータに限界があり、ベストではないかもしれないが、非致死的調査を継続していくことは必要である。

4－9 脱退しか道はなかったのか

国際交渉では通常は話し合いにより妥協点が模索される。妥協が成り立つということは、交渉当事者双方がなんらかの成果を得ると同時に、なんらかの犠牲を払うということを意味する。一歩も譲らないという交渉方針は、交渉担当者にとっては知恵を巡らす必要も妥協の内容について思い悩む必要もない、ある意味では楽な交渉である。結果は現状維持か、100パーセントの成果か、全てを失う事態しかない。白か黒、二者択一だけの世界である。IWC での議論はまさにこのような状態にあった。あらゆる状況のもとで相手の議論や提案に反対することが常態となってしまっていた。日本は過去の和平交渉において妥協のための譲歩を受け入れてきたが、捕鯨そのものを否定する強硬な反捕鯨国の提案を受け入れることはできなかった。それでもあきらめず、粘り強く交渉するべきであったという意見があることも不思議ではない。それでは、35年を超える交渉の後で、さらに粘り強く交渉することでどのような解決の道が開けるのか？　あるいは交渉の進展は期待せず、ひたすら現状維持を図るのか？それは可能であるのか？

長年にわたる和平交渉の過程の中で、科学的議論を尽くし、商業捕鯨モラトリアムを含む法解釈の議論を尽くし、捕鯨に関わる社会経済的問題を議論し、様々な政治的な試みも行ってきた。そして今や捕鯨に反対する理由は科学でも法律でもなく、クジラに関する根本的な考え方の違いであることが明白となった。かたやクジラを持続的利用が可能な海洋生物資源として位置付け、他方はクジラを環境保護のシンボルとしてその捕獲を一頭たりとも認めないという立場である。これを説得や議論で変えることは至難の技である。また IWC での勢力分布は均衡状態が続いており、両勢力ともに、法的拘束力がある決定に必要な４分の３の得票はないものの、相手の勢力の提案を否決できる４分の１の得票は確保できている。この状況ではさらなる粘り強い交渉による展望は見えてこない。捕鯨問題以外にも、例えば日韓の歴史認識をめぐる問題など、相容れない基本的立場と交渉が成り立ち難い国際問題は数多い。

それでは、このような問題は現状維持しかないのか？ そして現状維持は可能であるのか。捕鯨問題については、現状維持に限界があるというのが筆者を含む多くの関係者の実感であった。そしてその認識がIWCからの脱退という決断につながった。詳しく見てみたい。

反捕鯨国側は、法的拘束力を伴う提案、例えば南大西洋サンクチュアリー設立提案などの実現には失敗してきたが、法的拘束力のない決議の採択（これは単純過半数で実現できる）などの既成事実を積み上げ、IWCの性格を事実上変更してきた。例えば、クジラの捕獲に関連した動物福祉の問題、漁業活動により混獲されるクジラの問題、気候変動がクジラに及ぼす悪影響、海洋汚染や鯨肉に含まれる化学物質の問題の提起など、持続的利用支持国側からすれば、鯨類資源の持続可能な利用というIWC本来の目標からすれば二次的な、場合によっては持続的利用に反するような課題への取組が決議として採択されていった。その結果、IWCにおける議論に割かれる時間は次第に鯨類資源の利用という課題から外れ、あたかもIWCはクジラ保護の国際機関であるようなイメージとなっていく。

さらに、反捕鯨国のうちオーストラリアや英国、巨大な資金力を有する大手NGOはこれらの「保存」プロジェクトに対して多額の寄付を行い、プロジェクトの実行を促したのである。IWC科学委員会の研究予算は約30万ポンドであるが、寄付金の額はこれを大きく上回り、オーストラリアなどは2008年には非致死的調査の促進などに140万ポンドを拠出した。資金力で科学委員会の議論の重点を動かしたわけである。潤沢な資金があるプロジェクトには科学者も集まることとなり、IWC科学委員会の科学者の専門分野の構成も鯨類資源管理から「保存」プロジェクトへとシフトしていった。もちろん持続的利用支持国も手をこまねいてこのシフトを見ていたわけではないが、過半数は反捕鯨国が制しているために、法的拘束力はないものの「保存」を目指した決議が次々に採択されてきたわけである。現状維持は法的拘束力のある決定に関しては可能であったが、IWCの姿を事実上変えてしまった一連の法的拘束力のない決議の採択と、反捕鯨国、NGO による寄付は止めることはできなかった。

それでも4分の1の票を死守し、法的拘束力のある決定を阻止し続ければ現状維持を図ることができたとの意見もあろう。しかしこのような一種の籠城作戦は可能であろうか。

捕鯨問題については、各種の世論調査の結果などを見ても日本国内では一般的に支持を得ている。しかし、捕鯨問題についての関心は決して高くはない。多くの市民にとっては日常生活とはほぼ関係ない問題であり、反捕鯨国が自分はウシやブタ食べておいてクジラを食べるなとはけしからんと言った「反・反捕鯨」の感情はみられるものの、重大問題であるという認識は低い。さらに商業捕鯨モラトリアムの導入により30年以上にわたって鯨肉の供給が大幅に落ち込んだために（p.140図4.3）、若い世代は鯨肉を食べた経験さえ極めて乏しい。そして時間がたてばたつほどこの傾向は強まってきている。捕鯨関係者は調査捕鯨の副産物としての鯨肉の普及や捕鯨問題に関する啓発活動を行ってきているが、その成果は限定的であると言わざるを得ない。過去に何度も鯨肉普及のキャンペーンやプログラムが実行され、そのたび一定の成果が見られるが、大きな流れが変わっているようには見えない。IWC で法的拘束力のある決定を阻止しつつ現状維持を目指す籠城作戦が長引けば長引くほどに、この状況は悪化していく。

また、商業捕鯨再開を待ち焦がれてきた沿岸小型捕鯨の経営状況も他の漁業と同様厳しさを増してきている。商業捕鯨モラトリアム採択直後は品薄感の中で鯨肉単価も高く、需要もまだ大きかったが、食料価格一般のデフレ傾向の中での価格低下や見かけ上の飽食が市場価格と需要のマイナス要因となってきた。沿岸小型捕鯨各社は調査捕鯨にも参加しているが、調査捕鯨の副産物である鯨肉の価格は翌年の調査実施経費をもとに決められるために、商業捕鯨のように市場の状況に対応した価格設定ができないというハンデがある。これがまた「鯨肉は高い」という評判や不満を生み、需要の低下にもつながっていく。このような悪循環が続くようであれば、籠城作戦を継続しているうちに沿岸小型捕鯨自体が消滅するという事態も現実の懸念である。

調査捕鯨の継続も科学的観点からは困難が増大していく。なぜならば、すでに科学的には鯨類の持続可能な捕獲が可能であることは証明されており、IWCは捕獲枠を計算するためのRMPも開発している。調査捕鯨のデータによってより精緻な捕獲枠を計算することは実現できるが、捕鯨自体ができるということを証明する必要はすでにない。したがって、近年の調査捕鯨の科学的目的は計算すべき捕獲枠の改良や精緻化に置かれ、結果的に調査の科学的目標を自ら精緻化、高度化していかざるを得ない。それに伴い、科学的なハードルが高まり、その分調査計画の立案や実施もより高度化され、IWC科学委員会からはより精緻な証明や分析を求められることにならざるを得ない。さらに、科学は当然進化する。かつてはクジラを捕獲しなければわからなかったデータもDNA分析技術の発達やバイオテレメトリー技術の発達により、徐々に非致死的調査手法で入手できるようになってきたし、これからもさらに技術は発展するだろう。クジラの捕獲を伴う調査の科学的観点からの正当化は厳しさを増していく運命にある。

このような中で、IWCに残り粘り強い交渉、現状維持の籠城作戦を継続しているうちに、本来守るべき捕鯨が国内で自然消滅していくという強い危機意識がある。IWCで戦ってきたことの意味が、捕鯨再開という点についてはすべて失われてしまいかねない。IWCに残ることでの現状維持の達成は極めて困難であるとの判断に至った。現状維持を求める気持ちはよく理解できるが、状況はあたかも「ゆでガエルの理論」に似ている。すなわち、熱湯に入れたカエルはすぐに飛び跳ねて熱湯から脱出し生き延びるのに対し、緩やかに温度が上がっていく水に入れたカエルは水温の上昇を知覚できずにゆで上がって死んでしまうというたとえ話である。30年を超える捕鯨論争の中で、様々な議論が行われ、全体としてはIWCはクジラの保護へと漸次的な変化を起こしてきた。あたかも水温が徐々に上がる状態ではないであろうか。これに耐えて粘り強く交渉することは、致命的な温度上昇を見逃すことになってはいないであろうか。

IWCからの脱退という選択肢をとったことで失われたものもある。南極海でのクジラの捕獲である。日本は南極条約や南極海洋生物資源保存条約の加盟国であるが、これらの条約の下ではICRWの加盟国でない限り調査捕鯨の権利は行使できないからである。IWCに残って籠城作戦のもとですべてを失うリスクを受け入れるか、IWCからの脱退で南極海での捕鯨を失うものの日本のEEZでの商業捕鯨再開を実現するかの選択肢ということになる。対立や意見の違いが大きい国際交渉を通じて何かを達成する場合には、目標の100%を達成することは理想であっても現実的ではない。失うものの無い交渉は望ましいが、成果も期待できない。失ったものを見て脱退の決断を批判することはやさしい。しかしIWCに残ることで何が達成できたかを冷静に考えてみるとき、そこには展望を見出しがたいのである。国際交渉の常として目標の100%を犠牲もなく得ることは極めて困難であるが、同時にすべてを失い完敗することもやってはいけない。やはり、IWCは、結果を得るためには犠牲を払わざるを得ない状況になったということであろう。失うものもあったが、日本の沿岸水域での商業捕鯨を再開できたという意義は大きい。さらにこれが起爆剤となって、日本国内における捕鯨問題への関心の低下や沿岸小型捕鯨が直面している経営の危機に好影響をもたらすことへの期待もある。むしろ好影響を生むように努力をしていくことが求められている。

4-10 日本が抜けた後のIWC持続的利用支持国との関係

2019年6月末をもって日本が抜けたIWCの将来については、少なくともふたつの疑問がある。ひとつは、IWCは日本を抜きにして存続するのか、崩壊するのではないかという疑問である。もうひとつは、ひとつ目とも関連するが、日本以外の持続的利用支持国は日本が脱退したIWCでどうするのか、日本とこれらの持続的利用支持国との関係はどうなっていくのかという疑問である。これらについて考えてみる。

(1) IWCは崩壊するか、完全なクジラ保護機関となるか

日本が抜けたIWCの将来については、少なくともふたつの極端なシナリオ

が考えられる。ひとつは日本の脱退が引き金となり、持続的利用支持国を中心とした大量脱退が起こり、場合によってはIWCが崩壊するというシナリオである。持続的利用支持国の中心となってきた日本が脱退の道を選んだことで、他の持続的利用支持国もそれに続くという可能性はある。さらに反捕鯨国側もIWCに留まる理由がなくなるか、少なくとも理由が減少する可能性がある。反捕鯨国の一部にすれば反捕鯨運動はハリウッド映画ばりの勧善懲悪の構図である。日本という悪役がいなくなったIWCは悪役のいないハリウッド映画のようなものであり、出演し続ける動機が無い。捕鯨に反対し日本に立ち向かう環境保護のヒーローという役どころが成立しなくなるのである。2014年以降IWCは年次開催から2年に一度の開催に移行したが、これに反対したのは反捕鯨団体であり、その意向を受けたいくつかの反捕鯨国政府であった。IWCというヒーローとしての活躍の機会が半減することが反対の理由である。いずれにしても、大量の国の脱退が起これば IWCの存続は相当困難となるだろう。

もうひとつの極端なシナリオは、日本という強力な持続的利用支持国が抜けてIWCが名実ともに完全なクジラ保護機関になるというものである。すでにIWCは既成事実としてクジラ保護へとシフトしてきたが、日本の脱退によりそのシフトを妨げるものが無くなり、IWCの変化が完結するというわけである。そこでは、先住民生存捕鯨を除いて捕鯨の管理は一切放棄され、科学委員会でのRMPに関する議論や資源評価に関する議論も無くなるのであろう。

日本が脱退した後にIWCがたどる道は、このふたつの極端なシナリオの間のどこかにあるのであろうが、実際のところは、オブザーバーとしてIWCに出席する日本の行動にもかかっている。

(2) なぜ、オブザーバーとしてIWCに参加するのか？

2018年12月の菅官房長官によるIWCからの脱退宣言の中で、日本は脱退後も「IWCにオブザーバーとして参加する」と述べている。

内閣官房長官談話（平成30年12月26日）

1．我が国は、科学的根拠に基づいて水産資源を持続的に利用するとの基本姿勢の下、昭和六十三年以降中断している商業捕鯨を来年七月から再開することとし、国際捕鯨取締条約から脱退することを決定しました。

2．我が国は、国際捕鯨委員会（IWC）が、国際捕鯨取締条約の下、鯨類の保存と捕鯨産業の秩序ある発展という二つの役割を持っていることを踏まえ、いわゆる商業捕鯨モラトリアムが決定されて以降、持続可能な商業捕鯨の実施を目指して、三十年以上にわたり、収集した科学的データを基に誠意をもって対話を進め、解決策を模索してきました。

3．しかし、鯨類の中には十分な資源量が確認されているものがあるにもかかわらず、保護のみを重視し、持続的利用の必要性を認めようとしない国々からの歩み寄りは見られず、商業捕鯨モラトリアムについても、遅くとも平成二年までに見直しを行うことがIWCの義務とされているにもかかわらず、見直しがなされてきていません。

4．さらに、本年九月のIWC総会でも、条約に明記されている捕鯨産業の秩序ある発展という目的はおよそ顧みられることはなく、鯨類に対する異なる意見や立場が共存する可能性すらないことが、誠に残念ながら明らかとなりました。

この結果、今回の決断に至りました。

5．脱退するとはいえ、国際的な海洋生物資源の管理に協力していくという我が国の考えは変わりません。IWCにオブザーバーとして参加するなど、国際機関と連携しながら、科学的知見に基づく鯨類の資源管理に貢献する所存です。

6．また、水産資源の持続的な利用という我が国の立場を共有する国々との連携をさらに強化し、このような立場に対する国際社会の支持を拡大していくとともに、IWCが本来の機能を回復するよう取り組んでいきます。

7．脱退の効力が発生する来年七月から我が国が行う商業捕鯨は、我が国の領海及び排他的経済水域に限定し、南極海・南半球では捕獲を行いません。また、国際法に従うとともに、鯨類の資源に悪影響を与えないようIWCで採択された方式により算出される捕獲枠の範囲内で行います。

8．我が国は、古来、鯨を食料としてばかりでなく様々な用途に利用し、捕鯨に携わることによってそれぞれの地域が支えられ、また、そのことが鯨を利用する文化や生活を築いてきました。

科学的根拠に基づき水産資源を持続的に利用するという考え方が各国に共有され、次の世代に継承されていくことを期待しています。

具体的には脱退後に日本はIWCにオブザーバーとして出席する。オブザーバーは会議での発言を許されるが、決定を行うための投票権は無い。会議での発言の順番は、まずIWCの加盟国政府、次にオブザーバー国の政府、政府間国際機関、NGOとなっており、オブザーバー参加の日本は二番目のカテゴリーである。したがって、オブザーバーとなっても発言に関する限りは大きな不自由はないともいえよう。また、投票権は無いが、IWCの決定にも縛られることもない。仮にIWCが日本の脱退後に様々な反捕鯨の規制を採択しても、非加盟国オブザーバーである日本には法的な影響はない。なお、IWC加盟国は組織運営のための分担金を支払う義務があるが、脱退後はこれも支払う必要がない。日本は加盟国として全分担金の約8パーセントを負担していたが、IWCはこの収入を失った。IWCは日本の脱退前からすでに赤字が続いてきており、日本の脱退は予算面で大きな打撃となる。IWCが予算縮減や分担金の増額を図らなければ、早々に財政が破綻する可能性がある。

IWCから脱退しておきながら、日本はなぜオブザーバーとしてIWCに参加するのか、IWCとは完全に縁を切るべきではないのか、という疑問にも答えておかなければならないだろう。

理由の一つは防御的、受身的なものである。すなわち、国連海洋法条約第65条では、鯨類の管理は国際機関を通じて行うものとされており、IWCにオブザーバー参加をすることでこの要求を満たそうとするわけである。第65条は「国際機関を通じて」と規定しており、「国際機関に加盟して」とは規定していない。現に、1992年にIWCを脱退し、今も少数のホッキョククジラを捕獲しているカナダはIWCにオブザーバー参加してきており、これにより国連海洋法条約第65条を満たしているという立場をとっている。理想的にはIWCに代わって鯨類資源の捕獲を管理する国際機関に加盟するか、そのような国際機関を新たに立ち上げることが望ましいが、少なくともIWCにオブザーバー参加して、国際法の規定に従うことを示すという考え方である。

もう一つの理由がある。筆者の意識の中ではこのもう一つの理由が極めて重要であり、むしろオブザーバーという立場を通じて積極的に対応するべき課題である。それは捕鯨問題の「もう一つの柱」、すなわち環境帝国主義とも言われる環境保護の名の下での特定の価値観の強要、自然と人間の共存の多様な形の容認、グローバリズムとローカリズムの対立、食の多様性を通じての食糧安全保障の確保などといった、捕鯨問題が象徴する様々な問題である。捕鯨を行っていない多くの持続的利用支持国の関心はここにある。日本は捕鯨再開という政策目標を実現するために、あらゆる努力を尽くした末に脱退というオプションを選択したが、「もう一つの柱」について他の持続的利用支持国と連携して対応していくために、IWC にオブザーバーとして積極的に参加していかなければならない。

IWC 加盟国であった時も、日本は会議の場で連日持続的利用支持国の打ち合わせを主催し、会議の流れや重要なポイントを確認し、対応方針の調整を行ってきた。IWC 開催の期間外でも持続的利用支持国会議を招集し、捕鯨問題だけではなく、海洋生物資源の持続的利用に関係する CITES 締約国会議、生物多様性条約（CBD）締約国会議、各種の国連関係会議などへの対応について意見交換を行ってきた。この努力は今後もぜひ継続していかなければならない。日本が IWC から脱退しても、この連帯関係は変わらないし、変えてはいけないのである。

日本の IWC 脱退を受けて、脱退や分担金の支払い停止（分担金を滞納すると投票権を失う）を検討する持続的利用支持国が出ることは十分予想できる。理想とわがままを言えば、他の持続的利用支持国には今までと同様に IWC に加盟国として残ってもらい、反捕鯨国の主張に対抗し続けてもらいたい。もちろん日本もオブザーバーの立場で発言し、持続的利用支持国と連携していく。しかし、脱退や分担金支払いに関する最終判断はそれぞれの国が行うものであり、日本が指示できるものでも、指示すべきものでもない。

一つ指摘しておくべきことは、IWC の加盟国でいることで実害を受けていたのは、実質上日本だけだったということである。ノルウェーとアイスランドはすでに商業捕鯨モラトリアムに対する異議申立て（日本は米国からの圧力のために一度行った異議申し立てを取り下げた）や IWC 再加盟に伴う商業捕鯨モラトリアムへの留保（反捕鯨国はこれを認めていないが、アイスランド相手の訴訟も起こされていない）のもとで商業捕鯨を実施している。他の持続的利用支持国は商業捕鯨の開始は少なくとも今までは求めておらず、商業捕鯨モラトリアムを含むIWCの規制による大きな実害はない。日本だけが、商業捕鯨を否定されてきたという実害があり、これへの直接の対応として脱退ということになったわけである。他の持続的利用支持国には、少なくとも日本と同じ脱退の動機は存在しない。

もちろん、実害はないと言っても、他の持続的利用支持国がIWCの内外で様々なハラスメントを受けてきたことは見逃せない。反捕鯨団体は持続的利用支持国を日本の手先と非難し、これらの国の代表個人に対しても言われなき中傷を行ってきた。過去のIWCの会合では、持続的利用支持国の代表が数日おきにホテルを変えて、反捕鯨団体からの嫌がらせ（深夜にホテルの部屋のドアを叩く、罵声を浴びせる、取り囲んで問い詰めるなど）から逃れていたこともある。持続的利用を支持する外国のコンサルタントは脅迫メール（お前の名前も住所も知っているぞ、暗闇には気をつけろ等々）を再三受け、自宅に強力な防犯システムを設置せざるを得なかった。これらは許されざるべき実害であることは認識されなければならないし、捕鯨問題の異常さを示している。

日本の脱退後は、持続的利用支持国としてのIWCへの対応の目的を、再定義、再確認する必要がある。それは、脱退により達成された日本の捕鯨再開への協力ではなく、IWCを持続的利用の原則の支持や捕鯨問題が象徴する「もう一つの柱」への対応、その議論の場として位置付けることであり、その位置付けに基づいた戦略を構築することであろう。IWCでの捕鯨問題に関する議論は、CITES締約国会議など様々な場で議論されている国際環境問題と多くの共通点があり、その意味で持続的利用の原則をめぐる攻防の最前線、防波堤である。多くの持続的利用支持国の代表はこの点を理解しており、日本のIWCからの脱退後も変わらない認識である。むしろ日本の関係者こそがこの観点を再確認し、今後の持続的利用支持諸国との連携の維持と強化を図っていかなければならない。

第5章 捕鯨問題から国際紛争交渉への教訓

5－1　国際紛争交渉への教訓

国際紛争という場合、そこには軍事活動を伴う紛争から、環境問題、国際貿易などの経済問題、文化や宗教の摩擦など、実に様々な紛争を思い浮かべることができる。これらの多様な紛争の要素には、その焦点やバランスは異なることであろうが、科学、法律、経済、政治、感情や倫理などが複雑に絡み合っている。この点において、本書で取り扱ってきた捕鯨問題に関する分析から何らかの示唆や教訓が得られることが期待できよう。

捕鯨問題については日本のIWCからの脱退という形で問題の様相が変化し、これからの展開が注目されるところである。いずれにしても、捕鯨問題における「和平交渉」の度重なる失敗やパーセプションが交渉に与える大きな影響などの分析は、様々な国際紛争の交渉へ臨むにあたっての参考となると思える。

本章では、捕鯨問題の構成要素である科学の役割、パーセプションの問題などについてさらに掘り下げた分析を試みる。また、捕鯨問題と同様の海洋生物資源の保存と管理にかかわる公海漁業問題、海洋保護区（MPA：Marine Protected Area）、1990年代に国際問題となり短期に消滅した公海流し網漁業の経緯などとの関連や類似点などについても整理する。

5－2　科学の役割

（1）国際交渉において科学が果たす役割

近年は気候変動問題など、多くの国際問題の中で科学が果たす役割が重要となってきている。さらに、問題の全体像が複雑であればあるほど、その中での科学的知見が重要となり、その問題解決に科学が果たすべき役割が問われることになる。捕鯨問題、気候変動問題、放射能問題などについて一般市民や政治家に科学者と同じ科学的な知識を求めることはできない。他方、サウンドバイトに代表されるような、本来複雑な問題の過度な単純化も、問題の解決を一層困難としたり、誤った政策の選択につながるリスクとなる。ただ確かなことは、政治、文化の違い、感情的対立、法的立場の違いなど国内外の政策決定を困難とする様々な要因に対処し、異なる立場の橋渡しとなりうるのも科学であるということであろう。それでは科学はどのような役割を担えばいいのか。そこにはどのような問題が存在するのか。

IWC には下部機関としての科学委員会が設置されている。気候変動問題においては、国連気候変動に関する政府間パネル（IPCC: International Panel on Climate Change）が科学的議論を支えている。いずれも、それぞれの分野における世界の科学者が参加しており、そこに人類の持つ知見と最新の展開が集約されているといえよう。ただし、扱われる問題をめぐる政治的な各国間の政策の違いや対立が科学議論にも影響を与えていることも否定し難い。IWC の科学委員会に参加する科学者の多くは、IWC 加盟国の代表団として参加している。したがって、その国の政策の範囲内で科学委員会の議論に対応することになる。例えば、IWC 科学委員会日本代表団に捕鯨に反対する科学者が参加することは考えにくい。同様に、反捕鯨国の代表団の科学者は捕鯨を支持する立場は取れない。自国の政策と異なる立場をとる科学者や中立を保ちたい科学者は、招待科学者という立場を選ぶこととなる。しかし、研究費の確保、政府研究機関での雇用の確保、科学委員会への参加旅費などを考慮しなければならないのが研究者の現実でもある。政府代表団に参加して国の政策に沿った形で自らの研究を進めるということは、理解できる選択肢であろう。

政策や政治の科学への影響に関する課題を解決または緩和するためのアプローチの一つは、科学委員会などの組織の政策や政治からの独立性を高めることであろう。IWC 科学委員会においても、少なくとも科学者は個人として科学議論に参加しており、報告書の記録も発言は個人名が主語となる。政策を扱う総会などの組織の報告書では、主語は国名である。とは言え、科学委員会は政策決定を行う総会の下部組織であり、各国代表団に属する科学者の発言はその国の政策を反映せざるを得ない。

他方、科学的な議論が政策議論を行う組織から独立した組織となっている例もある。例えば、大西洋海事科学機関（ICES: International Council for the Exploration of the Sea）である。ICESは大西洋の地域漁業管理機関や各国政府に漁業資源の保存管理に関する政策決定のベースとなる科学的アドバイスを提供するが、その組織は地域漁業管理機関からも各国政府からも独立している。科学的課題や生物種ごとの分科会を100以上有し、その歴史は100年を超える。科学者は専門知識を有する個人として各分科会に所属しており、国の代表団というステータスはない。当然、より科学的で中立の科学議論が可能となる。

（2）サイエンス・コミュニケーターの必要性

各国の政策などの影響を受けない科学的議論が確保できても、その結果が政策決定者や一般市民などに正しく伝わり、さらに理解される必要がある。これは彼らに研究者と同等の専門知識を求めるものであってはならないし、そもそも科学的な側面を含む問題は気候変動や原発問題をあげるまでもなく、極めて多様である。これら全ての専門家となることは非現実的である。複雑な科学的問題を専門家ではない一般市民や政策決定者に理解できる形に加工して伝えるのは「サイエンス・コミュニケーター」の役割である。専門分野で優れた科学者であり、かつ一般人にもその科学的成果を理解できる形で説明できる科学者も数多いが、やはり基本は「サイエンス・コミュニケーター」は科学者とは独立の仕事であろう。全ての科学者に専門分野とコミュニケーションの双方に精通してもらう事を期待するのはやはり無理がある。理想的には科学委員会などの組織が自前で独立したサイエンス・コミュニケーターを擁することが望ましい。あるいはプロのサイエンス・コミュニケーターが、あたかも会議通訳のように科学委員会の会議ごと、科学的報告書が公表されるたびに、依頼を受けて高度に科学的な情報を一般向けに「通訳」するという形もあろう。実際既にこのようなことは広く行われているが、政策決定や国際交渉のコンテクストの中で意識してサイエンス・コミュニケーションが行われている例は少ないのではないか。少なくとも筆者が関与してきている漁業や海洋問題をめぐる政策決定や国際交渉の場では、まだまだこの点は改善しなければならないと感じている。

どのような人物がサイエンス・コミュニケーターを務めるべきかについても検討と基準が必要であろう。なぜなら、既にサイエンス・コミュニケーターもどきは活発に「情報発信」を行なっており、疑問の多いサウンドバイトや「科学的見解」を撒き散らしている感があるからである。サイエンス・コミュニケーターもどきをなくすことは現実的に見て困難であろうが、ユネスコなど権威ある中立的国際機関が正当なサイエンス・コミュニケーターを認定することは可能かもしれない。しかしこれもあくまでクオリティー・コントロールが目的であって、認定サイエンス・コミュニケーター以外の発言を封じる言論統制的なものであってはならない。

それでは、適切なコミュニケーターの助けを借りれば、科学的情報は正しく一般に理解され、受け入れられるのであろうか。それが一筋縄ではいかないことをIWCの例は示している。IWCでは、その科学委員会が1992年に資源に悪影響を与えない捕獲枠の計算を可能とするRMPを完成し、IWCもその2年後、1994年にこの方式をコンセンサスで採択した。しかしIWCによるRMPを使っての捕獲枠の計算は未だに実施されていない。科学委員会は北西太平洋ミンククジラや北西太平洋ニタリクジラなど、いくつかの鯨種について捕獲枠を算出できるところまで作業を進めてきており、日本は2014年の第65回総会において、この成果に基づいて日本沿岸でのミンククジラ捕獲枠を提案したが、反捕鯨国はその捕獲枠に反対した。様々な反対理由が述べられたが、例えば現在気候変動が進んでおり、クジラの資源を脅かしている、したがって捕獲枠は支持しないというという主張もあった。実際はRMPのプロセスには環境の激変によってクジラの資源量が短期間に半減するなどのシナリオも取り込んでシミュレーションが行われていることから、気候変動による影響などのケースも勘案されているわけである。しかし、それを説明しても反捕鯨国の代表は、「自分たちはそれを信じない」などと反論してRMPの結果を受け入れない。あるいは、RMPで捕獲枠が算出できても反対すると明言するのである。このような発言は科学者にとっては失望、憤りを覚えるものであるはずであり、科学への冒涜と感じるものであろう。反捕鯨国も含めた科学者たちが、様々なデータを持ち寄り、分析を行い、英知を結集して作成したRMPが否定されるのである。さらにRMPは科学委員会がその総意、コンセンサスで採択したものである。科学委員会がRMPを完成した時の科学委員会議長フィリップ・ハモンド博士（英国）は、IWCがRMPの採択を行わなかったことに抗議して、1993年に科学委員会議長を辞任したが、先にも引用した辞任書簡の中で以下のように述べている。

自然資源管理の科学における、最も興味深く、かつ、潜在的に極めて広範な意味を持つ問題のひとつが、ついに決着した。IWCは、今や商業捕鯨を安全に管理するためのメカニズムを設立することが可能である。これは、商業捕鯨モラトリアムの有無に関係なく可能である。

しかし、現実はこれとやや異なる。IWCの総会において、この科学委員会の成果は多くの国の代表から賞賛され、認められたものの、採択されないままである。

もちろん、この原因は科学とはまったく関係ない。科学委員会が全会一致で勧告しているにもかかわらず、幾つかの国の政府代表は科学委員会報告書の一部を脈絡なく引用し、あたかも「科学的な」理由でRMPを採択する必要はないと主張している。

しかしながら、重要なことは、IWCにとって最も重要な問題について科学委員会が全会一致で行った勧告がこのような侮辱を受けるとすれば、いったいどこに科学委員会を持つ意味があろうか、という点である。さらに、科学委員会の議長はいったいどのような立場に立たされることになるのか。（1993年５月26日付、一部抜粋））」

ハモンド博士の抗議もあり、翌1994年にIWCはRMPを採択したが、その利用は拒否されたままである。

(3) クジラの資源評価の例

科学的な情報が歪曲される例は他にも数多い。例えば鯨類の資源量の推定である。鯨類資源の推定は目視調査により得られたデータに基づいて行われるが、その資源量推定値は過小評価であり、推定値の常として信頼限界という統計学的な幅がある。これを持って正確ではない、真の資源量ではないとは言えるかもしれないが、「鯨については所詮何もわかっていない」ということとは全く異なる。資源を安全に保存管理するという目的からすれば、このような資源量推定値を用いた、コンサーバティブで科学的な知見と技術がしっかりと存在するのである。

ところが、「何もわかっていない」と言うサウンドバイトが広まってしまうと、捕獲するべきではないという意見が優勢となってしまう。この鯨類の資源量推定をめぐる「科学的には何もわかっていない」、「科学には不確実性があるので、捕獲は許されるべきではない」と言った批判は、科学的情報が重要な役割を演じている他の国際問題にも共通する現象であり、課題であろう。専門家以外の関係者、すなわち政治家、行政官、メディア、一般市民などに正確な科学的知見を伝えることは簡単ではない。気候変動問題や原発の問題などは高度の科学が関係すると同時に、一般市民を含む多くの関係者、ステークホルダーや政府などが参加して世論や政策が形成されることから、これらの非科学者も科学的な問題を理解しなければならない。そこに極端な単純化、一方的な主張や解釈、ミスインフォメーション、ミスパーセプションが生まれていく。

東日本大震災での福島原発事故の結果、今までは一般人は耳にすることのなかった放射能に関する専門用語や情報がニュースなどでも飛び交い、それらが様々な形で解説された。非専門家への解説を行う過程では、当然情報の取捨選択や簡素化や単純化が行われることが不可避である。そのため誤解や思い込みの生じる可能性も生まれる。例えば放射能のレベルを示す数字は、絶対的なレベルと相対的なレベルが使われ（例えば、地震の震度（相対的、ローカルなもの）とマグニチュード（絶対的、一つの地震に一つしかない地震の規模を示す指標）のような関係）、さらにそのレベルの幅が極めて大きくミリ、マイクロと言った単位が飛び交い、おまけに放射性物質ごとに異なる半減期といったものも存在し、これら全ての関係の中で放射能の影響が決まってくる。このような情報に突如晒され、それが短期的のも長期的にも自分たちの健康や生活に大きな影響をおよぼすわけである。

このように問題が複雑で普段の通常の生活からの距離感が大きいほど、そこにゼロトーレランス（鯨は一頭たりとも捕獲すべきではない、放射能は一切検出されてはならないと言った許容度を一切受け入れない考え方）の態度が生まれる可能性が大きくなる。忙しく、情報が溢れる現代の生活の中で、複雑な科学的問題について情報収集し、日々の生活の選択肢をさばいていく時間も余裕もないとすれば、ゼロトーレランスは魅力的で都合のいい対処方針である。まして、捕鯨問題についても、放射能の問題にしても一見正しくわかりやすいサウンドバイトが溢れている。そしてそのサウンドバイトは一方的で単純で二者択一的であることが多い。「クジラを救え」に賛成できなければ、「鯨をとり尽くせ」を支持していると理解されてしまう。

実際の世の中はそれほど単純ではない。それでも単純なサウンドバイトやミスパーセプションが世の中を動かすことは否定し難い。福島の原発事故に関連した風評被害もこのカテゴリーに入るだろう。原発事故がなかったとしても、もともと世界は低濃度の放射能にあふれている。日本の土壌であればラドンはどこにでもある放射性物質である。ラドン温泉、テレビやコンピューターの画面からも低い線度の放射線が出ていて我々は毎日これにさらされている。微量の放射線にさらされない生活はあり得ない。しかし、福島県の農産物や水産物はどんなに低い値であろうと放射線が検出されれば売れなくなる。どこかに基準を決めてこれ以下は問題ないと科学者や専門機関が説明しても風評被害が続く。さらに皮肉なことに、分析技術の進歩によって、一昔前には検出限界をはるかに下回っていた放射線量が、今ではしっかりと計測できてしまい、これが風評被害につながってしまう。「このレベルの値であれば健康被害は全くありません」と言われても、「それでも健康被害の可能性はゼロではないんですね」ということになり、専門家もゼロであるとは断言できない。これを聞いた消費者が福島県産の農産物や水産物の消費に躊躇するということになってしまう。
国内政治も国際政策もサウンドバイトに大きく影響される。それは捕鯨の例では一層顕著であるが、決して捕鯨問題だけの問題ではない。それでは適切な政策を構築し、それをすすめるにはこのような事態にどう対処すればいいのか。サウンドバイトにはサウンドバイトで対抗するのか。その過程で、重要ではあるが複雑な問題が抜け落ちる懸念はないのか。

5－3　プレスと広報活動

（1）プレスの役割

政治や政策は世論に影響を受ける。これは国内的な問題であるか国際的問題であるかは問わない。その世論が形作られる際に大きな影響力を持つのがマスメディアである。
捕鯨問題においてもマスメディアは大きな役割を演じている。そしてそのマスメディアをより有効に利用してきたのは反捕鯨団体であろう。1970年代から反捕鯨運動が活発になっていったが、そのスローガンは「Save the Whale」であった。この短いフレーズ、いわゆるサウンドバイトが捕鯨問題の象徴となり、捕鯨に関するイメージを形作り、固定化していった。ここにはシロナガスクジラやミンククジラといった種の区別はない。全てのクジラを救う、救わなければならないというメッセージである。これは全ての種の鯨が絶滅の危機に瀕しているという、誤ったイメージを生んだ。また、何から救うのか。かつて乱獲をもたらした歴史は事実であり、したがって、乱獲を行った捕鯨従事者から救うという連想が働き、捕鯨従事者や捕鯨支持者が悪役となる。さらに、Whale に定冠詞の the が付いている。定冠詞により特定されたクジラとは一体どのクジラなのであろうか。人は鯨に関して様々な情報や印象を持っているが、それらは主観と正誤が混じった情報から作られる。例えば、「クジラは乱獲によって絶滅の危機に瀕している」、「クジラは賢い」、「クジラは親子の情にあふれている」、「クジラは美しい歌を歌う」、果ては「クジラはテレパシーで地球外生物と交信している」という話もあった。この様な特徴を全て備えた想像上のクジラ、The Whale を日本などの邪悪な捕鯨国が殺害し、絶滅させようとしているというイメージができ上がり、反捕鯨運動への支持が強固なものとなった。ノルウェーの社会学者であるアルネ・カランド博士はこの想像上のクジラを“スーパー・ホエール”と名付けている。

世論がスーパー・ホエールのイメージに基づいて捕鯨に反対していれば、政治は当然その世論におもねることになる。たとえ科学的にも国際法の上でも鯨類を資源として持続可能なかたちで利用ができることを知っていたとしても、政治家は選挙に勝たなければならない。圧倒的に捕鯨反対の世論が強い国であれば政治には選択の余地は少ない。ある国の IWC 代表は、筆者に対して、「自分の国ではクジラを捕獲することは人間の子供を殺害することと同じくらいに許されべからざる行為ととられる。」と話してくれた。他の反捕鯨国政府の代表は、「捕鯨に関する限り反捕鯨の立場から１ミリも動けない」と明言した。

（２）日本の広報活動とその限界

もちろん日本も広報活動の重要性を認識している。2002年に下関で開催された IWC 第54回総会では、数億円単位の予算を得てコンテンツの面でもメディアの面でも様々な広報活動を行った。国内ではパンフレット、書籍、ポスターなどの作成と配布を行い、インタビューや対談も多数実施した。外国向けにも、英語、フランス語、スペイン語でのパンフレットやプレスリリースの作成、IWC では英語の Q ＆ A の配布、プレスへのブリーフィング、果ては地下鉄の広告や一般家庭へのチラシ配布まで行ったこともある。この様な広報活動は専門家の参加も得て行われ、外国の場合には現地の広告代理店も使った。

しかし、その効果は限定的であったと言わざるを得ない。なぜか。

発信する日本側にも問題があった。まず、発信元は基本的には日本政府であるという点である。政府が発するメッセージは、政府のシステムの中で揉まれた上でしか出てこない。水産庁など関係省庁の担当レベルから意思決定システムのステップを経て幹部レベルまでの決裁が必要である。さらに外務省などの関係省庁との調整が必要であり、2018年12月26日の菅官房長官のIWCからの脱退の談話など重要なものになれば官邸、そして最終的には総理の同意が必要である。簡単なプレスリリースの発出にも、少なくとも関係省庁間の調整や同意が必要となることが常である。当然これらの手続きには時間がかかる。他方、反捕鯨団体であるシーシェパードなどは、菅官房長官談話の直後に日本が南極海の捕鯨をやめたという勝利宣言を出したが、政府組織はこの様な迅速な小回りはでき難い。

また、政府組織の出す文書はいわゆる国会答弁風で、それを受け取る側によく理解してもらうよりは、なるべく問題や批判が起こらないことを重視する。これはこれで致し方ない面もあるが、残念ながら捕鯨問題の様なイメージ先行で感情的な対立構造の中での、情報発信という観点からの効果には限界がある。役所はサウンドバイトを作るには向いていないのである。そうであれば、メッセージのコンテンツも含めて専門家である広告代理店などに任せるというオプションもあるかもしれないが、国家の政策の主張を完全に広告代理店などに任せることは、なかなか抵抗が大きい。効果的なメッセージやサウンドバイトは往々にして主張を単純化するため、正確さを好み、リスクを嫌う政府組織とはなかなか馴染み難い。

発信主体が政府でない場合であっても、日本として伝えたい情報そのものがサウンドバイトにし難いという特性もある。捕鯨に反対する側からすれば、Save The Whaleという短く効果的なフレーズを作ることはたやすい。サウンドではないが、銛で捕獲されたクジラが血を流している写真一枚で捕鯨に反対する感情を沸き起こさせることができる。反対に、持続的利用を支持する側が伝えたいメッセージや反捕鯨派からの批判への反論は、往往にして多くの字数やデータや図表を必要とする。実は全ての鯨類が絶滅の危惧に瀕しているわけではないことを示すためには、例えば日本政府の役人が「ミンククジラは絶滅の危機に瀕してなどいない」と発言しても、信じてもらえない、あるいは報道されない。科学委員会の報告書の引用や権威ある科学者の論文が必要である。それでも、まだ信じてもらえなかったり、メディアから無視されたりする。

1982年に採択された商業捕鯨モラトリアムが、捕鯨を永久に禁止したわけではないことを示すためには、ICRW 附表第10項（e）の全文を示し、さらにその意味を説明しなければならない。それでも捕鯨は禁止されているという印象、パーセプションを覆すことは至難である。

また、映画監督の佐々木芽生氏が指摘しているように、批判的なメディアには情報を提供したがらないというメンタリティーがあることも事実であろう。佐々木監督は３度にわたり IWC の総会を取材したが、日本政府が行うプレス・ブリーフィングは日本語のみで、邦人記者しか入れなかった。監督は現地で雇ったカメラマンを同行して記者会見を取材しようとしたそうであるが、「違和感がある」という理由で会見場への入室を断られたそうである。残念なことであるが、問題が感情的になり、妨害活動も頻発する捕鯨問題においては取材される側も神経質にならざるを得ない場合があるということかもしれない。しかし、発信しない限り情報は伝わらないということも厳然たる現実である。

（3）情報を受け取る側の問題

持続的利用支持派、とりわけ日本側には情報発信の問題や課題が多いが、その発信を受け取る側にも問題がある。

著者は今まで数知れない外国メディアの取材に応じ、カメラの前でインタビューに対応してきた。しかし、例えば１時間以上にわたって捕鯨問題の背景や日本の主張を説明し、その根拠やデータを示してきたが、なかなかそれを報道してくれない。ひどい場合には１時間のインタビューのうち、反捕鯨の立場から最も都合のいい発言の数秒間だけが番組で使われるといったケースもしょっちゅうである。例えば、「日本は捕鯨を諦めないのか」と聞かれ、「諦めない、それは多くのクジラは絶滅危惧種などではなく、商業捕鯨モラトリアムは捕鯨の禁止ではなく、国連海洋法条約も捕鯨を認めているし、云々」と説明しても、「諦めない」の部分だけが使われる。さらに、この「諦めない」が、クジラが銛で打たれた映像や、気候変動で海洋生態系が危険にさらされているといった科学者の発言のあとで流されるのである。そこから伝わるメッセージは、日本は環境破壊やクジラへの虐待を諦めない、というものになる。著者の発言が、ネガティブ（逆）サウンドバイトに変貌するわけである。この様な扱いを度々受ける。もう外国メディアのインタビューは受けたくないという気持ちが頭をもたげたことは一度や二度ではない。おそらく今までに日本政府で捕鯨問題に関係してきた多くの方々も同様の経験があるのではないか。しかし、発信しない限りは日本の主張は伝わらない。100回インタビューを受ければ、1回ぐらいは前向きな報道もあるだろうと期待して、取材やインタビューを受け続けることにしている。

もちろん外国メディアの記者やジャーナリストがみんな偏った報道をしているなどと主張するつもりはない。プレスの中立性をしっかりと守り、公平な報道を目指す記者やジャーナリストはたくさん存在する。公平に書きたいが、日本からの情報が出てこない、という指摘も度々受けた。ただし、公平な記者がいれば必ず公平な報道が行われるかといえば、そういうわけにはいかない様である。のちに独立することになったBBCのある記者は、しっかりとした取材と公平な報道を行い、日本の調査捕鯨が科学的に行われ、成果も産んでいる趣旨の記事を書いたが、この記事をデスクに持っていったところ、これは読者が期待している記事ではない、として修正が求められたそうである。同様の例として、他のある記者が自分の取材に基づいて捕鯨について前向きの記事を書いたところ、編集段階で血に染まったクジラの写真が加えられ、見出しも捕鯨のネガティブなイメージを強調するものになった。記事の内容は修正されなかったものの、著者も含めて多くの読者が見出しと写真だけしか見ない場合が多いことから、記事の内容が正確に伝わる可能性は大幅に小さくなったことは否めないであろう。

新聞や雑誌などのマスメディアは、存続するためには読者が必要であり、広告を掲載してくれるスポンサーも必要である。捕鯨は悪であるというパーセプションに染まった読者やスポンサーが、公平で捕鯨に同情的な記事を目にすればどうなるか。購読者が減り、広告料収入が減ってもおかしくないだろう。それでも公平に真実を伝えるということは容易ではない。捕鯨に悪意がなくとも、である。

2001年にIWCがロンドン郊外のハマースミスで開催された。その時はインタビューや番組出演のために連日、英国放送協会（BBC）のあるホワイトシティーに通ったが、ある番組のセットに入ったところ、背景に大きなシャチの写真が飾られていた。日本はシャチを捕鯨の対象としていないし、IWCの管理対象種でもない。しかし番組の視聴者はシャチの写真を見ながら捕鯨に関するやりとりを聞くわけであるから、日本がシャチを捕獲しようとしていると思っても無理はない。幸いその番組は生放送であったので、著者がその場でシャチはIWCとは関係ないし、日本も捕獲を要求しているわけではないと訂正できた。

しかし、多くの場合には、収録の後で資料映像などが追加される。特に豪快なジャンプをしたり、親子で悠々と泳ぐザトウクジラの映像が加えられる場合が非常に多い。ザトウクジラは南極海では1963年以降捕獲が禁止されており、日本もザトウクジラの商業捕鯨は求めていない（調査計画には含めたが、実際は捕獲しなかった）。シャチとザトウクジラは鯨類の中でも特に認知度や人気が高く代表的なカリスマ動物である。特にザトウクジラはクジラの中のクジラと呼ばれる。日本がこのザトウクジラを捕獲しようとしているというイメージは捕鯨問題をより感情的にする。ちなみにザトウクジラは商業捕鯨モラトリアム採択の約20年前から捕獲禁止であったことから、その資源はすでに回復しており、南極海だけではなく、世界中で最もよく見られる鯨種である。

全ての鯨類が絶滅危惧種であるという誤解を解くために、筆者は、多くの鯨種についてIWCで合意された資源量が豊富であることをよく説明する。また、IWCのウェブサイト上に科学委員会の合意として、ミンククジラなどは明らかに絶滅危惧種ではないと掲載されていることなども紹介する。ところが取材の結果書かれた記事には、「日本によれば」、「日本の主張では」という書き出しになってしまう。これでは日本が勝手に鯨類資源は豊かだと言っていて、他の国はそうは思っていない、あるいは科学委員会はそんなことは言っていないという印象が伝わることになる。

確かに、日本代表団の一員である著者が取材で言った内容であるので「日本によれば」は間違ってはいない。ここに悪意を感じてしまうのは被害妄想だと言われるかもしれないが、捕鯨問題に関する取材ではしばしば経験することであるのも事実である。それほどに、鯨は絶滅に瀕しているという印象が強いとも解釈できる。聞く側に、そんなはずはないという思い込みがあると、どれだけデータを示して説明しても素直には受け取ってもらえないのである。

サウンドバイトやパーセプション（印象や思い込み）が国際問題さえ左右することは改めて指摘するまでもないかもしれない。今や戦争でさえ当事国が広報の専門家を雇い、国際社会での印象を自国に有利にすることが重要な戦略となる。例えば、1990年代初めのボスニア・ヘルツェゴビナ紛争では、モスレム人とセルビア人が対立し、セルビア側が軍事的には優位に立っていたが、窮地に陥ったモスレム側が米国の高名な広報会社を雇い、サウンドバイトなどのテクニックを駆使して、ボスニア紛争ではセルビア人がモスレム人たちを故郷から追い立て殺害しているという「民族浄化」が行われているという情報を発信した。これに対するセルビア側も情報戦を展開し、国際社会が紛争の当事者たちをどう見るかが紛争の帰趨を左右する現実を見せつけたのである。

(4) なぜ、ここまでになったのか

反捕鯨団体や反捕鯨国の広報戦略が功を奏したことは間違いない。捕鯨問題における広報活動の重要性は日本も早くから認識していたが、反捕鯨運動における広報活動の多様さと質的量的な層の厚さはやはり脅威である。広報ツールだけを見ても、パンフレット、書籍、イベント、グッズ、ポスター、インターネットによる各種発信、新聞広告、投書、手紙、宣言やプレスリリース、子供向け教材、テレビ番組や映画など、実に多様である。これらの様々なチャンネルを通じて、クジラは素晴らしい動物である、資源としてではなく保護すべき動物である、クジラは危機にさらされている、捕鯨は禁止されている、日本などの捕鯨国は国際ルールに違反している、捕鯨は野蛮である、などと言った

メッセージが、反捕鯨運動が盛んとなった1970年代から流され続けているのである。そして過去に現実としてあったクジラの乱獲の歴史とあわせて、捕鯨に反対する強固なパーセプションと世論が確立されてきた。いわゆる反捕鯨国の子供達は何世代にもわたって反捕鯨団体が提供する教材でクジラを捕獲することは悪いことだと教育されてきている。これを覆すことは並大抵ではない。(教材について教員の裁量がより広く認められている欧米では、反捕鯨団体などが副読本やグッズなどのパッケージを教員に提供しており、教員側もこれを便利な教材として利用するという背景がある。その教員自身も子供の時に同様の教材で育っていたとしてもおかしくない)。

このような広範な広報活動には膨大な資金が必要である。どこからこのような資金が出てくるのか。さらにこのような広報活動を支えるためには組織と人材も必要である。どのような組織と人材が動員されているのか。そして、そもそもここまでの活動が行われ、継続してきた背景と動機はどこにあるのか。

反捕鯨運動の広報活動の主役はNGO（Non-Governmental Organizations）である。反捕鯨の立場をとる主なNGOとしてはグリーンピース、WWF（世界自然保護基金、World Wide Fund for Nature)、IFAW（国際動物福祉基金、International Fund for Animal Welfare)、シーシェパードの他多数あり、IWCに出席するNGOで捕鯨に反対する団体の数は2016年のスロベニアでの総会のケースでは25団体に達する。彼らの資金源の中心は一般からの寄付金である。これらNGOの多くは免税の適応を受けているため、その資金規模は不明確な面があるが、例えばグリーンピース・インターナショナルの2016年の年次報告書によれば、その年間の基金は約3700万ユーロ、約50億円である。ただしこれはグリーンピース・インターナショナルの基金であって、独立の組織である26の国別地域別グリーンピース（55か国に支部を持つ）の予算は含まれていない。グリーンピース全体としての年間予算については不透明で、各種推定値があるが、おそらく200億円から300億円と言ったところであろう。この全てを個人からの寄付で賄っているというのが、グリーンピースの公式見解であるが、これについては様々な批判や反論があり、企業からの献金が相当あるとも言われている。いずれにしても多くの国にまたがり、独立の会計を持ち、さらに非課税の扱いを受けていることから、その全貌は掴み難い多国籍企業と言うのがその実態であろう。ただその公式な財源が一般市民からの寄付であることから、一般市民が寄付をしたくなる課題に取り組み、成果をあげることが組織存続のために不可欠となる。その成果は人目を引き、一般市民の賛同を得やすいものでなければならない。ここで広報活動が重要となる。グリーンピースなど、いわゆる環境NGOの専属職員にはジャーナリズムや広報の専門家が多数雇用されている。

(5) 消されたマッコウクジラのウェブサイト

捕鯨問題に関連して、情報やデータがゆがめられた例は枚挙にいとまがない。その一つの例が、2000年から開始されたJARPN IIをめぐる米国政府とのやり取りの中で起こったことである。第I期の北西太平洋鯨類捕獲調査（1994年から1999年まで）ではミンククジラだけを対象に調査を行ったが、第II期では、海洋生態系と鯨類の関係を研究するために、資源量が大きく（したがって様々な海洋生物の捕食量も大きい）鯨種を対象に捕獲調査を行う計画を作成し、ミンククジラ、ニタリクジラ、マッコウクジラ、そして2002年からはイワシクジラを調査対象とした。

このうちマッコウクジラはハーマン・メルヴィルの小説『白鯨』に登場する「モビィ・ディック」のモデルになっているほか、クジラのイラストなどではよく見かける鯨種でもあることから、ザトウクジラと並んで人気や認識度が高い。このマッコウクジラが捕獲対象となることに、反捕鯨国では特に強い反発が生じた。他方、マッコウクジラの資源量は日本の周辺海域でも大きく、調査対象から外すことは科学的には理屈が通らなかったのである。

2001年1月10日には、とある米国政府高官と日本の高官の会談が行われ、米国から捕獲調査の対象鯨種の拡大、特にマッコウクジラが捕獲対象となったことに懸念が表明された。これに対して日本側からは、マッコウクジラの資源量は大きく、計画された捕獲上限頭数（年間10頭）では資源に全く悪影響はないことを主張した。さらに、米国商務省国家海洋大気庁（NOAA）のホームページにも「世界全体のマッコウクジラの豊度は200万個体と推定されており、他の絶滅危惧の6種の大型鯨の合計の8倍を上回る」という記述があることを指摘した。米国政府もマッコウクジラはたくさんいることを認めているではないかという指摘である。

ところが、翌日の1月11日、この指摘した部分の記述がホームページから削除された。さらに後日にはマッコウクジラのページ全体が「工事中」となり、現在では、漁業による混獲や気候変動などの脅威を強調する内容になってい

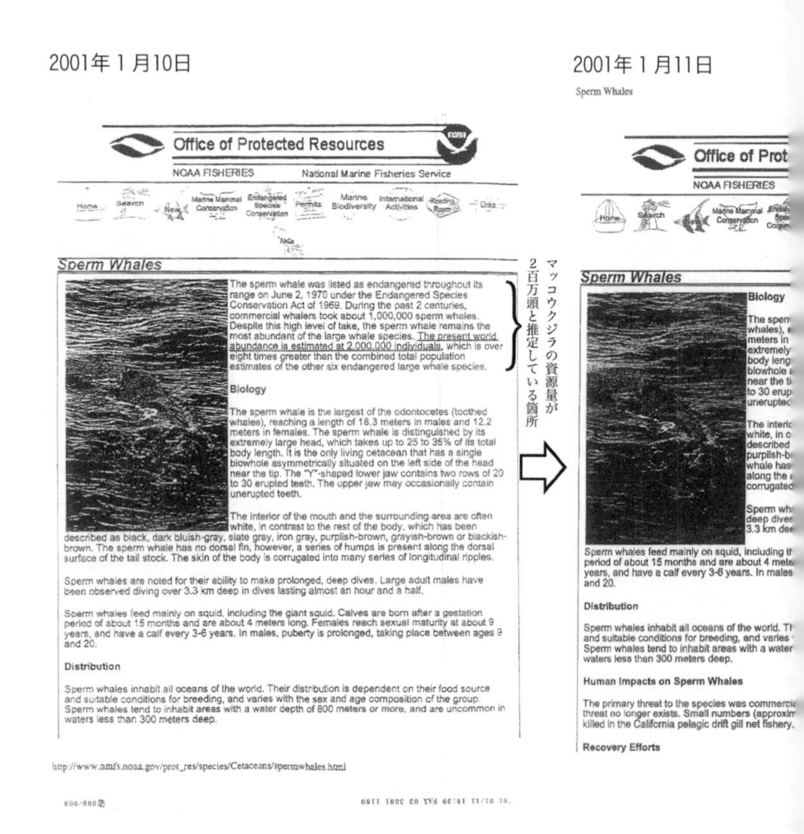

2001年1月10日

Office of Protected Resources

NOAA FISHERIES　National Marine Fisheries Service

Home　Search　New　Marine Mammal Conservation　Endangered Species Conservation　Permits　Marine Biodiversity　International Activities　Reading Room　Links　FAQs

Sperm Whales

The sperm whale was listed as endangered throughout its range on June 2, 1970 under the Endangered Species Conservation Act of 1969. During the past 2 centuries, commercial whalers took about 1,000,000 sperm whales. Despite this high level of take, the sperm whale remains the most abundant of the large whale species. The present world abundance is estimated at 2,000,000 individuals, which is over eight times greater than the combined total population estimates of the other six endangered large whale species.

Biology

The sperm whale is the largest of the odontocetes (toothed whales), reaching a length of 18.3 meters in males and 12.2 meters in females. The sperm whale is distinguished by its extremely large head, which takes up to 25 to 35% of its total body length. It is the only living cetacean that has a single blowhole asymmetrically situated on the left side of the head near the tip. The "Y"-shaped lower jaw contains two rows of 20 to 30 erupted teeth. The upper jaw may occasionally contain unerupted teeth.

The interior of the mouth and the surrounding area are often white, in contrast to the rest of the body, which has been described as black, dark bluish-gray, slate gray, iron gray, purplish-brown, grayish-brown or blackish-brown. The sperm whale has no dorsal fin, however, a series of humps is present along the dorsal surface of the tail stock. The skin of the body is corrugated into many series of longitudinal ripples.

Sperm whales are noted for their ability to make prolonged, deep dives. Large adult males have been observed diving over 3.3 km deep in dives lasting almost an hour and a half.

Sperm whales feed mainly on squid, including the giant squid. Calves are born after a gestation period of about 15 months and are about 4 meters long. Females reach sexual maturity at about 9 years, and have a calf every 3-6 years. In males, puberty is prolonged, taking place between ages 9 and 20.

Distribution

Sperm whales inhabit all oceans of the world. Their distribution is dependent on their food source and suitable conditions for breeding, and varies with the sex and age composition of the group. Sperm whales tend to inhabit areas with a water depth of 600 meters or more, and are uncommon in waters less than 300 meters deep.

http://www.nmfs.noaa.gov/prot_res/species/Cetaceans/spermwhales.html

マッコウクジラの資源量が2百万頭と推定している箇所

2001年1月11日

Sperm Whales

Office of Prot

NOAA FISHERIES

Home　Search　New　Marine Mammal Conservation

Sperm Whales

Biology

The sperm whales), meters in extremely body leng blowhole near the ti to 30 erup unerupted

The interio white, in c described purplish-b whale has along the corrugated

Sperm wh deep dives 3.3 km dee

Sperm whales feed mainly on squid, including th period of about 15 months and are about 4 mete years, and have a calf every 3-6 years. In males and 20.

Distribution

Sperm whales inhabit all oceans of the world. Th and suitable conditions for breeding, and varies Sperm whales tend to inhabit areas with a water waters less than 300 meters deep.

Human Impacts on Sperm Whales

The primary threat to the species was commercia threat no longer exists. Small numbers (approxim killed in the California pelagic drift gill net fishery.

Recovery Efforts

図5.1 削除された反捕鯨に都合の悪い記事とウェブサイト

る。幸いにも著者はこの一連の修正を印刷していたので証拠が残ったが、クジラは絶滅に瀕しているというパーセプションにそぐわない情報が政府のホームページから消えたのである（図5.1）。

（6）映画「ザ・コーヴ」で行われた情報操作

和歌山県太地町で行われているイルカ追い込み漁を強烈に批判したドキュメンタリー映画の『ザ・コーヴ』(The Cove、2009年公開、ルイ・シホヨス監督)は、2009年のサンダンス映画祭で観客賞、2009年度第82回アカデミー賞では長

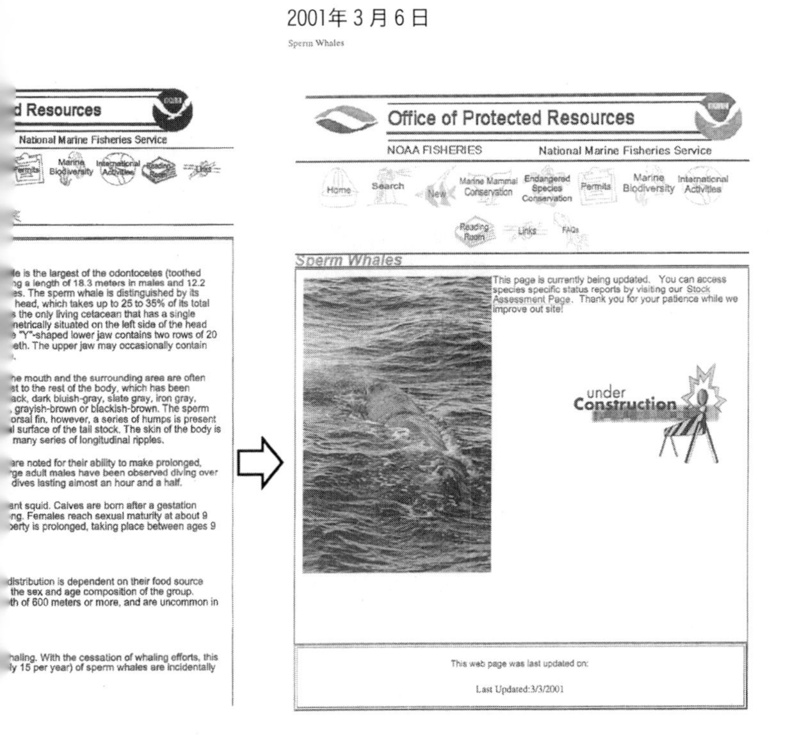

（米国国家海洋大気庁（NOAA）のホームページ）

編ドキュメンタリー映画賞を受賞したが、その内容は一方的で情報の操作も行われている。例えば、映画の最後に流れるテロップでは、水産庁の諸貫秀樹氏が鯨肉の食べ過ぎから水銀中毒にかかっており、2008年に水産庁を解雇されたとしているが、諸貫氏は水銀中毒などではなく、本書執筆時点の2019年には水産庁参事官の要職を務めている（図5.2）。

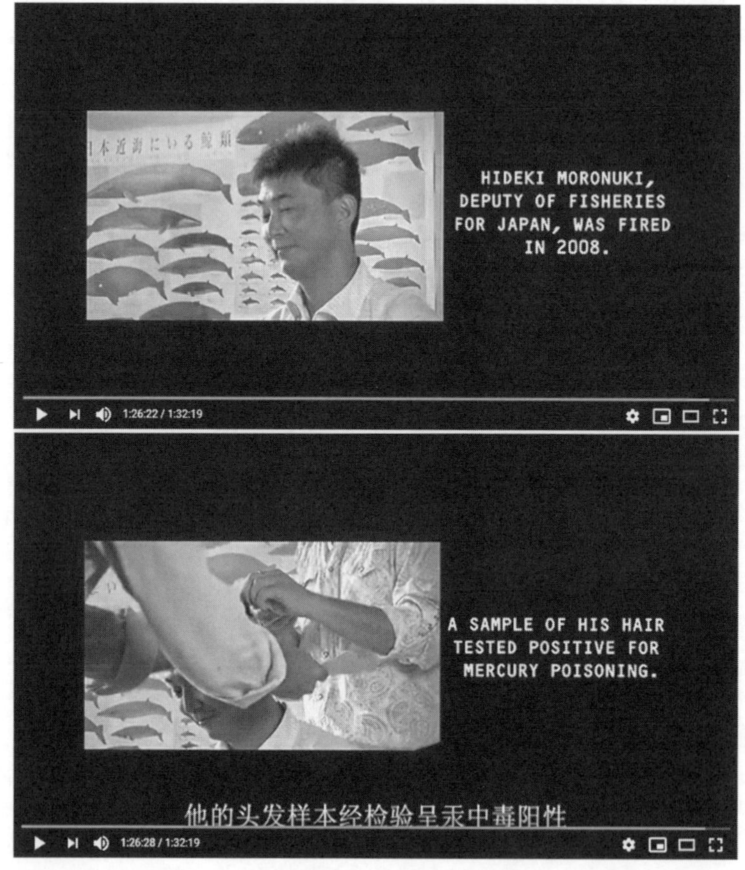

図5.2「ザ・コーヴ」で、イルカへの負担の少ない漁法について説明した水産庁漁業資源課課長補佐の諸貫秀樹氏の映像。「諸貫秀樹氏は2008年に日本の水産庁から解雇された。彼の髪のサンプルは水銀中毒テストで陽性でした。」と事実無根のテロップが付けられた。

5-4 カリスマ生物コンセプト

海や陸域の生態系の保全、生物多様性の保存、絶滅の危機に瀕した動植物の保護などの必要性については広く一般に受け入れられており、また、これらは生物資源の持続可能な利用の原則と矛盾しない。むしろ健全な生態系や生物多様性の存在は、持続可能な生物資源利用の実現にとっては必要不可欠な前提である。健全な海がなければ漁業は存続しえない。

しかし、ミンククジラなど資源が豊富な鯨種を極めて安全を見込んだ捕獲枠の下で捕獲することも一切認めないという主張が反捕鯨勢力の中では主流である。以前は危険で恐ろしい動物とされていたサメが海洋環境保護のシンボルとなり、その利用（サメひれや肉など）が厳しく制限、禁止されつつある。象牙については、密猟や密輸を防ぐために、国際取引のみならず、合法でゾウの資源に悪影響の無い国内市場さえ閉鎖すべきという議論が行われている。

クジラ、サメ、ゾウなど「カリスマ性がある」生物については、科学的な根拠を超え、特別に保護すべきであるという思想がその背景には存在する。

カリスマ生物についての客観的、もしくはやや批判的な観点から分析としては、2013年の Frederic Ducarme, Gloria M. Luque, Franck Courchamp による「What are “charismatic species” for conservation biologists」という論文がある。これをベースとして、カリスマ生物について考えてみたい。このコンセプトは捕鯨問題のみならず、生物が関係する様々な国際的な議論に深くかかわっているが、日本ではまだ十分に理解が進んでいないのが現状である。

(1) カリスマ生物とは何か？

カリスマ生物の定義は様々であり定まっていないが、海洋生物に関しては、クジラ、サメ、海亀、さらにクロマグロなどの大型魚類がカリスマ生物とみなされており、陸上動物ではゾウ、トラ、パンダ、ライオン、オオカミなどが代表的なカリスマ生物である。そのほか、高価な生物やその製品（宝石サンゴ、サメひれなど)、美しい生物（羽根の美しい鳥など)、文化的シンボル性を持つ生物などが含まれる可能性が有る。本書では、文脈に応じてカリスマ動物、カリスマ生物、カリスマ性のある生物などの表現を使っているが、これらはほぼ同義であるとみなして差し支えない。

カリスマ生物は一般的には誰もが知っている大型動物であり、必ずしも絶滅危惧種ではないが、環境保護のシンボルとされ、環境予算の確保、環境保護団体の寄付金獲得などに利用される。また、エコツーリズムの目玉としても扱われている。カリスマ生物の大部分は大型哺乳動物であるが、Ducarmeらの論文では、宝石サンゴ、バオバブの木などもカリスマ性のある生物となりうるとの記述がある。

例えばサンゴ礁の生態系を保全するといった目標が設定される場合、サンゴ礁に生息するどの生物を、どのような方法（漁業の制限、陸上からの汚染物質の流入制限など）で、どのようなレベル（例えば手つかずの自然を残すなど）に保存するのかといった要素が検討され、具体的な保存管理措置や到達目標を設定することが必要となる。しかし、実際には、現実の生物多様性や生態系の複雑さ、ダイナミックな変動・変移のすべてを理解し、モニターし、保全の効果を評価することは不可能に近い。そこで、保全生態学では、複雑な生態系をモデル化したり、コンセプト化したりするという手法が用いられるが、このような手法においては特定の生物（複数の場合を含む）に注目し、それら生物に全体を代表させる、指標とするなどのアプローチが採用される。

このような生物には「中心となる（focal）生物」や「(全体の）代理となる（surrogate）生物」などという呼称が与えられている。このような用語は1980年代に最初に使われ、1990年代には理論化された。生態系の特定の側面や要素を、一つもしくは数種の生物種に凝縮し代表させるという概念を表現しており、このような生物種を規定することで、研究目的や実際の保存のために調べ、理解し、そしてモニターすることが容易となるのである。このほかにも、学術論文では、“keystone”（かなめ石)、“indicator”（指標)、“flagship”（旗艦、最も重要な)、“umbrella”（傘、傘のように生態系上部で保護・統括する）

生物などという呼称が使われている。

カリスマ生物はこのような概念の中で使われる表現であるが、その定義は特に不明確と言え、ほとんど組織的な分析や定義付けが行われてきていない。カリスマという語は、元来は教会用語として用いられたラテン語から来ており、「神から授かった力あるいは才能」を意味する。一般的世俗的な言葉では、「他の人間に献身の念をもたらすような抗しがたい魅力や求心力」ということになる。したがって、これは極めて主観的な性格のものであるといえよう。しかし、カリスマ性のある生物は、人気が高く、保全問題に関する認識や保全のための行動に刺激を与える象徴となり、“Save the Whale” に代表されるスローガンとなりうる。これは財政的な支援や寄付の確保を容易にし、一般市民の関心と同情を引き起こし、保全運動やキャンペーンを確固としたものにするのである。

カリスマ生物となりうる要因としては、「(他と区別して) 検知できること (detectability) と (他と) まったく別であること (distinctiveness)」(換言すれば名声・評判があること)、「社会経済的なバイアス」(各社会がそれぞれの動物をどう見るか、それがどのような評判や話題となっているか)、「美的感性」(野性味から可愛らしさへとつながる連続体に基づくカリスマ性)、そして、「満足感を生み出す潜在力」(科学者、知識層、及び興味を有する者にとっての関心が存在するということを裏付ける (すなわち、保護が成功すれば得られる) 満足感) などがある。しかしながら、カリスマ性とは主観的であり、人によって異なる極めて相対的なものであるとも述べられている。

保全生態学の中で生態系や生物多様性を代表する生物は、生態学的な重要性、例えば生態系という複雑な構造物の中でかなめ石としての役割を果たしているといった、科学的論理的な特性を持つが、カリスマ生物は、Lorimer (2007) の挙げた要因に従えば、そのような特性とは関係なく、単なる人へのアピール度から決められるということにもなる。

さらに、計画的なキャンペーンや映画などのヒットが新たなカリスマ動物を生み出す例もある。従来は保全の対象とはみなされていなかったサメや、1993

年の映画「Free Willy」のヒットでそのイメージを大きく変えカリスマ動物となったシャチなどがこれにあたる。

なお、カリスマ動物コンセプトは、時に動物福祉、動物愛護、あるいは動物権の主張と混乱して扱われてきていることから、それらとの定義の整理が必要である。学術的に厳密な定義ではないが、動物福祉・愛護の考え方は、人間の役に立つ動物の利用や飼育にあたって、その動物に苦痛などを与えないことを目的とし、生物資源の持続可能な利用の概念とは矛盾しない。日本の動物愛護法もおおむねこの考え方に基づく。

動物権については、例えばピーター・シンガーの著書「動物の解放」(1975) が有名であるが、動物は苦痛を感じる能力に応じて人間と同様の配慮を受けるべき存在であって、動物種（人間を含む）の間の平等を前提とする。動物権運動支持者は、畜産、動物実験、狩猟等に反対する。

一方、カリスマ動物コンセプトでは、さらに進んで、特定の動物に特別なステータスを与え、その絶対的な保護を求めることから、動物種間の平等性とは相いれない考えと理解できる。反捕鯨団体関係者（例えばシーシェパード）の例では、クジラを救うためには自らの命を犠牲にすることも厭わないと言った発言が聞かれ、あたかもクジラを人間の上位に位置付けているとさえ思われる。したがって、ごく単純に模式化すれば、動物福祉・愛護の考え方では動物は人間の下位にあり、動物権の考え方ではこれが同等となり、カリスマ動物については人間の上位にあるという整理も可能である。

（2）カリスマ生物を支持する論点

Ducarme らの論文では、カリスマ性に基づくアプローチをとることを支持する論点をいくつか挙げている。

まず第一番目の論点は、環境保全上の懸念を、カリスマ生物という好意を得やすい「顔」でもって具現化するということは、純粋に論理だけで人々を説得するよりは、環境保全に向けての行動を誘発しうるという分析である。これには、環境保全対象地域の地元民に対し、例えば彼らにとって神聖な動物や伝統的に象徴性が付与された動物のような既存のカリスマ生物を利用することで、地元民の参加や環境保全プログラムによって導入される規制や制限の尊重を強く促し、環境教育を容易に促進することができるというケースも含まれる。

第二番目の論点は、多くのカリスマ生物は高次捕食者であり、したがって、その保護は生態系と生息域全体の保護につながるという考え方である。例えば陸上の高次捕食者であるライオンなどは、草食動物個体群の数を抑制する役割を果たし、それを通じて植物相、最終的には生態系全体をコントロールする役割を持っており、ライオンの保護は生態系全体の保護を意味する。高次捕食者という特性は、そのほかにも、生存のためには広範で生態学的に健全な生息域を必要とすること、食物連鎖の頂点として生態系内の汚染物質の指標となりうることなど、環境保護のシンボルとなりうる要素を伴うことも事実である。

第三番目の論点は、カリスマ生物が持つ、潜在的な寄付金のドナーから最大限の支援を獲得するためのアピールの強さである。これは第一番目の論点とも共通部分があるが、第一番目の論点が、環境保全の必要性の理解と行動の促進にあったことと（したがって、その生物が関係する生態系の中で重要な役割を持っていることが必要）に対し、この第三番目の論点は、生態系におけるその生物の役割やその生物が絶滅危惧種であるなどといった観点とは関係なく、マスコット的なアピール力を持つかどうかに関係している。現実の生物と生態系におけるその潜在的な役割を考慮せずに、純粋に「売り込みキャンペーンのための象徴的な存在」と定義することができる。Ducarme らの論文では、WWF（世界自然保護基金）のロゴであるパンダが、世界全体の生物多様性の主要シンボルであることを例として挙げている。

（3）カリスマ生物に反対する論点

海洋生物資源を含む生物の利用に関しては、科学的な調査研究と国連海洋法条約などの確立された国際法に基づいて、保存と管理を通じた持続可能な利用を図ることが原則である。しかし、対象生物がいわゆる「カリスマ動物」と認識される種の場合、従来の保存管理をめぐる議論とは異なる要素の議論（カリスマ性のある特別な動物については特別な保護が図られるべき）が惹起され、捕鯨問題などに代表されるように、資源管理の視点（科学や法律に基づく持続可能な利用と保全の達成）と、資源状態にかかわりなく完全な保護を求める視点の衝突が、対立を激化させるケースが多く存在する。往々にして、表面上は資源管理の議論が行われながら、背景にはカリスマ動物コンセプトが存在するなど、視点の混在・混乱が見られ、かみ合わない議論が行われている。さらに資源としての生物利用とカリスマ動物コンセプトは相いれないポジションであることから、妥協の余地のない、激しい、時に感情的ともいえる紛争と対立を招いている。

近年、生物資源の保存管理をめぐる国際的な舞台において、このカリスマ動物コンセプトが、時に十分認識されないまま議論を紛糾させ対立を困難なものとしている。また、このような対立構造の下では、科学的な根拠に基づいて粘り強い説得を行い、理解を求めるという従来のスタンダードな外交交渉アプローチが機能しないことも次第に明らかとなってきている。

また、カリスマ動物は、環境保全予算や一般からの寄付を強く誘引することから、本来ならばより保全努力が必要な動物にその必要な資金が配分されないという問題も指摘されている。カリスマ動物の存在は、真に必要な環境保全、生物保存管理の対策にも悪影響を及ぼしている。例えば、クロミンククジラは資源が豊富であることはIWC科学委員会でも一致した見解であるが、このクロミンククジラを捕獲する日本の鯨類科学調査（いわゆる調査捕鯨）に反対するキャンペーンに大量の寄付金が集まり、反捕鯨国政府も多くの予算と人的資源をつぎ込んでいる。他方では、例えば、見知らぬ地の小さな池にすむカリスマ性のない、美しくもないカエルには、それが絶滅危惧種であったとしても、その池の生態系にとって重要な種であったとしても、保護の予算獲得と配分は極めて困難である。カリスマ生物は環境保全にとって適切な資源配分バランスを崩している。

さらに、一般論として、保全生態学者の間では、環境保全とは直接関係なく、一般市民へのアピール性のみで選ばれたカリスマ動物が、環境保全のコンテクストで議論されることへの懸念は非常に大きい。これには広範で多様な論点があり、例えば、それが増大させる科学的なバイアス、一般公衆に対する欺瞞、非科学的な性格、代理となるもの（surrogate）を使うという環境保全戦略の効率そのもの根本的な疑問、そして、カリスマ生物の“umbrella”（傘、傘のように生態系上部で保護・統括する）生物あるいは“keystone”（かなめ石）生物としての適格性に対するより具体的な疑問である。

同様の構図はサメ、海亀、クロマグロに関する地域漁業管理機関（RFMO）などでの国際的議論の中でも見られ始めているが、相容れない対立的議論の論理的構造と多様なステークホルダー（環境保護団体、漁業関係者、政府関係者、マスコミを含む一般市民など）の関心と目的意識の差異を把握し、問題の解決方法を探る学術的研究は少ない。カリスマ動物コンセプトが関係する対立は今後さらに拡大する様相を見せているにもかかわらず、その対処については確立された議論がない。

（4）カリスマ動物コンセプトに関する認識の現状

Ducarme 等が行った Web of knowledge database のサーチによると環境保全関連論文における「カリスマ」への言及は急速に増加している（図5.3）。他方、日本国内での研究は少なく、J-stage と Google Scholar による日本語文献の2016年10月時点での検索では、環境保全の分野におけるカリスマ、カリスマ

図5.3
カリスマ動物関連文献の出版点数
（出典：Ducarme、2013から）

動物、カリスマ生物などのヒットは１件に過ぎなかった。

クジラ、サメ、マグロなどをめぐる国際的な対立や紛争は、従来、資源状態に関する科学的議論、国際法の解釈等に関する法的議論、保存管理方策に関する政策的議論等がその基本であったが、近年、動物福祉問題、さらには特定動物を特別視するカリスマ動物コンセプトが重要な影響を及ぼし始め、紛争をより感情的、対立的にするとともに、従来の価値観とかみ合わない、出口の見えない議論を生んでいる。その交渉は我が国の漁業のみならず、生物資源の持続可能な利用全般に影響するものであるにもかかわらず、日本では研究が進んでおらず、一般の認知度や関心もいまだ限られている。さらに、本件は海洋生物学や法学のみならず、環境学、公共政策学、認知科学など極めて学際的な性格を有していることも注目に値する。

カリスマ動物のコンセプトが生物資源の保存管理、持続可能な利用、保全生態学の在り方等に大きな影響を及ぼしているにもかかわらず、さらに、国外においては学術的にも関心が急速に高まってきているにもかかわらず、日本国内においてはその認知度、学術的関心もまだ極めて低いと思われる。クジラを含む海洋生物資源の利用に深くかかわり、象牙、宝石サンゴ、皮革製品、べっ甲、希少動物のペットなどの世界的な市場である日本が、IWC、地域漁業管理委員会、CITES 締約国会議などの場で直面している様々な紛争において、このコンセプトが重要な要素であることを考えると、早急にカリスマ動物コンセプトを理解し、分析し、対応を考察する研究が必要である。

（５）強まる野生生物製品取引の規制

2016年９月にハワイで開催された国際自然保護連合（IUCN：International Union for Conservation of Nature）総会において、象牙の国内市場を閉鎖することを求めた決議（総会決議第11号）が採択された。IUCN 決議では、その主文第３パラグラフにおいて、「象牙の合法的国内市場、あるいは何らかの象牙国内取引を有する国の政府に対し、未加工あるいは加工された象牙の商業的取引の国内市場を閉鎖するために、必要なすべての法制度的努力を行うことを強く促し」、合法な象牙市場も閉鎖することを求めている。前文では、「合法的な国内市場を含む、すべての象牙の供給が、見せかけの合法性のもとで違法な象牙を洗浄（laundering）する機会を作り出していること」を合法な市場の閉鎖理由に挙げている。ここでは、カリスマ性への言及はないが、ゾウのカリスマ性は言及するまでもなく、すべての危険からゾウを保護するべきとの思想が明確である。

IUCN 総会の後を受け、2016年９月から10月にかけて開催された第17回 CITES 締約国会議では、象牙の取引に関する決議（正確には、ゾウ標本の取引に係る既存の決議（Resolution Conf.10.10（rev.Cop16））の改正を求める提案）が採択された。この改正では、「密漁あるいは違法取引に貢献している合法の国内市場」を閉鎖することを求め、密漁や違法取引に貢献していないとされる国内市場は対象外という解釈を可能としたが、密漁や違法取引を撲滅するために合法な国内市場を閉鎖するというアプローチを国際機関が採択した意味は大きい。違法取引を撲滅するために合法取引を止めるという理屈は、ある意味ではスピード違反の撲滅のために自動車の運転を全面禁止するということと同等であり、違和感が否めない。本来は正当で合法な取引ができるように違反を取締るのが筋のはずである。

第17回 CITES 締約国会議における象牙の国内取引市場に関する議論の概要について、外務省のウェブサイトは以下の説明を行っている。

米国及びケニアを始めとするアフリカ10か国から、それぞれ国内取引市場の閉鎖を求める提案。作業部会において、両決議案を一本化し、閉鎖を求める国内市場を、密猟や象牙の違法取引に寄与している国内市場に限定する修正を加え、コンセンサスにより採択された。

一方で、本件決議の採択を報じたメディアの見出しは、世界全体で象牙国内市場を閉鎖することが決まった、あるいは、取引禁止が維持されたという趣旨のもので、「限定」については言及していないものがほとんどである。

外務省 HP はこの決定に関する下記の評価も掲載している。我が国の国内象牙市場には本件修正は適用されないとの理解である。

我が国は、アフリカゾウの密猟や違法取引の撲滅は締約国が取り組むべき喫緊の課題との共通認識に立ちつつ、種の存続を脅かさない商業取引は、種や生態系の保全、地域社会の発展に貢献しうる（いわゆる、持続可能な利用）との考え方の下、作業部会での議論に建設的に参加。この結果、閉鎖されるべきは密猟や違法取引につながる国内市場であるといった、我が国のみならず米国を含む複数の締約国の意見が反映された修正案がとりまとめられるに至った。採択された決議が、厳格に管理されている我が国の国内象牙市場の閉鎖を求める内容ではないことは評価できるもの。

我が国としては、象牙の国内取引に対してさらに厳格な管理を行っていく考え。

それでは NGO はこの CITES の決定をどう見ているか。WWF ジャパン／トラフィックは、そのウェブサイトで、密漁と違法取引の深刻さを指摘したうえで、日本に関しては、「日本の象牙市場に関しては、現在世界で問題となっている大規模な密猟や密輸に直接的な影響を与えているといった傾向は示されていないため、現状で直ちに閉鎖する必要はないと考えていますが、現行の法制度にはまだ問題があり、密輸品が紛れ込む可能性がゼロではありません。」と述べ、慎重ながらも日本政府見解とは矛盾しない見解を述べている。

他方、捕鯨問題やゾウの問題に一貫して強い保護の立場をとり、その目的のためには違法な潜入による「捜査」もいとわない NGO である EIA（Environmental Investigation Agency）は、下記の見解を表明している。

野生生物製品の取引禁止は、多くの消費者は法律を守ることから、その製品に対する需要を減少させる。残存する需要を減らす努力を継続することで、長期的には保護を成功に導く。しかし、CITES が許した２回の象牙取引（既に存在する在庫を日本など管理が行われている市場で取引することを認めたもの）などのような例は、需要を再燃させ刺激することで、取引禁止を効果的に損ない、結果的に保護しようとしているその生物自体を絶滅に導く。

野生のゾウ、サイ、トラの製品等の取引禁止は効果を上げており、これからも効果を上げるであろう。しかしそれは、合法的な取引が消滅しつつあるこれらの製品の需要を復活させ刺激することで、消費者を混乱させ、法の取締の裏をかかせ、種の絶滅から利益を得る犯罪者と裕福な投機家たちに儲けの好機を提供することがなければ、である。

EIAの主張には、密輸密漁に寄与する合法市場と、寄与しない合法市場の区別はなく、合法市場が存在すること自体が種の保護の努力を損なうというものである。保護の理由としては、これらの種が絶滅危惧種であることを強調しているが、種により、系群により個体数の状態と動向に差異があることには言及はない。WWFジャパン／トラフィックが、「一方で、ゾウの数がほとんど減っておらず、自然死した個体の象牙を、自国の産品として合法的に輸出することを望む国や、自国内での象牙の取引を合法的に認めている国もあります。アフリカゾウを保全するためには、国や地域の課題に応じた対策が必要とされているということです。」と述べていることとは対照的である。

ここでも明確なカリスマ動物への言及はないが、やはり、ゾウなどの動物が持つカリスマ性がEIAなどのキャンペーンの後押しとなっていることは否めないし、EIAを含むNGOはそのカリスマ動物としての前提を最大限利用していることも事実であろう。

5-5 科学と国際政治とパーセプション

(1) 国際政治とパーセプション

クジラを含む海洋生物資源の保存管理に関する国際問題は、他の国際問題と同様にパーセプション（認識・認知・知覚）に大きな影響を受けている。あるいは、より詳細な比較が必要であろうが、他の国際問題、例えば気候変動問題などよりも、より強くパーセプションに左右され、支配されているように思える。

捕鯨問題においては、すべての鯨類資源が絶滅に瀕していないことが理解され、いわゆる商業捕鯨モラトリアム条項が商業捕鯨を永久に禁止しているわけではなく、むしろ捕鯨再開の手続きさえ規定していることが知れ渡り、捕鯨国が鯨類資源の乱獲ではなく持続的利用を目指していることが受け入れられれば、問題の様相が大きく変化することが期待される。

後述する公海漁業問題においても、問題の正しいスケール（どのような規模で公海漁業が行われているのか、公海にはどれほどの海洋生物資源が存在するのか、公海漁業とEEZや領海内で行われている漁業の違いは何かなど）が理解されれば、議論の内容や方向性が大きく変わり、本来の問題点が整理され、より迅速な解決に向けての行動がとられるのではないか。

しかし、これらのパーセプションは根強く、むしろパーセプションを固定し強化する働きかけが不断に行われている。それはいったいなぜか。パーセプションを作り上げ、強化することのインセンティブは何か。

（2）パーセプションの双方向性―その結果としてのパーセプション・ギャップ

事実に基づかないパーセプションは、議論となっている問題の一方の主張のみに存在するわけではない。

例えば、捕鯨問題の場合では、反捕鯨勢力側にのみ、事実に基づかないパーセプションが存在するわけではない。例えば日本では、捕鯨と鯨食は日本の文化であり、これを反捕鯨勢力に納得させることで、捕鯨が認められるというパーセプションが存在し、日本国内の反捕鯨論者との間で捕鯨は日本の文化であるか否かという議論が繰り返し行われてきている。しかし、反捕鯨国での支配的な見方は、捕鯨はすでに過去のものであり、他の古い文化が消滅してきたのと同様に捕鯨も消滅すべきであるとの考え方が支配的であり、国際的な圧力にさらされながら時代遅れの文化を主張することは理解できないという見方である。反捕鯨国側は、捕鯨は文化であるかもしれないが、それはかつて奴隷制度が文化であったことと同様で、現代の世界からは消滅すべき文化であるというわけである。すなわち捕鯨と鯨食が日本の文化であるか否かは問題ではなく、日本の文化であっても認めないとの立場である。文化を守ることはもちろん重要であるが、それは反捕鯨勢力に捕鯨を認めさせる主張にはなっていない。むしろ日本は捕鯨文化の名のもとに、絶滅危惧種でさえ殺そうとしているというパーセプションまで歴然として存在する。ここには大きな認識のギャップがあり、議論はかみ合わない。

また、日本国内では、捕鯨問題にせよ、国際漁業問題にせよ、日本が外国から理不尽にも責められているという感覚、パーセプションが強い。特に捕鯨問題に関しては、日本の鯨食文化に対して感情的な批判、攻撃が加えられているという意識が強い。他方、いわゆる反捕鯨国では、捕鯨は地球環境（海洋生態系）に対する攻撃という位置付けであり、日本や他の捕鯨国は時代遅れの捕鯨の継続に拘泥することで地球環境を損ねているという、これもまた一種の被害者意識である。双方が被害者意識を持っている状況の中で、国際的な資源の保存管理の仕組みが機能しないという、どちらにとっても望ましくない状況が生まれていると言える。

（3）なぜ、パーセプションが生まれ持続するのか

捕鯨問題や公海漁業問題において、なぜこのような、問題の解決を困難とするパーセプションが生まれるのか。海洋生物資源の保存管理以外の国際交渉の分野においても同様のパーセプションは存在するが、その背景は必ずしも同様ではないと思える。

パーセプションが生まれる背景と、持続する理由は同じではない。

生れる背景としては、捕鯨問題のように、実際過去に乱獲が行われた歴史があるケース、一部の公海漁業における乱獲や無規制漁業が、すべての公海漁業に共通すると誤解されているケース、捕鯨や公海漁業に批判的な勢力が意図的にネガティブ・イメージを増幅し、作りあげ流布するケースなどがある。他方、鯨類資源の回復に関する科学的情報、人工衛星による漁船のリアルタイムでのモニターシステム（Vessel Monitoring System（VMS））の導入、公海漁業の実態に関するデータなど、誤ったパーセプションの修正につながる情報の普及伝達は決して円滑とは言えない。なぜか。

たとえ正確な情報が提供されてもパーセプションが継続する背景には、一般論として一度確立されたイメージやパーセプションは払拭が極めて困難である

ことがある。加えて、それらを積極的に固定させることによりメリットを得る勢力の存在も忘れてはならない。クジラの保護を訴えてきた反捕鯨団体にとっては、たとえミンククジラ資源が豊富で、ザトウクジラ資源が急速に回復を遂げているという事実があっても、従来同様全てのクジラが絶滅に瀕しているというイメージやパーセプションが継続することは、反捕鯨キャンペーンを継続し、一般市民から寄付金を募るためには好都合、むしろ不可欠でさえである。

近年は、いくつかの種のクジラ資源の回復が否定しがたいものとなってきたため、反捕鯨団体の捕鯨反対理由も「気候変動や海洋汚染などがクジラの生存に脅威となっている」、「生物多様性の保存のためにクジラを保護すべき」、「クジラは海洋生態系の頂点にあり保護が必要」と言ったものに変化してきており、直接に「絶滅の危機に瀕したクジラを捕鯨から守る」との主張は影をひそめはじめたが、これらについても、すべてのクジラは絶滅に瀕しているというイメージが暗黙の裡に定着し続けることで、一般へのアピールを強化することができる。

この例に倣うように、公海漁業問題においても、気候変動の影響や生物多様性の保護などのキーワードが公海漁業への制限強化の主張の中に使われるようになっている。もちろん、気候変動の影響を勘案して海洋生物資源の保存と管理を考えることや、生物多様性の保存を図ることは極めて重要である。しかし、公海漁業と気候変動や生物多様性の保護の関係が十分に説明されないまま、あるいはまったく不在のままで、例えば、気候変動の影響があるから漁業資源を守るために公海漁業は禁止されるべきであるというパーセプションが作られ、定着する。これは、非合理的であるし、真に対応が必要な海洋生物の保存管理問題、例えば多くの漁業における過剰漁獲努力量の問題などへの対応に注がれるべき行政的資源が、公海漁業問題に費やされるという浪費につながる。

(4) 従来の交渉パターン—「理解と協力」の要請あるいは「孤立しても反対」——

パーセプションやイメージが大きな影響を持つ海洋生物資源をめぐる国際交

渉、例えば捕鯨問題や公海漁業問題において、日本はどのような対応を行ってきたか。そのすべてを検証することは能わないが、それらを類型化して考えるとき、いくつかのパターンを指摘することができる。もちろん、対応の形態がパーセプションへの対応のみで決定されるわけではなく、パーセプションとは全く無関係な問題そのものの構造や、現状維持への嗜好や受動的な問題対応と言った日本の官僚組織の特性とその文化により日本の対応方針が形作られている場合が大部分であろう。しかし、そこにパーセプションの存在やパーセプションのギャップの存在を通した分析を加えることには、一定の価値があると思える。また、その分析は問題解決に向けての新たな方向性を提示する可能性が有る。

問題解決を阻害するパーセプションや、誤解が存在すると認識されるとき、標準的なアプローチは、関係者やカウンターパートに正しい情報や、こちら側の考え方を説明し、問題解決に向けて「理解と協力」を求める方法である。単純な情報の欠如や誤解が阻害要因である場合にはこの方法に効果が期待できる。しかし、パーセプションは、固定概念としての性格もあり、一片の情報によりそれが覆ることを期待するのも困難である。ここに「粘り強い説明」の必要性が有るわけであるが、それだけでパーセプションを克服できると期待することもまた困難である。

例えば、捕鯨問題において、すべての鯨類は絶滅の危機に瀕している、商業捕鯨モラトリアムは捕鯨を永久禁止していると言ったパーセプションは、反捕鯨国の捕鯨担当政府関係者のみならず、政治家、一般市民、NGO、マスコミ等に広く定着している。仮に政府担当官の持つパーセプションを払しょくすることができても、民主主義国家である限り、政治家や一般市民がそれらのパーセプションを信じている限り、その国の反捕鯨政策は変更されない。捕鯨問題における一般への広報活動の重要性はここに起因するところが大きい。

さらに広報活動の効果も楽観できない。なぜなら、捕鯨問題の例を引き続き挙げれば、上記のような捕鯨の罪悪視に通じるパーセプションを定着させ、維持強化させる強い動機がNGOや一部マスコミに存在し、長年にわたって行われてきているその広報活動の浸透力や効果は極めて強力であるからである。捕鯨問題がNGOの資金源として有効で、捕鯨をめぐる国際論争がニュースとして価値がある限りは、この構図を崩すことは容易ではない。

またこれは、捕鯨問題に限られた状況ではない。パーセプションの程度、固定度には差こそあれ、1990年代初頭に「死の壁」として国連決議を通して短期間に禁止に追いやられた公海流し網漁業、海底の生態系を根絶やしに破壊するとして攻撃されている着底トロール漁業、海鳥や海亀の混獲を巡って非難されるマグロはえ縄漁業、クジラ同様カリスマ性のある生物として定着しつつあるサメの保護をめぐる問題など、多くの国際問題において誤ったパーセプションの存在と拡大が大きな役割を演じている。

これらの問題への対応において、「粘り強い説明」を通して「理解と協力」を求めることは依然重要である。しかし、いったん確立されたパーセプションを変えることは至難の業であり、「粘り強い説明」だけで問題の解決は図れないことも、歴史が証明していると言えよう。

海洋生物資源をめぐる問題や他の国際交渉において見られるもう一つのアプローチ、またはパターンは、日本が少数派、またはオンリーワンとして、国際的に受け入れられているとされる生態系アプローチやMPAと言った概念や政策に消極的に対応するか反対する「孤立パターン」である。なぜこのような状況が一度ならず発生するのかについて、パーセプションの観点から分析することは重要である。

特に、孤立パターンが、最終的には協議の最終段階での日本の方針変更や、国際的に特定の概念や政策が定着してしまってから、日本としてはその変更や修正の余地もなく協議に参加せざるを得ない事態の発生につながるケースが多い。これは必ずしもすべてがパーセションの問題に起因するわけではない。例えば、1970年代後半の国際的なEEZの導入に際し、日本が少数派に属し、EEZ導入が遅れたケースでは、近隣諸国との領土問題に関連した海洋境界線画定など極めて困難な問題があった。また、日本の漁業管轄権を確保するEEZの導入は、同時に日本の遠洋漁業の操業機会を奪うというジレンマも存在した。

本書で取り上げた生態系アプローチの概念への日本の対応は、孤立アプローチの要素が大きいと言える。公海流し網漁業など様々な漁業における混獲問題が生態系アプローチの名のもとで提起され、結果的にそれらの漁業の崩壊や大幅な規制につながった経験から、漁業関係者の中では生態系アプローチの概念は漁業否定の概念であるというパーセプションが形成された。確かに、大規模漁業に否定的な国際NGOは生態系アプローチ、あるいは海洋生態系の保護を理由に公海流し網漁業や延縄漁業、着底トロール漁業の批判を行ってきている。

他方、研究者や漁業管理担当当局は漁業資源の持続的利用、すなわち漁業の存続、発展のためには、その漁業資源を育む海洋生態系の保存管理が必須であることから、本来の意味での生態系アプローチは当然導入されるべき概念と認識している。また、捕鯨問題におけるように、海洋生態系の一部の生物を政治的、感情的理由から特別視し、利用はおろか致死的調査手法を伴う科学調査さえ否定することも、海洋生態系の一部をアンタッチャブルにすることでそのバランスをかく乱するという意味において、生態系アプローチに反する。

このように多様な側面を持つ生態系アプローチに対し、一部の国際漁業問題における負のパーセプションに基づき、国際会議の場においてはすべて反対するという傾向がかつては支配的であった。国連漁業決議などの文書において、明確な定義が不在のまま生態系アプローチという概念が多用されてきた実態からすれば、この一律反対のアプローチも無理からぬところもある。しかし、本来の漁業管理における生態系アプローチは、漁業の管理を通じた漁業資源の持続可能な利用の達成と、海洋生態系や生物多様性の保存を、その相互関係を認識しながらバランスを確立することを目指すもので、極めて正当かつ重要なコンセプトである。これに一律に反対するような交渉アプローチには、国際的な支持を得ることはできない。

(5) 公海流し網漁業、MPA問題と捕鯨問題の比較

公海流し網漁業、MPA問題、そして捕鯨問題のケースは、いずれも海洋生物資源の保存と管理に関する科学的議論と、国際政治の場で作り上げられたイメージあるいはパーセプションとの相互関係の中で対立が形成され、国際的な議論となった。しかし、国際政治の荒波の中で、公海流し網漁業はほぼ瞬時に消滅し、捕鯨問題はそれが国際問題化して以来40年以上を経て、いまだ戦いが続いている。その違いはどこにあるのか。その観点からすれば、MPA問題はどちらのケースにあたり、今後どのように展開するのか。あるいは今後どのように対応すべきであるのか。

公海流し網漁業は、問題が国際化した1980年代当時、基本的には国内漁業であり、1981年に農林水産省令により承認漁業になるまでは自由漁業であったことが示す通り、漁業管理の観点からも手つかずに近い状況であったと言える。漁業実態データや主対象であるアカイカの資源状況に関する科学的な情報と分析の蓄積も限定的であり、問題とされた海産哺乳動物や海鳥の混獲に関するデータに至ってはほぼ存在しない状況であった。したがって、これらを分析していた科学者も少なく、国際問題化したことを受けて、急きょデータ収集体制と科学分析体制を立ち上げたというのが正直なところであった。しかし、最終的に国連総会を舞台とした議論は短時間で沸騰点に達した。科学的な対応が国際政治のペースに追い付かなかったわけである。これでは、交渉を行う政府関係者も、科学的な反論材料が不足する中での議論となり、その結果には避けられない面もあったと言わざるを得ない。

他方、捕鯨は早くから国際舞台の場でもまれてきた歴史を有する。ICRWは1948年に効力が発生し、日本は1951年に加入している。条約発効当初からシロナガス単位（BWU）方式のもとで国際的に捕獲枠管理が行われ、各捕鯨国はノルウェーのサンデフィヨルドにあった国際捕鯨統計局に操業データを提出していたのである。当然、日本でも鯨類資源を研究する科学者の層は厚く、国際交渉をしっかりと支えてきた。また、歴代のIWC日本政府代表は水産庁長官、次長、審議官など強力な人材が務めてきており、高い交渉能力と日本政府

としてのバックアップ体制を備えていたといえる。

また、公海流し網漁業は、事実上は日本、韓国、台湾だけが従事し、そのうち韓国は早々に公海流し網漁業からの撤退を決定した。さらに、日本国内でも公海流し網漁業の維持存続を支持する勢力や世論は限定的であった。他方、捕鯨についてはかつて世界の主要国の多くが従事し、現在は反捕鯨国であるオーストラリアや英国、オランダなども活発な捕鯨国であった。今でも、日本に加えノルウェーとアイスランドが捕鯨国であり、先住民捕鯨を勘案すれば、米国、ロシア、デンマーク（グリーンランド）、セントビンセント・グレナディーンが捕鯨国である。国内でも捕鯨は広い世論に支持されてきている。今までに、新聞社、内閣府、インターネット上など、多くの世論調査が実施されてきたが、捕鯨を支持する意見は常に6割から8割を占めている。これを反映して政治政党も与野党を問わず捕鯨を支持する議員連盟などの組織を有し、また「捕鯨を守る全国自治体連絡協議会」には2015年7月現在で33の自治体が加入している。

公海流し網漁業と捕鯨を比較すると、その科学的地盤（データの蓄積と研究体制の整備）、国内外での支持には歴然とした差が存在する。ともに国際政治の場で問題とされながら、その帰趨が異なっていることは、これらの差を考えると納得できるところである。

それでは、この経験から何を学び、MPA問題など海洋生物資源の保存管理をめぐる国際紛争への対応に生かせることができるか。また、必ずしも正確な科学ではなくパーセプションが大きな役割を演じる国際政治の現実への対応のためには、どのような交渉アプローチが有効であるのか。いくつかのポイントを考えてみたい。

（6）新たな国際交渉のパラダイム

誤ったパーセプションに対する最も強力な武器は、充実した科学的知見であり、論理的議論である。

しかし、国際政治の場ですでに強固に確立された公海漁業や捕鯨問題に関するパーセプションに対して、受け身的に正確な情報と科学的根拠を提供するだけでは事態の好転は期待できない。日本の対応は往々にして問題が発生した段階、あるいはパーセプションが固定された段階に至って、「理解と協力を求める」というものが多いが、これにはどうしても限界がある。容易ではないが、確立したパーセプションの誤りを正すのみではなく（例えば、すべての鯨類資源は絶滅に瀕しているわけではないことを示す）、日本として理想とするパーセプションを作り上げ、これを広める努力も必要であろう。捕鯨問題に例をとれば、日本としては鯨類についてどのような位置付け、扱いを望むのかを明確にし、その正当性を簡潔に説得力を持って主張していく努力である。日本が捕鯨問題に関する基本方針として掲げる「科学的根拠に基づく鯨類資源の持続可能な利用と多様な食文化の相互尊重」はその意味で正しいが、その意味するところと正当性は一般市民には必ずしも即座に理解できないのではないか。

漁業問題若しくは海洋生物資源の保存管理問題は、かつては漁業関係者、水産資源を研究する研究者、そして漁業問題を担当する各国の行政官の間で議論され、対応が行われてきた。しかし、公海漁業問題や捕鯨問題にみられるように、問題が国際政治化するにつれ、NGO、一般市民、マスコミ、政治家などが重要なプレイヤーとなり、むしろ問題の方向性を大きく左右する影響力を持つようになる。ステークホルダーの拡大である。漁業専門家の目から見れば、問題が独り歩きし、変質し、そのコントロールの届かないダイナミックスが生まれるという感があるであろう。しかし、それが国際漁業問題の本質でもあり、現実でもある。それに対応した方策が求められる。

同様の構図は、その他の国際的な海洋問題、生物資源問題にも当てはまる。CITESにおいても、絶滅危惧種である附属書Iへの掲載や国際貿易の制限措置の実施にあたり、科学的な観点に基づく掲載クライテリアが存在するものの、アフリカゾウなどのいわゆるカリスマ生物が高い政治的関心を呼び、パーセプションが先行する議論が行われるきらいがある。日本は、CITESにおいて過去数度にわたって、クロミンククジラなど、資源状態が豊富であるとIWC科学委員会が認める鯨種を附属書Iから附属書IIに下げる提案を行ってきた。

これに対し、CITES 事務局は、CITES 自身のクライテリアに照らせばこれらの鯨種を附属書Iからダウンリスティングすることは科学的に見て正当であるが、IWC が商業捕鯨モラトリアムを導入していることから、これに協力する意味でダウンリスティングは支持しないという見解を表明した。ここでも国際政治が科学を凌駕する。

科学的知見の検討が重要で、他方、多様なパーセプションが存在する国際的な海洋生物資源の保存管理問題への対応における重要なコンセプトのひとつは、順応的アプローチである。森林資源や海洋生物資源の保存管理における順応的管理の考え方では、これら資源に関する科学的知見には不確実性が存在することを前提に、管理目標を設け、調査とモニタリングをしながら保存管理措置を必要に応じ順応的に修正・改良していく。順応的管理のもう一つの重要な要素は広範なステークホルダーの参加による保存管理措置の運営である。このステークホルダーの参加による共同運営が、対立的な問題について、二者択一的な対応ではなく、すべての関係者が一定の目的を達成し、同時に一定の妥協を行いながら資源保存管理そのものについては全体的に前進を図ることが可能なシステムを構築する潜在的な可能性を提供するのではないだろうか。いわば、多目的で斬新的アプローチである。

捕鯨問題や公海流し網漁業問題、そして MPA をめぐる情勢のようにパーセプションが国際的にも政治的にも強固にでき上がっている場合、議論は全面禁止か否かの二元論、二者択一論に陥りやすい。しかし、実際の海洋生物資源の保存管理をめぐる科学的な知見や、人間の活動との関係は複雑であることは言うまでもない。捕鯨問題の例のように、二元論的対立の継続が、結局は国際資源管理機関としての IWC を機能不全とし、適切な鯨類の保存管理措置が導入できない事態、果てには国際的で感情的な対立までも作り出している。ここに、多様な、場合によっては相互に矛盾さえする複数の目的を設定し、小さな前進を時間をかけて積み上げていく漸進的なアプローチを導入することはできないか。いくつかの小さな前進に関する「慣れ」あるいは順応が生まれた段階で、初めて次の小さな前進を試みる。

IWCにおける和平交渉ともいえるRMSをめぐる妥協パッケージ交渉や「IWCの将来」プロジェクトが頓挫した大きな理由の一つは、交渉の最初に持続的利用支持国と反捕鯨国の双方が受け入れられる（双方が何らかの成果を得、双方が何らかの妥協を受け入れる）提案を作るというゴールを設定したことによると思われる。なぜならば、そのような妥協点、ゴール、あるいは着地点は、ほぼ必然的に、何らかの捕鯨活動の容認を含むことになり、捕鯨をめぐる対立が二元論的である限りは、それは反捕鯨国側にとっては交渉の「敗北」であり、政治的には受け入れ不可能であるからである。これを、多目的な漸進的アプローチに転換し、最初にゴールを設定せず、鯨類の保護と鯨類の持続可能な利用の双方について、それぞれ軽微な前進を受け入れ、その状況が容認される状況が落ち着けば、次の軽微な前進を議論し始めるのである。これは、パーセプションの穏やかな変質にもつながり得る。しかし、捕鯨問題ではこれが達成できないまま、日本のIWCからの脱退という状況につながっていった。

このアプローチは、二元的、二者択一論的な対立に苦しむ他の国際的政治問題にも適用可能である。実際これは何ら新しいアプローチではなく、戦争や武力紛争における停戦交渉などにも見られる。例えば、紛争の終結が困難な場合、最初からその完全な終結をゴールとした交渉には限界があることから、まずは数日間と言った短期間の休戦の合意を実現し、状況が許せばその延長や、再度の短期間休戦などを積み重ね、紛争終結に向けて機運を醸成していくというアプローチは珍しくない。紛争終結には紛争のきっかけとなった歴史や政策について結論と合意が必要であり、極めて難しいが、一時戦闘を休むためにはこのような根本的問題の解決は必要ない。このアプローチをとるにあたって、海洋生物資源の保存管理の分野にユニークな側面があるとすれば、生物資源を扱うという観点から科学的情報とその変化（資源状態の変化や気候変動に伴う海洋環境の変化など）が重要な意思決定、すなわち順応的アプローチの運営の要素であるということであろう。

漁業の全面的禁止区域というパーセプションが強いMPAについても、MPAを設立するか否かという二者択一的で非生産的な議論で対立を続けるよりは、この順応的、もしくは漸進的アプローチが、本当に必要で適切な海洋生物資源の保存管理措置の議論と導入に貢献する可能性が高い。これは、MPAの設立そのものが目的とされるのではなく、本来は順応的アプローチによるMPAの運営すなわち、MPAの導入によって達成を目指す管理目標の進捗をみながら改善を図っていくことが適切であることとも整合する。MPAの設立はゴールではなく、海洋生物資源の保存管理のための出発点なのである。

定着したパーセプションを覆すことは極めて難しい。しかし、海洋生物資源の適切な保存管理を進めていくためには、このパーセプションの問題に対応していくことが不可欠であろう。基本的には、誤ったパーセプションを、真実と科学的情報を示して修正していく努力は常に継続していく必要がある。しかし、受け身でパーセプションの修正や訂正を図るだけでは、大きな効果が期待できないことは、歴史が証明している。さらに、多くの場合、単純な二者択一的なパーセプションは、専門的な科学的情報や、多面性や多様性を有する本当の問題の姿よりはインパクトが強い。交渉の現場においては、むしろ積極的に対抗的なパーセプションを打ち出していくことも考えなければならない。この点は、従来の政府中心の交渉アプローチには欠けている視点であろう。他方、広報や啓蒙活動、特に確立したパーセプションを覆す活動には、多大なインプット（資金、時間、戦略、メッセージの設計、人的資源等）が必要であることも事実である。

また、確立されたパーセプションを維持し、固定化するというインセンティブが、例えば反捕鯨団体や反捕鯨国の政治家に存在し、これがパーセプションの修正を一層困難としていることも認識しなければならない。反捕鯨運動のパーセプションは、反捕鯨団体への寄付という経済的利益と、反捕鯨国の政治家への政治的支持の土台である。この状況が存在する限り、パーセプションを簡単に覆すことはできない。であるとすれば、これにいかに対応するか。あるいは対応できるのか。

交渉における別のアプローチの可能性のひとつは、これらのパーセプション問題への対応を行いながら、それと並行して、前述のように多くの目的と異なるパーセプションの存在を容認したうえで、漸進的なアプローチを進めることもオプションとして考えるべきであろう。このアプローチが進めば、パーセプションも徐々に変容していく可能性も期待できる。

固定されたパーセプションは、国際紛争をめぐる交渉の着地点を模索し、交渉参加者の共通理解、共通目標を打ち立てることを著しく困難なものとする。捕鯨問題においては、想定しうる交渉の着地点に、何らかの形での捕鯨活動の容認が含まれる場合、捕鯨に対する強烈なネガティブ・パーセプションが、その着地点を実現不可能なものとした。捕鯨問題において鯨類の持続的利用を支持する国々と反捕鯨国の妥協を図るとすれば、その妥協案には一定の捕鯨活動が含まれることが不可避である。言い換えれば、その交渉は開始時点から決裂を運命付けられていたのである。「IWC の将来」プロジェクトをはじめとする、IWC における度重なる紛争解決を目指した交渉の頓挫は、この解釈を裏付けている。

2015年９月３日、新たに設立された北太平洋漁業委員会（NPFC）第１回総会において、NFPC 設立準備会合の議長を務めてきた米国のビル・ギボンズフライ国務省海洋保存部長が、準備会合議長の役割を終えるにあたって行った挨拶を締めくくった発言を引用する。

地域漁業管理機関は漁業資源を効果的に保存管理していないという広範なパーセプションの存在が、新たに設立を迎えた NPFC にとっての最大のチャレンジである。

5-6　グローバリズムとローカリズムの対立

映画「おクジラさま―ふたつの正義の物語」の佐々木芽生監督は、捕鯨問題の中にグローバリズムとローカリズムの相克が存在することを指摘している。反捕鯨政策はグローバル・スタンダードで、これが捕鯨を継続することを望む国や地域のローカルな関心との間に対立を生んでいるという解釈である。ここには、グローバル・スタンダードとは何か、誰がそのスタンダードを決めるのか、ローカルはグローバル・スタンダードを受け入れなければならないのか、グローバリズムとローカリズムは二者択一的な対立概念であるのか、といった様々な問題が存在する。

捕鯨問題以外の国際交渉においても、しばしばこのグローバリズムとローカリズムの対立の構図が見て取れる。これらについて捕鯨問題から学ぶことができる教訓は存在するのか。

まず、グローバリズムとは何か。あるいはグローバル・スタンダードとは何か。定義は様々であるが、一例を挙げると下記のようになる。

文脈によって異なる意味を持つ。（1）多国籍企業の地球大の戦略。資本調達、人員の雇用、生産、マーケティングなどを、一国経済を超えて世界的規模で展開すること。（2）「宇宙船地球号」とか「かけがえのない地球」など、世界が1つの共同体であるという認識や行動。環境、人口、食糧、エネルギーなど地球的問題を人類の協力によって解決する視点に立つものが多い。（出典：「知恵蔵」朝日新聞出版発行）

この定義に照らして見る場合、クジラの無条件保護や捕鯨の否定はグローバル・スタンダードと言えるのか。いわゆる欧米先進国のメディアや政府は捕鯨反対の立場であろう。それでは欧米先進国のスタンダードはグローバル・スタンダードなのか。捕鯨問題に限らず、様々な国際的な規範は往々にして欧米先進諸国のリードにより決まって行く。もちろん日本を含むアジア諸国や他の開発途上国からのイニシアティブも数多くあり、非欧米先進諸国の発言力は着実に高まってきている。しかし、歴史的には現代社会の基本システムを構築してきたのは、産業革命や植民地支配の時代から欧米先進諸国であった。そのため、欧米先進諸国のスタンダードはグローバル・スタンダードであるというイメージがあるのかもしれない。いずれにせよ、欧米先進諸国からのイニシアティブであっても、それが非欧米先進諸国ともしっかり議論され、総意として合意されたものであればグローバル・スタンダードとして確立されたものといえるかもしれないが、意見の相違が存在する問題について欧米先進諸国の政策や考え方をグローバル・スタンダードとすることは大いに疑問がある。

IWCでの投票となれば、過半数を有する反捕鯨国は法的拘束力はないとは言え決議や宣言を数の力で採択することができる。例えば第67回総会で採択された、フロリアノポリス宣言は、法的拘束力はないとは言え、IWCは「進化」し、クジラの保護機関となるべきというビジョンを打ち出した。しかし、持続的利用支持国はIWCの全加盟国88か国（日本脱退後）のうち約40か国を占めている。これだけの持続的利用支持国が反対するフロリアノポリス宣言はグローバル・スタンダードと呼べるのだろうか。IWCが投票の決定に基づいて、捕鯨の再開や継続を望むローカルな意見を踏みにじることは許されるのか。

有権者による投票によって決定を行うことは民主主義の基本である。しかし、投票は多数の意見を少数に強いるという一面もある。たった1票差の勝利であっても、勝者の考え方が敗者に押し付けられる。IWCという国際機関での多数決で決まれば、それが科学的にも法的にも根拠のないものであろうと、和歌山県太地町やアラスカ州バローの捕鯨をやめなければならないのであろうか。投票による民主主義的決定は万能ではなく公平でもない。IWCでは先住民生存捕鯨が認められてきているが、当事者の先住民からすれば、先祖代々受け継いできた捕鯨について、なぜ何千キロも離れた外国で開かれる国際会議に出席して、自分達の捕鯨の正当性を主張し、許可を得なければならないのかという憤りにも近い感情がある。

このグローバリズムとローカリズムの対立の構図は、ボーカル・マイノリティー（政治的意見を積極的に表明する少数派）とサイレント・マジョリティー（物言わぬ多数派）の関係とも通じる部分があるように思える。一国の国内政治においても国際社会における問題においても、特定の強い主張を有する発言力の大きいグループや個人、すなわちボーカル・マイノリティーの意見が支配的となり、政策を左右するケースは多々ある。この場合、ボーカル・マイノリティーの意見には必ずしも賛同しないが、その意見が政策として採用されても自らの利害に大きな影響を感じない大多数の人間、すなわちサイレント・マジョリティーは沈黙を保ち、結果的にはボーカル・マイノリティーの意見がスタンダードを形成することとなる。サイレント・マジョリティーのもうひとつの形は、ボーカル・マイノリティーの意見に反対の立場であっても、その反対意見が組織化されていなかったり、そもそも政策決定に参加することに慣れていなかったりする場合である。

捕鯨問題のケースをボーカル・マイノリティーとサイレント・マジョリティーの視点から考えて見る。IWCをはじめとする国際社会の場合、反捕鯨派がボーカル・マイノリティーを形成し、持続的利用支持国がサイレント・マジョリティーを代表しているという感覚を筆者としては持っている。クジラを特別な動物として見るのは実は世界の世論とは言い難く、大多数の国や国民は捕鯨問題に無関心か、クジラ資源が豊富であるならば捕鯨をしても構わないと思っているという理解である。反捕鯨国や反捕鯨NGOは捕鯨に反対することこそ世界のマジョリティーの意見であるとするだろうが、世界の人口の多くを占める開発途上国や、先進諸国でも農業や、漁業、畜産などの第一次産業に従事する地域では、基本的には持続的利用の原則が支持され、そこにクジラを含むカリスマ生物を例外とするという考え方は希薄である。古いデータにはなるが、かつて米国など反捕鯨国で行われた捕鯨問題に関する世論調査の結果が興味深い。

この調査は米国バージニア州のレスポンシブ・マネージメント社が、1997年～1998年にかけて、代表的な反捕鯨国と見なされている米国、英国、フランスおよびオーストラリアで行った、一般国民を対象とした世論調査である。サンプル数は各国ごとに約500名から約700名で、各国のリサーチ会社を通じて行われた。一連の質問事項に対して賛否を問う形であるが、その設問（8）は下記のようなものである。

設問（8）ミンククジラは絶滅に瀕しておらず、IWCは世界中に100万頭のミンククジラが生息していると推定しています。では、あなたは次の条件のもとで行われるミンククジラの捕獲に賛成ですか、それとも反対ですか。捕獲したミンククジラは食料として利用される。一部の国民や民族にとってミンククジラの捕獲は文化的側面を有している。ミンククジラの捕獲はIWCによって規制されており、資源に影響が及ばな

いように毎年適正な捕獲枠が設定される。

やや誘導的ではある質問ではあるが、質問にあたっての情報提供としての性格もある。結果は表5.1のようなものとなった。

すなわち、クジラの資源状態などに関する情報が提供されれば、反捕鯨国と見なされている国でも50％から70％が捕鯨を支持するという結果が出たのである。これは、捕鯨問題について誤ったパーセプションが世論形成のもとにあるということを示しているように思える。

捕鯨問題をめぐる国内政治におけるボーカル・マイノリティーとサイレント・マジョリティーの視点に関連しては、一部の有力政治家や政府関係者が日本の捕鯨政策をコントロールしており、IWC からの脱退も政治主導で行われたと言う意見や批判がある。一般国民は捕鯨問題に関心がないサイレント・マジョリティーであるという解釈である。これについても、世論調査のデータを挙げてみたい。日本国内では幾度となく様々な主体が捕鯨問題についての世論調査を行ってきている。これらの結果によれば、概ね60パーセントから80パーセントが捕鯨に支持を表明している。ここからは捕鯨支持は少なくともマイノリティーではないと言えるのではないか。また、捕鯨問題では与野党全ての政党が捕鯨の再開を支持しており、挙党一致の方針であるという数少ない問題で

表5.1 レスポンシブ・マネージメント社世論調査の結果（単位％）

強く反対する	米国11	英国19	フランス12	オーストラリア28
反対する	米国８	英国12	フランス15	オーストラリア12
どちらとも言えない	米国10	英国８	フランス11	オーストラリア６
賛成する	米国51	英国45	フランス52	オーストラリア42
強く賛成する	米国20	英国16	フランス11	オーストラリア11

（出典：日本捕鯨協会のウェブサイト）

もある。

他方、IWC からの脱退も含めて捕鯨政策が限られた関係者により決められているという批判があることは事実であり、これは率直に受け止めるべきと考える。より広いステークホルダーからの意見をくみ上げ、政策に反映するための努力は強化されなければならない。特に、IWC からの脱退の後、日本としてどのように国際社会との協力を進めていくかは非常に重要な課題であり、広く活発な意見の交換を期待したい。

佐々木監督は2019年２月の筆者との対談の中でグローバリズムとローカリズムの相似形ともいえる、東京の視点と地方の視点のギャップも捕鯨問題の中に指摘している。ここでの東京とは日本政府や東京に本部を構える捕鯨関係の組織や団体であるかもしれないし、都会一般の象徴として、より広く都会の考え方というものを東京で代表させているとも取れる。グローバリズムを促進していると思われる国際機関、例えば国連機関や WTO（世界貿易機関）などは条約や決議などの国際規範を作成し、これがグローバル・スタンダードとして受け入れられる。同様に国会や各省庁などの行政機関が東京で決めたルールや方針が各地方で実施されていく。もちろん国連機関も国会もメンバー各国の意見や各地方を代表する国会議員の意見を聞き、議論の上で政策を決め、実行に移して行くわけであるが、そこには認識やアプローチのギャップはないのか。

例えば、東京（あるいは中央と言ってもいいのかもしれない）にとっては、捕鯨問題はもっぱら国際問題や外交関係の視点で捉えられているのではないだろうか。その視点から見る場合、直面する課題は、いかに IWC で持続的利用支持国の支持を取り付け、その勢力を維持拡大するか、いかに捕鯨の正当性を科学や法律などの観点から伝えることができるか、反捕鯨国ともいかに良好な外交関係を維持して行くかといったものになる。これらの課題については中央に対して地方は反対しているわけではない。しかし、地方から見た場合、捕鯨問題とは自分達や祖先が長年にわたり生業として、あるいはアイデンティティとして行ってきた捕鯨や鯨食を、なぜ国際社会に向かって正当化しなければ続けることができないのか、という思いや疑問が根底にあるに違いない。例えば、商業捕鯨モラトリアムの採択以来、日本はIWCにおいて日本の沿岸小型捕鯨地域へのミンククジラ捕獲枠の要求を行ってきた。その過程において、IWCでの議論に対応するために、国際オブザーバーによる沿岸捕鯨の監視や商業性の排除などを受け入れたり、取り込もうとしてきた。必要に対応して行ってきたことではあるが、伝統的捕鯨地域のローカルな視点からすれば極めて違和感のある措置であるに違いない。

クジラを含む生物資源の利用をめぐっては、いわゆる環境保護団体との対立が特徴的である。ここには、手付かずの自然を守る、生物多様性を守る、菜食主義志向も含めて人間活動の自然への影響を最小化するなどの考えがある。いずれも反対し難い考え方と聞こえるが、これらがしばしばローカルな生き方や考え方と対立している場合がある。言い換えれば、自然を守るという考え方が都会的、理想的であり、現に自然との関係の中で生きるローカルな考え方とは噛み合わない。手付かずの自然を守るとは、その自然の中で暮らす人々の生活を否定することではないはずである。生物多様性を守るとは、クジラを一頭たりとも捕獲すべきではないということではないはずである。人間活動の自然への影響を最小化するとは、商業的な漁業や捕獲を否定することではないはずである。しかし、実際は二者択一的議論が行われてきている。

南アフリカ共和国のクルーガー国立公園の設置経緯は、この手付かずの自然を守るという考え方とローカルな生き方の対立の一例を提供する。クルーガー国立公園は世界有数の鳥獣保護区として名高い。しかし、その設立の歴史の中で元々の住人である約1500人のマクレケ人が先祖代々の土地から退去させられたのである。「手付かずの自然」を作るために住人が追い出されたわけである。持続的利用を支持する識者は、これを自然保護の名の下に人権が侵害された例としており、同様のケースは事欠かない。米国においても、絶滅危惧種法の実施を巡って地域住民（土地の所有権を脅かされたり、農林牧畜業や狩猟に制限が課せられる）、環境保護団体、政府の間で対立が絶えない。これらには、クジラの保護のためにはいかなる条件のもとでも捕鯨は禁止すべきとする反捕鯨勢力と、クジラを他の生物資源と同様に持続可能な形で利用してもいい資源とみなす持続的利用支持派の対立との共通点が多いことは、指摘するまでもない。本書で度々言及している「捕鯨問題のもう一つの柱」がここにある。

「手付かずの自然」などを希求するいわゆる環境保護の考え方は、環境と人間を対立概念として捉えている。環境をとるか人間をとるかという二者択一の構図である。ここでは、人間活動は、経済発展、環境汚染、生態系の破壊などと同意と位置付けられている。世界各地で長年営まれてきた漁業や捕鯨、狩猟、林業、農牧畜業などでさえ、しばしば自然からの収奪とみなされ、禁止や制限の憂き目を見てきている。他方、ローカルな営みにおいては、自然と人間は対立概念ではなく、同じ世界、あるいは生態系の中で共存する要素として捉えられている。そこでは人間による自然の利用は生活の不可分の活動であり、逆に人間は季節の移り変わりを含む自然の摂理に従い、時に自然災害も不可避な現象として受け入れてきた。里山や里海のコンセプトもこれに含まれるであろう。ここには自然と人間の間には上下関係はないように見える。他方、自然と人間を対立概念として捉える「自然保護」、「環境保護」の考え方は、人間を自然の上におき、支配する側においた世界観と通じる部分があるのではないか。支配する側に立った考えが環境破壊に繋がったので、今度は守る側にまわったわけである。

いわゆる環境保護派は、手付かずの自然を守ることや生物多様性を守ることがグローバル・スタンダードであるとして、捕鯨や狩猟などのローカルな生き方をやめるように働きかけている。しかし、長年受け継がれてきた人間の営みを否定して自然を守ることは本当にグローバル・スタンダードと言えるのか。生物多様性の保護の名の下に持続可能な形で行われる捕鯨を否定することは本当にグローバル・スタンダードであろうか。これはむしろ、ある勢力や国のグループの価値観を、他のグループの国々に強要しているだけではないのか。だからこそ、捕鯨問題などを巡って環境帝国主義や環境植民地主義といった批判や反発が存在するのではないだろうか。

この関連で、反捕鯨運動は宗教的であるという指摘がしばしば聞かれる。より正確には一神教的であるというべきかもしれない。一神教であるキリスト教やイスラム教では神は唯一無二であり、したがって真実や倫理も唯一無二であろう。キリスト教徒であり、かつイスラム教とであることは認められない。また、宣教師の歴史からうかがえるように、唯一無二の神と真実を異教徒に広げて改宗させることは善であり、使命でもある。そこには正義は一つしかない。この構図と反捕鯨運動の構図の間に、類似性が見えるのである。反捕鯨運動の側からすれば捕鯨は悪であり、禁止されなければならないと言うわけである。

人は生きていくにあたって何か信ずるものや頼るものを必要とする。かつては（もちろん今でも）それが宗教の役割であった。やがて宗教に代わるものとしてマルクス主義が現れ、マルクス主義の神通力が色褪せるにつれて、今や環境保護運動がかつての宗教の役割を果たしていると言う指摘もある。この指摘は、反捕鯨運動などの中に宗教の匂いを感じることと符合する。

ローカルな社会では、しばしば多神教的、アニミズム的世界観が存在する。日本は先進国でありながらこの特徴を有する国であると言えるのではないか。日本にキリスト教が伝来したときも、キリスト教は受け入れられたものの日本全体がキリスト教に染まることはなかった。キリスト教は日本人の心に元々いた八百万の神々のプラスワンとしてみなされたのではないだろうか。これは一神教的な考え方からすれば極めて不可解であろう。捕鯨問題においても、おそらく多くの日本人からすれば、反捕鯨思想の存在はわからないこともないが、なぜ日本人や他の持続的利用を支持する人々すべてが受け入れなければならないのか、なぜ二者択一でなければならないのか、なぜ捕鯨の禁止を押し付けられなければならないのかと言う疑問、違和感、反発があるように思える。反・反捕鯨という感覚が生まれる理由でもあろう。アニミズム的世界観では真実や倫理や正義の多様性、もしくは曖昧さに寛容であり、八百万の神々がそれぞれ自分の正義を主張し、他の神に押し付け始めると世界が崩れるので、基本的に争いを好まず、共存を指向する。IWC の和平交渉において日本は数々の妥協を受け入れてきたが、それはどこかの時点で共存が成立することを期待していたからである。他方反捕鯨国側が一神教的価値観から捕鯨の全面禁止を目的として交渉していれば、そこには相互妥協が成立する可能性は極めて低い。2018

年の第67回総会での日本の家庭内別居方式の共存提案も、多神教的世界観の中では順当な考え方であったが、一神教的で二者択一的な反捕鯨国の世界観には通じなかったのである。

5－7　日本が将来目指すべきもの

IWCからの脱退という選択を行なった日本は、これから何を目指すべきであるのか。商業捕鯨再開という政策目標については、脱退は一つの回答を提供した。今後、科学的根拠に基づく、透明性の高い捕鯨の管理を行っていくことが必須であるが、一定の目標を達成したと言えるだろう。しかし、捕鯨問題にはもう一つの柱が存在する。持続的利用の原則の堅持、グローバリズムの名を借りた価値観の押し付け、環境帝国主義への抵抗、食糧安全保障のための多様性の確保など、捕鯨問題が象徴する多様な問題への対処である。日本は脱退後もIWCにオブザーバーとして参加することとしているが、これは商業捕鯨の再開について国連海洋法条約第65条の「国際機関を通じての協力」を満たす意味もあるが、これは受身的安全確保のための方策である。もう一つの柱への対応のためには、IWCへのオブザーバー参加を通じて、積極的に活動を行うべきである。商業捕鯨再開という具体的な政策目標を抱えていた時には、その目標を達成するために外交交渉の場での妥協も受け入れなければならなかった。この政策目標が達成された今、日本はIWCの場でもう一つの柱への対応に専念できるし、専念すべきである。

IWCの場では、日本は毎日持続的利用支持国の会合を主宰し、会議への対応方針を相談し、持続的利用支持国へのアドバイスなどを行ってきていた。また、毎年日本で持続的利用支持国の会合を開き、IWCだけではなく、CITES締約国会議、生物多様性条約締約国会議、各種の地域漁業管理機関などへの対応を議論し、対応方針を検討してきた。頻繁に政府担当官や国会議員が世界の持続的利用支持国を訪問し、協力関係の維持と強化を図ってきた。これらの活動はIWCを脱退しても、むしろ脱退したからこそ、しっかりと継続していかなければならない。そして、商業捕鯨再開という、柱の一つが前進を見た今、もう一つの柱について対応を強化し、攻勢に出るチャンスである。

日本には、今後ももう一つの柱について、対応し、中心となって支えていく責任と義務がある。それが日本のIWCからの脱退に際して多くの持続的利用支持国から表明された大きな期待でもある。科学的調査研究の能力と実績を有し、先進国の中ではユニークなアニミズム的多神教的世界観を有する日本への期待である。そしてこれは捕鯨問題に限ったものではなく、捕鯨問題が象徴するもう一つの柱の問題でもある。

資料1.　国際捕鯨取締条約（ICRW：International Convention for the Regulation of Whaling）

本文（抜粋）

1946年12月２日　署名
1948年11月10日　効力発生
1951年４月21日　日本加入

正当な委任を受けた自己の代表者がこの条約に署名した政府は、

鯨族という大きな天然資源を将来の世代のために保護することが世界の諸国の利益であることを認め、

捕鯨の歴史が一区域から他の地の区域への濫獲及び１鯨種から他の鯨種への濫獲を示しているためにこれ以上の濫獲からすべての種類の鯨を保護することが緊要であることにかんがみ、

鯨族が捕獲を適当に取り締まれば繁殖が可能であること及び鯨族が繁殖すればこの天然資源をそこなわないで捕獲できる鯨の数を増加することができることを認め、

広範囲の経済上及び栄養上の困窮を起さずにできるだけすみやかに鯨族の最適の水準を実現することが共通の利益であることを認め、

これらの目的を達成するまでは、現に数の減ったある種類の鯨に回復期間を与えるため、捕鯨作業を捕獲に最もよく耐えうる種類に限らなければならないことを認め、

1937年６月８日にロンドンで署名された国際捕鯨取締協定並びに1938年６月24日及び1945年11月26日にロンドンで署名された同協定の議定書の規定に具現された原則を基礎として鯨族の適当で有効な保存及び増大を確保するため、捕鯨業に関する国際取締制度を設けることを希望し、且つ、

鯨族の適当な保存を図って捕鯨産業の秩序のある発展を可能にする条約を締結することに決定し、

次のとおり協定した。

第5条

1．委員会は、鯨資源の保存及び利用について、(a) 保護される種類及び保護されない種類、(b) 解禁期及び禁漁期、(c) 解禁水域及び禁漁水域（保護区域の指定を含む。)、(d) 各種類についての大きさの制限、(e) 捕鯨の時期、方法及び程度（一漁

期における鯨の最大捕獲量を含む。)、(f) 使用する漁具、装置及び器具の型式及び仕様、(g) 測定方法、(h) 捕獲報告並びに他の統計的及び生物学的記録並びに (i) 監督の方法に関して規定する規則の採択によって、附表の規定を随時修正することができる。

2．附表の前記の修正は、(a) この条約の目的を遂行するため並びに鯨資源の保存、開発及び最適の利用を図るために必要なもの、(b) 科学的認定に基くもの、(c) 母船又は鯨体処理場の数又は国籍に対する制限を伴わず、また母船若しくは鯨体処理場又は母船群若しくは鯨体処理場群に特定の割当をしないもの並びに (d) 鯨の生産物の消費者及び捕鯨産業の利益を考慮に入れたものでなければならない。

3．前記の各修正は、締約政府については、委員会が各締約政府に修正を通告した後90日で効力を生ずる。但し、(a) いずれかの政府がこの90日の期間の満了前に修正に対して委員会に異議を申し立てたときは、この修正は、追加の90日間は、いずれの政府についても効力を生じない。(b) そこで、他の締約政府は、この90日の追加期間の満了期日又はこの90日の追加期間中に受領された最後の異議の受領の日から30日の満了期日のうちいずれか遅い方の日までに、この修正に対して異議を申し立てることができる。

　また、(c) その後は、この修正は、異議を申し立てなかったすべての締約政府についての効力を生ずるが、このように異議を申し立てた政府については、異議の撤回の日まで効力を生じない。委員会は、異議及び撤回の各を受領したときは直ちに各締約政府に通告し、且つ、各締約政府は、修正、異議及び撤回に関するすべての通告を確認しなければならない。

4．(略)

第8条

1．この条約の規定にかかわらず、締約政府は、同政府が適当と認める数の制限及び他の条件に従って自国民のいずれかが科学的研究のために鯨を捕獲し、殺し、及び処理することを認可する特別許可書をこれに与えることができる。また、この条の規定による鯨の捕獲、殺害及び処理は、この条約の適用から除外する。各締約政府は、その与えたすべての前記の認可を直ちに委員会に報告しなければならない。各締約政府は、その与えた前記の特別許可書をいつでも取り消すことができる。

2．前記の特別許可書に基いて捕獲した鯨は、実行可能な限り加工し、また、取得金は、許可を与えた政府の発給した指令書に従って処分しなければならない。

3．(略)

4．(略)

(出典：外務省のウェブサイト)

国際捕鯨取締条約附表
—サンクチュアリーおよび商業捕鯨モラトリアムに関する項(抜粋)

鯨サンクチュアリー関連

7．(a)　(略)

(b) 条約第5条1 (c) の規定により、南大洋保護区と指定された区域において、母船式操業によるか鯨体処理場によるかを問わず、商業的捕鯨を禁止する。この保護区は、南半球の南緯40度、西経50度を始点とし、そこから真東に東経20度まで、そこから真南に南緯55度まで、そこから真東に東経130度まで、そこから真北に南緯40度まで、そこから真東に西経130度まで、そこから真南に南緯60度まで、そこから真東に西経50度まで、そこから真北に始点までの線の南側の水域から成る。この禁止は、委員会によって随時決定される保護区内のひげ鯨及び歯鯨資源の保存状態にかかわりなく適用する。ただし、この禁止は、最初の採択から10年後に、また、その後10年ごとに再検討するものとし、委員会は、再検討の時にこの禁止を修正することができる。この (b) の規定は、南極地域の特別の法的及び政治的地位を害することを意図するものではない。

(注) この第7項 (b) に対し日本は条約に定められた手続きにより、南氷洋ミンク鯨資源への適用に限り異議申立てを行った。また、ロシアも同様に第7項 (b) に対し異議申立てを行ったが1994年10月26日にそれを撤回した。

商業捕鯨モラトリアム関連

10.

(a)　(略)

(b)　(略)

(c)　(略)

(d) この10の他の規定にかかわらず、母船又はこれに附属する捕鯨船によりミンク鯨を除く鯨を捕獲し、殺し又は処理することは、停止する。この停止は、まっこう鯨及びしゃち並びにミンク鯨を除くひげ鯨に適用する。

(e) この10の規定にかかわらず、あらゆる資源についての商業目的のための鯨の捕獲頭数は、1986年の鯨体処理場による捕鯨の解禁期及び1985年から1986年までの母船による捕鯨の解禁期において並びにそれ以降の解禁期において零とする。この（e）の規定は、最良の科学的助言に基づいて検討されるものとし、委員会は、遅くとも1990年までに、同規定の鯨資源に与える影響につき包括的評価を行うとともに（e）の規定の修正及び他の捕獲頭数の設定につき検討する。

（注）日本、ノルウェー、ペルー及びソ連は、10（e）項に定める商業捕鯨モラトリアムに対し、条約に定められた手続きに従い異議申立てを行った。ペルーはその後、1983年7月22日に異議申立てを撤回した。日本も、母船による商業捕鯨については1987年5月1日から、ミンク鯨及びニタリ鯨の沿岸商業捕鯨については1987年10月1日から、次いでマッコウ鯨の沿岸商業捕鯨については1988年4月1日から商業目的の捕鯨を中止する旨異議申立ての撤回を行った。ノルウェーとソ連は依然異議申立てを撤回しておらず、この項はこれらの国に効力をもたない。

（出典：日本捕鯨協会のサイトから）

資料2.　国連海洋法条約（抜粋）

第64条 高度回遊性の種

1　沿岸国その他その国民がある地域において附属書1に掲げる高度回遊性の種を漁獲する国は、排他的経済水域の内外を問わず当該地域全体において当該種の保存を確保しかつ最適利用の目的を促進するため、直接に又は適当な国際機関を通じて協力する。適当な国際機関が存在しない地域においては、沿岸国その他その国民が当該地域において高度回遊性の種を漁獲する国は、そのような機関を設立し及びその活動に参加するため、協力する。

2　1の規定は、この部の他の規定に加えて適用する。

（注）鯨類は高度回遊性の種として附属書1に掲載されている。

第65条 海産哺乳動物

この部のいかなる規定も、沿岸国又は適当な場合には国際機関が海産哺乳動物の開発についてこの部に定めるよりも厳しく禁止し、制限し又は規制する権利又は権限を制限するものではない。いずれの国も、海産哺乳動物の保存のために協力するものとし、特に、鯨類については、その保存、管理及び研究のために適当な国際機関を通じて活動する。

第120条 海産哺乳動物

第65条の規定は、公海における海産哺乳動物の保存及び管理についても適用する。

資料3．IWC/66/16　第66回総会 議題8（抜粋）

（水産庁仮訳）

討議文書（ディスカッション・ペーパー）
日本の質問票に対する回答および今後の道筋
（議題8、および議題12を含むその他の関連議題）

日本国政府

1．背　　景

2014年の国際捕鯨委員会第65回総会において、日本政府は国際捕鯨取締条約（ICRW）附表に10（f）を追加し、2014年から2018年の期間における、専ら国内消費を目的とした、東日本沿岸域のミンククジラ（オホーツク海・西太平洋系群）の捕獲枠（訳者注：17頭）を定める提案を提出した。（IWC/65/09「ミンククジラ・オホーツク海/西太平洋系群の沿岸小型捕鯨船による捕獲のための附表修正提案およびその背景」、以下「STCW 提案」を参照）。提案された捕獲枠は、IWC 科学委員会が2013年に完成させた改定管理方式（RMP）の実施前評価（Implementation Review）に基づくものであり、したがって提案海域の資源に対して悪影響を及ぼさないことは証明されていた。またこの提案は、IWC の改定管理制度（RMS）の議論の過程で提案された、監視、遵守、取締措置など幅広い管理措置が盛り込まれていた。さらに日本は、捕獲の大部分は、日本の領海および排他的経済水域において、小型船によって実施されると説明した。（前回総会における提案の説明においても、）日本は、捕獲枠の設置提案に反対する IWC 政府代表や締約政府から出された質問やコメントに対し詳しく回答し（別添1）、締結政府の懸念に対応するために最大限努力した。しかしながら投票の結果、提案は採択されなかった（賛成19票、反対39票、棄権2票）。

第65回総会の STCW 提案に関する議論により、IWC で更なる議論を必要とする基本的な論点が明らかとなった。締約政府間の議論を促すために、IWC 日本政府代表である森下丈二博士は、IWC 第65回総会後の2015年1月21日、事務局長あてに書簡と質問票を送付し（別添2）、すべての IWC 政府代表と締約政府にこれらを配布すること、及びこれらに対する IWC 政府代表および締約政府の見解を提出するよう求めた。

本ディスカッション・ペーパーの目的は、締約政府が質問票に対してよせた回答を IWC 全体で共有するとともに、IWC の現状に対する解決の糸口を提案することである。

（注）日本は、委員会の前回会合で提起された論点に応える「IWC/65/09に対する追加情報」をIWC/65/21として2014年９月８日に提出した（別添１を参照)。

２．回答の要約

質問票に対し、欧州（EU)、ブエノスアイレス・グループ（GBA)、オーストラリア、イスラエル、ニュージーランド、米国から回答が寄せられた（別添３を参照)。日本のSTCW提案に反対する締約政府の見解を得るべく、日本は2015年８月以来これらの政府とも接触をしている。

回答を寄せていただいた諸国に対し、日本より心からの謝意を表したい。

締約政府からの回答を以下に要約した。（注：(日本側で）個々の質問に対応するよう回答を分類したが、実際は、寄せられた回答は、どれも質問に個別に答える形のものではなかった）

（１）質問票に対する締約政府からの回答

Q１．日本が附表10（e)（訳者注：商業目的の捕獲を一時停止し、その間に科学的知見を収集し、ゼロ以外の捕獲枠を検討するよう定めた規定）を理由として沿岸小型捕鯨を再開することに反対するのであれば、第10項（e）のどの部分が商業捕鯨の再開を禁じているか、説明してください。回答なし。

Q２．附表10（e）ではなく、国の方針に基づいてあらゆる商業捕鯨に反対するのであれば、それを明確に説明してください。回答なし。

Q３．日本の沿岸小型捕鯨提案は、附表10（e）の削除を求めていません。もし商業捕鯨モラトリアムは修正すべきではないという考えからこの提案に反対するのであれば、本文書１（d)（訳者注：別紙２の４ページ目。附表10（e）は商業捕鯨を禁止する規定ではなく、商業捕鯨の再開の手続きを定めた規定であるという日本の考え方を記載。）に記した日本の考え方に反対する理由を説明してください。

大部分の回答は、「商業捕鯨の全世界的モラトリアムを支持する」という総論的な主張を繰り返すものであった。

・「商業捕鯨の全世界的モラトリアム維持に対する強い支持を繰り返し表明する。」(EU)

・「ブエノスアイレス・グループは、IWCによって1982年に定められた商業捕鯨モラトリアムの継続的実施を強く支持し、鯨の生産物の国際取引再開（日本の提案）に断固反対する。日本の提案は、現在有効なIWCの商業捕鯨モラトリアムを脅かすことになる。」(GBA)

・「あらゆる形の商業捕鯨に反対するオーストラリアの立場に変化はなく、全世界的モラトリアムを強く支持する。」(オーストラリア)

・「イスラエルは、IWC の商業捕鯨モラトリアムを支持しており、現時点でかかるモラトリアムを解除すべきではないという意見である。したがって、沿岸小型捕鯨に関して附表を修正するという日本の提案を支持することはできない。」(イスラエル)

・「附表10（e）の根本的な目的は、過去においても今後においても、商業捕鯨にモラトリアムを設けるということである。」(ニュージーランド)

・「米国も IWC の商業捕鯨モラトリアムを継続して支持する。」(米国)

Ｑ４．日本の沿岸小型捕鯨提案が、新たな捕鯨カテゴリー（訳者注：現在のカテゴリーは、先住民生存捕鯨、調査捕鯨、その他捕鯨（いわゆる商業捕鯨））を創設するものであると考えるのであれば、その理由を説明してください。

・提案が新たな捕鯨カテゴリーを創設するものではなく、商業捕鯨の捕獲枠の設定を図るものである、という日本の考えを認識した。」(EU)

・「日本の沿岸小型捕鯨提案は、商業捕鯨モラトリアムが適用されない新たなカテゴリーの設定を実質的に提案しているに等しい。」(ニュージーランド)

Ｑ５．日本の沿岸小型捕鯨提案の捕獲頭数について、科学的な疑惑や懸念があるのであれば、そうした疑惑、懸念を明確に述べてください。また、かかる疑惑、懸念が完全に解消されれば、同提案を支持することができるか否かについても回答してください。支持できない場合は、その理由を説明してください。（捕獲に混じる可能性のある）Ｊ系群（日本海・黄海・東シナ海系群）の減少に対し、一般的な懸念を繰り返し表明した回答がいくつかあったが、提案の捕獲によってなぜＪ系群が減少するのかについての具体的、科学的な説明はなかった。（訳者注：東日本沿岸域のミンククジラの捕獲枠17頭の提案は、Ｊ系群の捕獲の可能性を考慮した上で算出されたもの）

・「IWC65ですでに表明したように、商業的側面を考慮に入れたときに沿岸小型捕鯨が鯨の個体数に与える影響についての重大な懸念を我々は繰り返し表明する。これに加え、同じく IWC65で既に表明したように、この提案の科学的ならびに手続きにかかわる側面の一部には、我々に懸念を抱かせるものがある。」(EU)

・「国際捕鯨委員会から保護資源として指定された資源量の乏しい「J 系群」への潜在的な影響について、IWC 科学委員会が懸念を表明していることを思い起こすよう、［ブエノスアイレス・グループ］は求める。」(GBA)

・「［我々は］かかる提案が、資源量の乏しい「J 系群」に与えかねない影響を懸念している。」(イスラエル)

・「NZ は、この提案によって捕獲されることになる資源、とりわけ国際捕鯨委員会から保護資源として指定された資源量の乏しい「J 系群」への影響に関し、従前に表明した懸念を繰り返し表明する。」（ニュージーランド）

Q６．IWC 科学委員会が完成させた改定管理方式（RMP）実施前評価（Implementation Review）にもとづく捕獲頭数を支持できないのなら、その理由を説明してください。

回答なし。

Q７．日本の沿岸小型捕鯨提案に反対する理由が、その捕殺方法にあるのなら、支持可能なその他の捕殺方法を示してください。

・「死に至るまでの時間に関する全てのデータを、全ての国が提出しているわけではない。こうした透明性の欠如が、鯨の捕殺方法とこれに関連する動物愛護問題に関するワーキンググループが作業を進めるにあたってその力を十分に発揮できない原因となり、特に捕鯨で用いる具体的な捕殺方法を承認するにあたっての支障となっている。」（ニュージーランド）

Q８．日本の沿岸小型捕鯨提案を支持することができない理由が、Q１からQ７までの質問で示されていない理由によるのなら、その理由を説明してください。また、なぜそうした立場を取るのか、その理由も説明してください。

回答なし。

（２）IWC ウェブサイト経由の公開質問票以外の場で上記国以外から寄せられたコメント（注記　国名は非公開）

・「商業捕鯨モラトリアムに対する適用除外を認めると、十分な監督制度のない途上国で鯨が過剰に捕獲されるおそれがある。これが、商業捕鯨モラトリアムの維持を支持する理由である。」

・「国内法によって鯨の保護が義務付けられ、捕鯨が禁止されているので、沿岸小型捕鯨提案を支持することはできない。」

・「モラトリアムは一般原則であり、これに対する適用除外は IWC 総会での承認が必要となるので、沿岸小型捕鯨提案は承認されないであろう。」

３．回答の分析と議論

IWC 第65回総会における議論、またその後のインターネットを用いた公開の議論を行った日本の意図は、STCW 提案に反対する締約政府の見解の元となった法的根拠、科学的根拠、その他の根拠を明確にし、特定することであった。

質問票に、STCW 提案への反対の背景にあるあらゆる理由とともに、附表10（e）の法的解釈、RMPやその他科学委員会の仕事では対応できない科学的な懸念に関する具体的な質問が含まれていたのは、こうした意図があったためである。

全く予想外ではなかったにせよ、今回のプロセスの全体を通して寄せられた回答のうち、これらの具体的な質問に応えたものはなく、またSTCW提案に反対する明確な科学的または法的な根拠を示さなかったことは残念である。回答の中には誤解に基づくものもあった。具体的には、以下を確認した。

＞日本のSTCW提案への反対の根拠が附表10（e）であるか否か、についての質問に対する回答はなかった。したがって、この反対は附表10（e）の文言理解に基づくものではない、と解釈することができる。むしろ、回答の大多数は、モラトリアムは現在有効であり今後も例外なく維持されるべきである、よってモラトリアムを支持する、と総論的に説明するにとどまっていた。

（注）附表10（e）の文言が、商業捕鯨そのものを禁止してはおらず、また商業捕鯨モラトリアムを暫定措置として意図したことは明確である。STCWのために捕獲頭数を設定することは、現在の第10項（e）と矛盾しない。商業捕鯨モラトリアムについての参考として、IWC/65/21の第1項を参照されたい。（本資料の別添1）

＞STCW提案（による捕獲枠設置）が資源におよぼす「潜在的な影響」を懸念する理由について、新たな科学的根拠を示す回答はなかった。

（注）科学委員会の2013年RMP実施前評価の計算は、J系群を枯渇させるリスクを十分に考慮しており、また日本の沿岸小型捕鯨のための小規模な捕獲枠は資源に害をおよぼすものではない、と結論付けていることを想起すべきである。これにより、沿岸小型捕鯨が資源に与えかねない影響に対して表明された懸念は、科学的な議論にもとづくものではないことが明らかである。論理的な推測として、一部の回答者は、商業捕鯨再開の反対という政策的立場にもとづき、J系群や環境変化双方のリスクがRMPの計算で考慮されているにもかかわらず、それらリスクを引用して、従来通りの懸念を表明し続けていると考えるのが論理的な推測である。参考としてIWC/65/21の第3項を参照されたい。（本ディスカッション・ペーパーの別添1）

質問票に対する回答は、ICRW（の理念として）明記されており、さらに国際司法裁判所（ICJ）の2014年判決で追認したように、持続的利用が可能な資源と考える者と、資源が豊富であることが証明されたにもかかわらず、全ての鯨を保護すべきと考える者との間の見解の根本的な相違を、改めて浮き彫りにした。

とりわけ、これらの回答は、STCW提案への反対は、法的あるいは科学的根拠に基づくものではなく、あらゆる形の捕鯨に反対する国々の政策的立場の反映であることを示している。これらの回答は、商業捕鯨モラトリアムの見直しという問題について、なぜ過去30年間全く進展が見られなかったのか、その理由を明らかにした。この根本的な見解の相違に向き合わずに日本のSTCW提案が受け入れられることはないだろうという認識に基づき、日本としては、見解の不一致の中心をなす問題に取り組むほかに、今後の道筋を見出すことはできない。

見解の根本的な相違をいかにして克服するかという問題を、沿岸小型捕鯨の文脈だけではなく、IWC におけるあらゆる議論の場で提起する必要がある。日本は今次総会でSTCW 提案を再提出しないが、締約政府間の見解の相違によって、国際捕鯨取締条約の目的（訳者注：鯨類資源の持続的な利用をもって捕鯨産業の健全な発展を図ること）を追究する IWC の能力が根本から損なわれているという事実に対し、日本は引き続き注意喚起していくつもりである。

４．今後の道筋

2016年は、いわゆる「商業捕鯨モラトリアム」実施30年目に当たる。今日に至るまで、IWC の作業は、上記の根本的な見解の相違のために手詰まり状態であり、かかる不一致の改善にむけた進展はほとんど見られない。

IWC が全てのメンバーにとって公平でバランスがとれた、有意義な結果や成果を生み出すためには、IWC は、例として、以下のような質問に答えるべきである。

＞鯨と捕鯨に関する根本的な立場の相違が IWC における建設的な議論を妨げていると認識し、本資料２（１）に示したような根本的な問題に対する取り組みを開始する意志が我々にあるか。

＞どうすれば、少なくとも当面の間、個々のメンバーの基本的な立場を尊重しつつ、IWC の「機能不全」を克服できるのか。

＞どうすれば、ICRW の規定にしたがいつつ、鯨の持続可能な管理と保存の双方を達成できるのか。締約政府間に協調関係が築かれれば、これら二つの目的に向けた努力を効率的に促すことができる。

日本は、非公式かつ非拘束を基本に、第66回総会の期間中、また必要な場合には、総会後の会期間中の適切な環境において、これらの質問に関する議論を行うことを提案する。公式見解を繰り返し表明することは、このような取り組みの目的にそぐわない。我々は、締約政府のすべてが上記で提起された問題を淡々と考え、建設的に取り組むことを促す。このような問題へ取り組むために目に見える努力が誠実になされてこそ、国際捕鯨委員会自身は機能することができる。

参考文書（略）

別添１　日本が2014年９月８日に提出した IWC/65/21

別添２　日本代表 IWC コミッショナーからの2015年１月21日の書簡

別添３　諸国の回答

資料4． IWC/67/08 第67回総会 議題6、7及び12(抜粋)

（水産庁仮訳）

IWCの今後の道筋
IWC改革案（決議案及び附表修正提案を含む）

日本国政府

日本国政府は、IWC加盟各国による検討のため、ここにIWC改革に向けた提案を提出する。以下の第Ⅰ章（導入）から第Ⅳ章（結論）までは、我が国による改革パッケージ提案に含まれている要素の簡潔な概要と、このような提案を行う趣旨について簡潔に述べたものである。参考として、「IWCの今後の道筋」プロセスにおける議論の要約・分析及び改革案に関する更に詳細な趣旨を含めた背景情報を添付する。提案の本体は、この文書の別添1及び別添2として同封されている。

I. 導　入

1．IWCにおいて、いわゆる商業捕鯨モラトリアムの導入が合意された1982年以降、改定管理方式（RMP）の改良や、鯨類資源状況に関する知見を深めるための包括的評価プロセスの大幅な進歩等、IWC科学委員会（SC）の活動には大幅な進展があった。

2．他方、IWC加盟各国は、鯨と捕鯨に対する根本的な立場の相違がある中、IWCにおける長年の行き詰まりを解消し、その鯨類資源管理機関としての機能を回復すべく懸命な努力を行ってきた。しかし、残念なことにそのような取組はすべて、改定管理制度（RMS）や「IWCの将来」プロセスを含め、すべての加盟国にとって受け入れ可能な成果を生み出すことに、ことごく失敗してきた。この結果、IWCは依然として、いたずらに対立するだけの場に過ぎないものとなっており、鯨類資源の保存のためにも、その管理のためにも、附表修正を含めたその核心的課題について、何ら実質な決定が行えない状態にある。

3．例えば、対象海域の鯨類資源に対して悪影響を与えず、かつ国際捕鯨取締条約（以下「条約」という。）の目的と附表パラグラフ10（e）に整合していることが証明されているにもかかわらず、特定の鯨種を対象とした捕獲枠設定に向けた我が国の提案は繰り返し否決されてきた。同様に、南大西洋サンクチュアリ（SAWS）設置提案のような、鯨類の保存を目的とした提案も繰り返し否決され続けてきた。鯨類の持続的利用にも、その保存にも貢献することなく、国際的な資源管理機関としてのIWCの妥当性は危機にある。

4．今回の提案は、斬新かつ抜本的なアプローチにより、資源管理機関としてのIWCの機能を回復させる新たな試みである。「IWCの今後の道筋」プロセスを通じて得られた各国コメントの分析を踏まえ、我が国は決議案（別添1）と附表修正案（別添2）からなるIWC改革パッケージを提案する。

5．この改革が相当の影響力を伴うものであること及び、提案の一貫性を維持することの重要性に鑑み、我が国としては別添1及び別添2の両方を一括してのコンセンサス合意を追求する。

II. 決 議 案

6．加盟国間での根本的立場の深刻な対立の下でも機能しうる、新たな意思決定方式を作り上げる必要があることを踏まえ、決議案には次に掲げる要素が盛り込まれている。この決議案が提示するIWCの附表修正手続の主な変更点は、別添3に示されたとおりである。

A. 持続的捕鯨委員会（SWC）の新設

6.1. 我が国は、持続的な捕鯨（商業捕鯨及び先住民生存捕鯨を含む。）に特化した委員会の設置を提案する。条約は、すべての鯨種の保存の確保を目的としつつも、それらの持続的利用を認めている。このことに鑑み、SWCはそのような条約目的のうちの一方のための主たる審議機関として機能することが想定されている一方、既設の保護委員会（CC）は他方の目的に重点を置くものである。SWCの決定は、科学委員会（SC）からの科学的助言に基づいて行われるものとする。総会とSWCは、沿岸国の利益に対して常に妥当な配慮を払うものとする。

B. 条約改正のための締約政府外交会議の招集の勧告

6.2. 加えて、我が国は条約第3条第2項を改正し、SWC又はCCのコンセンサス合意によって附表修正が勧告された場合、（現行上、要件となっている4分の3の賛成得票に代えて）単純過半数の賛成得票によって附表修正の決定が行えるようにすることを提案する。

C. 資源が豊富な鯨類資源／鯨種の捕獲枠の算出及び設定

6.3. 科学は明白である：一部の鯨種については持続的な捕獲が可能な程度に資源状況が健全であり、また、IWC は頑健で危機回避的な捕獲枠算出手続き（改定管理方式（RMP）として知られている）を20年以上前に確立している。それ故に、我が国としては、資源が豊富な鯨類資源や鯨種について捕獲枠を算出すべく、RMP の実行を科学委員会に指示し、そのような鯨類資源に対して捕獲枠を設定するとの総会のコミットメントを表明する決議案を提案する。

７．特に、我が国としては、上述のパラグラフ６の B を強調したい。条約の改正による、総会での意思決定要件の緩和は、すべての加盟国にとって有益なものである。このような改正は、鯨と捕鯨についての根本的な立場の違いにかかわらず、持続的な捕鯨を支持する加盟各国と保護を支持する加盟各国の双方の活動を促進するものである。

III. 提案した附表改正

８．加えて、別添２のとおり、附表にパラグラフ10（f）を追加することを提案する。これは、科学委員会によって十分な資源量が存在すると確認されている系群・鯨種について、総会で適切な捕獲枠を設定するにあたっての法的根拠を提供するものである。

IV. 結　　論

９．我々は同じ失敗を繰り返し続けることはできず、IWC が直面する根本的な課題に関する議論にオープンでなければならない。我が国としては、このパッケージ提案こそ、附表修正を含めたその核心的課題について、何ら実質的な決定が行えないばかりか、文化的多様性を無視し、その目的を果たせていない IWC に対する、唯一あり得る解決策であると確信している。これまでの妥協に向けた取組は、交渉の延長を無期限に重ねた結果、すべて失敗に終わってきた。我が国としては、この歴史を踏まえ、RMS パッケージや「IWC の将来」に関する交渉の事例のように、改革案の議論を先延ばしにするつもりはない。我が国は、来る９月の IWC 第67回総会で改革案についてパッケージによるコンセンサス合意に至ることができるよう、我が国の改革案について真剣に検討いただくよう、すべての加盟国に心から要請する。

背景の説明
背景及び「IWC の今後の道筋」プロセスにおける議論の要約

I. 背　景

１．国際捕鯨委員会（IWC）は、加盟各国の鯨と捕鯨についての根本的な立場の違いに起因する停滞状態にあるために危機に瀕しており、鯨類の保存と管理という中核的なマンデートについて何ら決定ができない状態が長い間続いている。

２．2014年に行われた第65回 IWC 総会において、科学委員会の助言に基づくミンククジラの捕獲枠配分の提案が否決されたことを受けて、我が国は IWC 回章（IWC.CCG.1140）を通じて、我が国の提案に反対した国々に対して、附表10（e）修正に係る法的解釈、科学的な懸念及びその他、彼らの見解の根幹を成すものについて質問票を配布した。回答の多くは、彼らが商業捕鯨モラトリアムを支持する立場であることの一般的な説明を述べるだけで、反対理由について明確な科学的・法的な根拠は示されなかった。このことにより、鯨類を持続的に利用できる水産資源の一つであるとみなす国々と、あらゆる鯨類はいかなる状況下においても完全に保護されなければならないとする国々との間の根本的な見解の相違が改めて浮き彫りとなった。

３．この根本的な立場の違いは、IWC のマンデートの中核をなす鯨類資源の保存及び管理について、いかなる意思決定を行うことも妨げてきた。

４．このような立場の違いから、捕獲枠配分に関する我が国の提案のみならず、南大西洋クジラサンクチュアリ（SAWS）に係るすべての提案も同様に否決されてきた。加えて、改定管理制度（RMS）交渉や「IWC の将来」プロセスなど、立場の違いを仲裁し、全加盟国が受け入れ得る「パッケージ」を模索する試みも繰り返し頓挫した。これらはすべて失敗に終わった。このように、現在の IWC の状況は、持続的な捕鯨と鯨類の保護のいずれにも資さないものとなっている。上述の観点での IWC の停滞状態を解消するためには、すべての加盟国の核心的な課題として、立場の根本的な相違という課題に取り組む以外に道はないと、我が国は確信している。

５．このことを念頭に、2016年の第66回 IWC 総会では、第67回総会の少なくとも60日前には進捗が報告されるよう、そのような立場の違いに関する中心的課題の議論を開始することが合意された。（第66回 IWC 年次会合資料の３ページ、“The IWC in theFuture”, Summary of Main Outcomes, Decisions and Required Actions from the

IWC 66th Annual Meeting を参照のこと）。

６．我が国は、2018年２月16日の IWC 回章 IWC.CCG.1295において、中心的な課題である鯨と捕鯨に係る立場の根本的な相違について議論すべく、すべての IWC 加盟国に対してこの議論への参加を正式に呼びかけた。議論への参加は、公式な回章もしくは非公開な議論の場を通じて、議論を活性化するための以下の問いかけに対するコメントや回答をすることによって可能となる。

―我々はどのようにすれば、加盟国間の協力関係を通して、IWC において鯨類の持続的利用と保存の両方を実現できるのか。

―鯨及び捕鯨についての加盟国間の立場の根本的な相違が、鯨類の持続的利用と保存の双方に関する IWC の意思決定を妨げていることについて、認めようとする意思が我々にあるか。

―そうであるなら、各加盟国の基本的立場を尊重しながら、かかる根本的な相違について議論する意思が我々にあるか。

７．この文書は、上述の議論を通じて見出された、中心的課題に関する締約政府間の議論の結果を、それに基づいて我が国が考案した IWC 改革案と共に総会に報告することを目的としている。

II. 加盟政府からの回答の要約とその分析

８．IWC 回章 IWC.CCG.1295に対して、我が国（IWC.CCG.1301）、セントルシア（IWC.CCG.1305）、カンボジア、グレナダ、ニカラグア、マリ、モーリタリア、ロシア連邦、コートジボワール及びラオス人民民主共和国（IWC.CCG.1316）、EU 及びその加盟国（IWC.CCG.1318）は、別添４のとおり公開でコメントを提出した。また、インターネット上の非公開の場を通じて提出されたコメントもあった。ここでは、多様な見解を確実にカバーすべく、これらのコメントを間接的に引用している。我が国は、この場を借りて、IWC の今後の道筋に関する議論へ貢献して頂いたことに、心から深く御礼申し上げる。

A. 我が国が提起した主な論点

９．我が国は、建設的な議論を促進するため、下記の主な論点を含めた見解を他の加盟国に先立ち提出した。

(a) 鯨と捕鯨に関する根本的な立場の違いは、鯨類の持続的利用と保存の双方について、いかなる実質的な決定も妨げてきており、IWC を国際的な資源管理機関というよりも、ただの対立の場に変えてしまった。

(b) IWCの枠組みやメカニズムには、すべての加盟国にとって有益なものとなるよう、抜本的な改善や改革が必要である。

(c) すべての加盟国は「合意できないことに合意」し、各加盟国の基本的立場を尊重した上で、根本的な相違についての議論をしなくてはならない。

(d) これまでの数々の仲裁に向けた取組は、すべて失敗に終わってきた。

(e) すべての加盟国が、真に協働する意思を持たなくてはならない。

10. 我が国の見解に対するコメントは、下記の通り要約できる。

10.1　カンボジア、ロシア連邦及びラオス人民民主共和国は、IWCは鯨類資源の保存と管理について何ら実質的な決定ができていないという我が国の懸念を共有した。マリ、グレナダおよびロシア連邦は、鯨と捕鯨に関する根本的な立場の相違こそ、IWCの意思決定能力が貧弱である根本的な原因であると分析した。カンボジアとモーリタニアは、IWCを健全に機能させるための議論の重要性を強調した。カンボジアとラオス人民民主共和国は、IWCが国際機関として加盟各国に何もメリットを提供できていないことを懸念している。EUを含めいくつかの国々は、立場の対立は国際機関の中で普通に見られるものであり、IWC総会は鯨類の保存・管理に重要な役割を果たしていると言及しつつ、IWCが機能不全であるという見解に対する強い異議を表明した。

10.2　カンボジアとラオス人民民主共和国は、IWCには実質的な改善と改革が必要であるという我が国の見解を明確に支持した。コートジボワールは総会の透明性を高め、秘密投票制度を導入すべきだと提案した。

10.3　カンボジアはさらに、どのように意思決定スキームが再検討されるべきかについて、「ギブアンドテイク」の必要性を指摘しながら掘り下げている。カンボジアは「そのような（意思決定の）仕組みの下では、ギブアンドテイク、すなわち、反捕鯨陣営は何らかの形の捕鯨を受け入れ、反対に捕鯨支持陣営は何らかの形の鯨類保護区を受け入れるというような、何らかの譲歩が相互に行われることとなる。双方がこの考えを受け入れるだろうか？　もしも我々がこの考え方に合意できれば、我々はさらに議論を深めることができるだろう。」と述べた。

10.4　ロシア連邦は、加盟国の見解が深く対立するあまり、何ら実質的な決定を行うことができないIWCにおける、仲裁に向けた過去の取組の歴史に光を当てた。

10.5　マリ、ロシア連邦、モーリタニア、グレナダおよびラオス人民民主共和国は、我が国の「IWC の今後の道筋」のイニシアティブを明確に支持した一方で、「IWC の今後の道筋」プロセスの提案が「IWC の将来」の議論とどう異なるのかについてより明確化するよう我が国に促す加盟国もあった。また、EU は相互の信頼と協力によるオープンで建設的な対話の重要性を強調しつつ、鯨と捕鯨に関する立場の違いに取り組む我が国のイニシアティブを歓迎した。

B. その他、加盟国から挙げられた主要な意見

11. その他、コメントを提出した加盟各国から挙げられた主な意見について、以下に要約した。

(a)　IWC が本来の目的から逸脱していることについて

11.1　セントルシア、カンボジア、コートジボワール、モーリタニア及びグレナダは、ICRW の下で定められたマンデートから、IWC が長きにわたって逸脱しているとの懸念を表明した。対して、EU などの加盟各国は、IWC 設立以来、条約の焦点が時代とともに変わってきていると主張した。

(b)　鯨類資源の持続可能な利用の支持について

11.2　セントルシア、コートジボワール、マリ、ロシア連邦、ニカラグア及びモーリタニアは、鯨類資源の持続的利用への支持を表明した。その一方で、EU は鯨類を決定的に保護するために商業捕鯨モラトリアムは引き続き存続すべきだと表明した。

(c)　EEZ 内における沿岸捕鯨への支持について

11.3　カンボジア、モーリタニアおよびグレナダは、沿岸小型捕鯨のミンククジラ捕獲枠配分に関する我が国の提案に対し、支持するコメントを発表した。

(d)　ガバナンスレビュープロセスとの差異について

11.4　総会の機能に関する見解の相違については、現在進行中のガバナンスレビューとは分けて取り扱うことの重要性に関する示唆が EU 等からなされた。ガバナンスレビューに関する議題は、すべての締約国が、その鯨や捕鯨に関する見解にかかわらず協働する機会を提供するものであり、すべての加盟国がこの作業に参加すべきとの示唆があった。

III. ディスカッション及び改革案のねらい

12. IWC の現状、すなわち鯨と捕鯨に関する見解の深刻な対立を乗り越えるための建設的対話に参加する意欲を表明するコメントが、少なくとも11通寄せられた。これらの加盟各国は、回章 IWC.CCG.1295における議論活発化のための我が国の問いかけに応える意欲を実際に有していると認められた。我が国は、すべての加盟国が反対意見を十分尊重しつつ、建設的にこの対話に参画していくことを期待している。

13. 我が国としては、このことを念頭に置き、また加盟各国から寄せられたコメントに沿って、我が国が自ら投稿した以下の問いかけに対する回答に取り組んでみたい。
―我々はどのようにすれば、加盟国間の協力関係を通して、IWC において鯨類の持続的利用と保存の両方を実現できるのか。

14. 議論の分析を通じて、以下が明らかとなった。すなわち、鯨と捕鯨に関する根本的な立場の違いが、IWC が、鯨と捕鯨の保存管理措置のための附表修正も含めた IWC の中核的な機能に関し、いかなる実質的な決定を行うことも妨げてきたこと。また、この問題には最高の優先順位及び緊急度をもって対処すべきことである。無論、これは建設的な議論なく単に投票に持ち込むことで解決できる問題ではなく、またそのように解決されるべき問題でもない。

15. この点について、IWC は機能不全ではないとの見解の表明が一部の加盟国からなされた。しかしながら、鯨と捕鯨に関する根本的な立場の違いが、IWC が、鯨と捕鯨の保存管理措置のための附表修正も含めた IWC の中核的な機能に関し、いかなる実質的な決定を行うことも長らく出来ていない状態は、「加盟各国の見解のバランス」を反映したものとは言えず、そのような意思決定方式は深刻な欠陥と見なされるべきであることは明白である。

16. 上述パラグラフ10.2及び10.3において加盟国から表明された見解は、IWC がその健全な機能を取り戻し、もってすべての加盟国にメリットをもたらすためには、IWC の意思決定メカニズムは斬新かつ抜本的に再検討された上で、改革されなければならない。持続的利用支持の加盟国と保存支持の加盟国の双方が、お互いの要望をある程度受け入れるという新たなパラダイムへ移行する旨の提案がなされたことは特筆すべきである。このアイデアに我々が合意でき、また各々において相手方の要望を相互に許容し合うことができれば、現在の IWC の力学を変えられるかもしれない。

17. しかしながら、我々は過去の失敗からの教訓を踏まえなければならない。上述パラグラフ10.4で指摘されているように、「アイルランド提案」や「IWC の将来」などの過去の仲裁の取組は、意見が対立した IWC において結局すべて失敗に終わった。これらの失敗に終わったイニシアティブに共通していることは、保存及び管理の実質的事項について、統一された単一の解（パッケージ）に至ることが模索されていた点である。ここで一連の過去の失敗が我々に教えてくれることは、加盟各国の見解があまりに深く対立してしまった結果、もはやすべての加盟国にとって満足のいく、単一かつ統一された解は何ら見出し得なくなっていることである。

18. このため、保存措置と管理措置の間における、合意されうる着地点を探るいかなる交渉も、現在のIWCの中心的課題を解決するものとはならない可能性が極めて高いと結論できよう。むしろ、それぞれ実現したい提案を可決させることを、双方がお互いに許容し合うという「合意できないことに合意する」アプローチが、現実的かつ実現可能なものではないか。双方がお互いに相応の敬意をもって接することができる限り、必ずしもお互いを「受け入れる」必要はない。双方がこのようなアプローチに合意できれば、各々が自らの要望をそれぞれ実現し、一つ屋根の下で共存することが可能となる。

19. この新たな協力のパラダイムの下では、上述パラグラフ10.5で表明された「相互の信頼と協力」を通じて、持続的利用支持派としては、保存措置（例：鯨類保護区）の実施を望む保存支持派の要望に敬意を払う一方で、持続的な管理措置（例：捕獲枠）を実現できるようになるだろう。保存支持派としては、お互い直接に矛盾する（例：鯨類保護区内での捕獲枠の設定、その逆も然り）ものとならない限り、捕獲枠の設定を大目に見る一方で、鯨類保護区を可決できるようになるだろう。これにより、鯨及び捕鯨の保存・管理のための意思決定機能を取り戻し、すべての加盟国にメリットをもたらすことができるのではないか。

20. この新たな意思決定モデルこそ、「IWCの今後の道筋」の集大成として我が国が提案しているものである。ここでは、「今後の道筋」プロセスと「IWCの将来」プロセスが目指すところがどのように異なるのか示して欲しいという、加盟国からの要望に応えることとする。この提案は、鯨と捕鯨の保存と管理の実質的事項について、すべての加盟国にとって相互に受け入れ得る妥協点が模索され徒労に終わった、これまでの仲裁に向けた試みとは全く異なるものである。鯨と捕鯨を巡る根本的な立場の違いによって、IWCが、鯨と捕鯨の保存管理措置のための附表修正も含めたIWCの中核的な機能に関し、いかなる実質的な決定を行うことも長らくできないでいる。この事実も踏まえた上で、我が国が「今後の道筋」イニシアティブの集大成として提案しているものは、むしろ意思決定スキームの改革パッケージである。

21. 以上が、「『IWCの将来』の議論」とは異なる、議論を進める上での基本的な前提である。

22. この新しいパラダイムは、IWC が条約の目的に整合したものになることを可能にするものである。また、新たに増大している保存のニーズすら許容するものである。科学委員会による明白な科学的助言があるにも関わらず、上述パラグラフ11.2のように商業捕鯨モラトリアムを維持すべきとの見解については、第66回 IWC 総会及び IWC.CCG.1295での議論を加盟国には思い出して頂きたい。

23. 加えて、上述パラグラフ11.3で述べられた見解を踏まえ、新たな協力パラダイムにおいては沿岸国の利益に妥当な考慮が払われるべきである。

24. 同時に我が国としては、上述パラグラフ11.4に記したように、「総会の機能に対する異なる見解」について取り扱った「IWC の今後の道筋」プロセスは、進行中のガバナンスレビューのプロセスとは分けて取り扱われるべきとの見解に同意する。ガバナンスレビューは、その付託事項で示されているとおり「総会の目的やマンデートについては検討しない」のである。また、ある加盟国は、まさに「今後の道筋」のプロセスの目的である「すべての締約国が、その鯨や捕鯨に関する見解にかかわらず協働する機会」を高く評価していることは特筆すべきだろう。そのようなガバナンスレビューへの参画を、他の加盟各国に促している加盟国もいることを踏まえれば、まさにそのような国々なりのガバナンスレビューの目的を追求する「IWC の今後の道筋」の建設的議論についても、他の加盟国に参加を促す意欲をこれらの国々が有するはずであるのが当然の帰結である。

引用・参考文献等

1）佐々木芽生「おクジラさま　ふたつの正義の物語」映画2016、配給エレファントハウス。米国版タイトル「A Whale of A Tale」／書籍2017、集英社。
2）島一雄「海洋からの食料供給と捕鯨問題（1）」鯨研通信第453号、2012年3月。
3）水産庁「捕鯨をめぐる情勢　平成30年11月」http://www.jfa.maff.go.jp/j/whale/attach/pdf/index-28.pdf
4）水産庁「捕鯨問題の真実」http://www.jfa.maff.go.jp/j/whale/pdf/140513japanese.pdf
5）高木徹『国際メディア情報戦』、講談社現代新書2247、講談社、2014年。
6）田中克、川合眞一郎、谷口順彦、坂田泰造『水産の21世紀—海から拓く食料自給』、京都大学学術出版会、2010年。
7）庄司義則「日本の沿岸小型捕鯨の産業構造の研究—その存立の条件—」東京海洋大学修士論文、2009年。
8）谷川尚哉「第65回IWC（国際捕鯨委員会）総会における議論の動向と一考察」、駿台史学153号、2015年。
9）「知恵蔵」朝日新聞出版発行、東京大学名誉教授坂本義和、北海道大学教授中村研一、2007年。
10）永池克海「日本小型沿岸捕鯨業における経営状態の推移と経営改善のための事業多角化・地産地消活動に関する研究」、東京海洋大学海洋科学部海洋政策文化学科平成29年度（2017年度）卒業論文、2018年。
11）日本捕鯨協会「捕鯨をめぐる世論」。http://www.whaling.jp/yoron.html
12）森下丈二「海洋生物資源の保存管理における科学と国際政治の役割に関する研究：捕鯨問題と公海生物資源管理問題を巡る議論の矛盾と現実」、博士論文（京都大学論農博2828号）、2016年。
13）広河隆一『パレスチナ』 新版、岩波新書784、（第16刷）2014年。
14）松田裕之編「ワシントン条約附属書掲載基準と水産資源の持続可能な利用（増補改訂版）」社団法人　自然資源保全協会、2006年。
15）森下丈二「商業捕鯨再開に向けて」（みなと新聞連載2015年2月19日から11月12日、隔週、計20回）。
16）森下丈二『なぜクジラは座礁するのか？—「反捕鯨」の悲劇』河出書房新社、2002年。
17）森下丈二「捕鯨をめぐる対立の構造」一橋大学講演（2017年9月27日）記録（鯨研通信第477号、2018年3月）
18）森下丈二「変容する捕鯨論争〜鯨類資源管理からカリスマ動物コンセプトへ〜」、楽水　No.858、2017年1月26日　第112回『水産について考える会』講演記録。
19）森下丈二、岸本充弘「商業捕鯨再開へ向けて　—国際捕鯨委員会（IWC）への我が国の戦略と地方自治体の役割について一」下関市立大学　地域共創センター年報 2018　vol.11、49p ～99p.

20）Annex P, Report of the Scientific Committee; Process for the Review of Special Permit Proposals and Research Results from Existing and Completed Permits, http://IWC.int/permits#guidelines.

21）ARNE KALLAND, Management by Totemization: Whale Symbolism and the Anti-Whaling Campaign, ARCTIC VOL. 46, NO. 2（JUNE 1993）124-133.

22）「Free Willy」1993年制作のアメリカ映画。母親に捨てられた少年と母親から引き離されたシャチが交流を深め、成長していく姿を美しい自然描写の中に描いた感動作。続編も作成された。

23）Frédéric Ducarme, Gloria M. Luque, Franck Courchamp, What are “charismatic species” for conservation biologists? BioScience Master Reviews, July, 2013.

24）Hammond, Philip. Letter of resignation to Dr. R. Gambell, Secretary IWC. May 26, 1993. British Antarctic Survey, U.K. letter ref. IWC.2.1.

25）Lorimer J: Nonhuman charisma : which species trigger our emotions and why ?. Environment and Planning D : Society and Space 2007, 25（5）, 911-935.

26）Martin D. Robarts, Randall R. Reeves, The global extent and character of marine mammal consumption by humans:1970-2009, Biological Conservation, 144（2011）2770-2786

27）Morishita, Joji, ICJ Judgment, IWC/65/22, 2014.

28）Morishita, J, Whaling in the Antarctic – Significance and Implications of the ICJ Judgement, BRILL NIJHOFF, 238 -267,2015..

【IWC 報告関係】

1）IWC, Chairman’s Report of the Forty-Sixth Annual Meeting, REP. INT. WHAL. COMMN 45, 1995

2）IWC, Chairman’s Report of the Forty-Ninth Annual Meeting, REP. INT. WHAL. COMMN 48, 1998 17.

3）IWC, Report of the Expert Panel to review the proposal by Japan for NEWREP-A, 2014.

4）IWC, Chair’s Report of the IWC Bureau, Wednesday 4 June 2014, Nobel House, London, p4.

5）IWC, IWC/66/Rep01（2015）19/06/2015 Report of the Scientific Committee, San Diego, CA, USA, 22 May-3 June 2015.

6）IWC, SC/66a/SP1, Proponents’ preliminary response to the Report of the Expert Panel to review the proposal for NEWREP-A, The Government of Japan, 2015.

7）IWC, Chair’s Report of the 67th Meeting, 2018.

あとがき

本書の目的は、日本の国際捕鯨委員会（IWC）からの脱退という事態に至った国際捕鯨交渉の展開、特に累次にわたる「和平交渉」の失敗の経緯を通史として記録し、脱退という選択肢への道のりを考え、さらに今後の捕鯨問題とその象徴するより広範な「もう一本の柱」である生物資源の持続可能な利用の原則をめぐる議論に何らかの貢献をすることである。

日本の観点からすれば、捕鯨問題をめぐる国際交渉の歴史は一旦成立したと思われた合意や期待が次々に裏切られてきた経験でもある。1982年に採択された商業捕鯨モラトリアムの条項は遅くとも1990年までに捕獲枠を設定して捕鯨が再開できる規定となっていたが、この規定は実現されなかった。商業捕鯨モラトリアムに拘束されないように日本が提出した異議申し立ては、当時米国の200海里水域（EEZ）で漁獲割り当てを受けて操業していた日本漁業を守るために、米国との交渉を経て取り下げたが、その数年後には米国国内漁業が発展したという理由で、漁獲割り当てが消滅した。IWC で1994年に捕獲枠計算方式である改定管理方式（RMP）が合意された時、捕鯨再開につながると期待したが、捕鯨の監視取締制度などを含む改定管理制度（RMS）が新たな条件として設定され、10年以上を費やす交渉が始まった。ゴールポストの移動である。そして50回に届く会合の結果、RMS が完成に近づくと、反捕鯨国はその完成は捕鯨再開を意味しないと主張し始める。それではなんのための交渉であったのかという失望感は拭えなかった。ゴールポスト自体が消滅した。商業性が存在することが問題とされたため、悲願である沿岸小型捕鯨への捕獲枠設定の提案では商業性を排除するために様々な工夫を行なったが、商業性を完全に排除する（すなわち貨幣の関与をなくすることと理解された）ことは不可能であり、30回に届く提案は全て否決された。さらに、近年ではクジラなど一部の動物は特別であり、いかなる条件の元でも絶対的に保護するべきというカリスマ動物の考え方が台頭してきた。ここでは交渉の余地や説得による立場の変化は、もはや期待し難い。それでも日本は40年近くに渡って粘り強く交渉を続けてきた。交渉で何回裏切られれば気がすむのかという声もあった。なぜここまでの行政コストを費やして交渉するのかという批判もある。

捕鯨をめぐる論争と交渉を、一部の捕鯨関係者のための捕鯨再開のみを目的とするものと捉えている限りは捕鯨問題の本質は見えてこない。本書で論じた「捕鯨問題のもう一つの柱」、「捕鯨問題が象徴するより大きな問題」があるからこそ、粘り強い取り組みが行われてきたのである。捕鯨問題は持続的利用の原則や多様な自然との関わり、世界観、価値観などをまもるための取り組みでもある。

交渉が成り立たない議論の結果、日本は国際捕鯨委員会からの脱退という選択肢を選んだ。これは、捕鯨問題のひとつ目の柱への、長年の交渉を踏まえての回答であった。この後は、再開した商業捕鯨をいかに経営していくかという課題に捕鯨関係者は取り組んでいくことになる。他方、脱退は「もう一つの柱」をめぐる議論に回答も解決も提供していない。それぞれの意味から、脱退はゴールではなく、新たな段階へのスタートである。

これからも様々な話し合いや国際交渉が行われ、日本にとって魅力ある約束や妥協案が示されることもあろう。しかし、捕鯨問題をめぐる交渉の歴史を振り返る時、そのような約束や妥協案が次々と覆され、新たなハードルが設定されてきたことは否定し難い。RMP に限らず、多大な苦労をして一度手に入れたと思われたものも、すぐにその実現が阻まれてきた。日本にとって助け舟と見える妥協案にも安易に乗るべきではないという教訓がそこにはある。新たな展開が生まれてくるときには、歴史に照らしてその本質を見定めることが非常に重要となる。国際捕鯨委員会からの脱退という決断は、思いつきでも感情的でもなく、全ての可能性を尽くした上での論理的な帰結であった。したがって、これからの道はその決断の背景、意味、目的を確認した上で、覚悟と確信を持って進んでいかなくてはならない。日本が、「もう一つの柱」についてどのようなビジョンを世界に示すことができるかが試されている。

同時に、なぜ捕鯨問題が専門家や当事者ではない多くの人々の関心を呼ぶのかについて考えることも、本書の底流をなしている。

捕鯨問題を含む国際交渉の世界は、多くの読者にとっては日常の生活とはつながりのない、どこか遠いところで起こっている問題の世界かもしれない。捕鯨産業は日本全体から見れば取るに足らないほど小規模であるし、関係者の数も決して多くはない。日本での鯨肉消費は1960年代がピークであったが、近年の鯨肉供給量は当時の約２％に過ぎない。確かに鯨肉が食べられなくなっても日本人は食べるものに困らないように思える。

ところが、筆者の経験では、捕鯨問題にわずかでも触れる機会を持った時、多くの人が関心を持ち、考え、意見を形成していく。鯨肉を食べた経験はほとんどない年代の学生たちも、授業の中で捕鯨問題を取り上げると高い関心を示してくれる。なぜか。

街角で捕鯨問題について聞くと、よく「反捕鯨国ではウシやブタを食べているのに、クジラを食べるなとはけしからん」といった声を聴く。本書で説明した科学や法律をめぐる専門的な議論からすれば、シンプルな意見であるように聞こえるが、実は捕鯨問題と捕鯨問題が象徴する「もう一つの柱」の問題の本質を衝いている。それは、グローバリズムとローカリズムの対立であり、一神教的世界観と多神教的世界観の食い違いであり、食という人間が生きる上で最も根本的な要求の実現をめぐる議論であり、文化や生き方というアイデンティティの確立と擁護・継承そしてその多様性の確保の問題である。だからこそ、捕鯨問題はそれに直接には関係のない人の心の中の何かを揺さぶるのではないだろうか。

本書が、この「なぜ」を十分に掘り下げることができたとは思えないが、いくらかでも読者の皆様に考える機会とヒントを提供することができたとすれば、これに勝ることはない。

また、捕鯨問題は多くの国際的な論争や対立と共通する問題を内包しており、その経験を分析することで他の国際交渉の参考となる情報を提供することも本書のねらいのひとつであった。

気候変動や原発事故の問題に限らず、多くの重要な問題において科学が果たす役割が増大しているが、その科学は決して万能ではなく、科学的知見が充実すればおのずと回答が出るわけではない。捕鯨問題においても科学は重要な要素である。しかし、科学的課題の前進や解決は対立の解消には重要であるが、十分ではないことが明白となっている。科学は赤色と青色の違いを科学的に説明できるが、人がどちらを好むかは科学では説明できないことと同様に、科学は政策決定の参考とはなっても政策の決定には価値観や政治や文化が影響する。

マスコミやNGOのキャンペーンを通じて流布されるサウンドバイト、パーセプションなどが国内外の政治や政策に大きな影響を与えることは改めて指摘することではないが、捕鯨問題においてはその影響が顕著である。反捕鯨国においては捕鯨のネガティブ・イメージがあまりに強いため、政府間交渉の場でも話し合いや妥協が図れない状態にまで至った。他の国際交渉においてはぜひ回避すべき事態であろう。いかにイメージを作り上げていくかが戦争の帰趨さえ左右する。米国のトランプ大統領を巡ってフェイク・ニュースやAlternative factsという言葉が流行したが、捕鯨問題においては従来から横行していた現象である。

否が応でもグローバル化が進む現在、国内問題と国際問題の垣根がなくなり、世界で起こる様々な問題が瞬時に日常生活に影響を与える時代となった。そしてその傾向はさらに加速し、インターネットなどを通じて玉石混交の情報が氾濫していく。その結果として、忙しい現代人へのサウンドバイトやパーセプションの影響力が一層高まっていく。

その中で国際交渉はどう進めるべきか。これについても、本書は十分な回答を提供してはいない。しかし、いくつかの問題の存在を捕鯨問題の記述を通じて指摘することはできたのではないかと思える。この疑問に対応していくことは著者自身の宿題でもあり、これからも追い続けていく課題であろう。

本書を編むにあたって、大変お世話になった成山堂書店に心から感謝申し上げる。

最後になってしまったが、長い捕鯨問題の歴史の中で第一線に立って日本の交渉を牽引してきていただいた歴代の国際捕鯨委員会日本政府代表の方々と先輩諸氏、政府の関係省庁の担当官諸氏に、一人一人のお名前は挙げることはできないが、心からの敬意を表し深く感謝したい。本書が皆様のご活躍とご苦労の一端でも記録することができているとすれば幸甚である。

2019年6月

森下丈二

索　引

【欧文】

【和文】

【ア】

【イ・エ・オ】

【カ】

著者略歴

森 下 丈 二（もりした じょうじ）

1957年 大阪府生まれ。
京都大学農学部卒業。
アメリカ合衆国ハーバード大学大学院卒業（行政学修士）。
1982年 農林水産省入省。国連環境開発会議（地球サミット）、ワシントン条約会議など、一連の環境問題について担当。
1993年 在米日本大使館で捕鯨問題、大西洋マグロ保存国際委員会を中心に日米漁業交渉を担当。
1996年 ミナミマグロ問題担当。
1999年 水産庁遠洋課捕鯨班長。国際捕鯨委員会（IWC）の日本代表団。
2008年 水産庁参事官。
2013年 水産総合研究センター 国際水産資源研究所所長。
2016年 東京海洋大学海洋政策文化学部門教授。国際捕鯨委員会副議長、北太平洋漁業委員会科学委員会議長。
2018年 IWC 議長。
農学博士（京都大学）

IWC 脱退と国際交渉（だったい／こくさいこうしょう）

定価はカバーに表示してあります。

2019 年 7 月 28 日　初版発行

著　者　森 下 丈 二
発行者　小 川 典 子
印　刷　亜細亜印刷株式会社
製　本　東京美術紙工協業組合

発行所　株式会社 成 山 堂 書 店

〒160-0012　東京都新宿区南元町 4 番 51　成山堂ビル
TEL：03(3357)5861　FAX：03(3357)5867
URL　http://www.seizando.co.jp
落丁・乱丁本はお取り換えいたしますので，小社営業チーム宛にお送りください。

ISBN978-4-425-98501-2